本丛书出版得到以下研究机构和项目经费资助：

嘉应学院客家研究院

梅州市客家研究院

广东省特色重点学科"客家学"建设经费

嘉应学院第五轮重点学科"中国史"建设经费

广东省客家文化研究基地——嘉应学院客家研究院

广东省非物质文化遗产研究基地——嘉应学院客家研究院

理论粤军·广东地方特色文化研究基地——客家文化研究基地

广东省普通高校人文社会科学省市共建重点研究基地——嘉应学院客家研究院

客家学研究丛书
第六辑

梅州发展生态论略

魏明枢　著

暨南大学出版社
JINAN UNIVERSITY PRESS

中国·广州

图书在版编目（CIP）数据

梅州发展生态论略/魏明枢著.—广州：暨南大学出版社，2021.12
（客家学研究丛书.第六辑）
ISBN 978 - 7 - 5668 - 3121 - 7

Ⅰ.①梅…　Ⅱ.①魏…　Ⅲ.①生态文明—建设—研究—梅州
Ⅳ.①X321.265.3

中国版本图书馆 CIP 数据核字（2021）第 041673 号

梅州发展生态论略
MEIZHOU FAZHAN SHENGTAI LUNLÜE
著　者：魏明枢

出 版 人：张晋升
策划编辑：杜小陆
责任编辑：陈绪泉
责任校对：张学颖　冯月盈　孙劭贤
责任印制：周一丹　郑玉婷

出版发行：暨南大学出版社（510630）
电　　话：总编室（8620）85221601
　　　　　营销部（8620）85225284　85228291　85228292　85226712
传　　真：（8620）85221583（办公室）　85223774（营销部）
网　　址：http://www.jnupress.com
排　　版：广州良弓广告有限公司
印　　刷：佛山市浩文彩色印刷有限公司
开　　本：787mm×960mm　1/16
印　　张：16.625
字　　数：298 千
版　　次：2021 年 12 月第 1 版
印　　次：2021 年 12 月第 1 次
定　　价：69.80 元

总　序

　　客家文化以其语言、民俗、音乐、建筑等方面的独特性，尤其是客家人在海内外社会经济发展中的突出贡献，引起了历史学、人类学、民俗学和语言学等诸多学科领域内学者的关注。而随着西方人文学科理论和研究方法在 20 世纪初传入我国，客家历史与文化研究也逐渐进入科学规范的研究行列，并相继出现了一批具有开创性的研究成果。1933 年，罗香林《客家研究导论》的出版，标志着客家研究进入了现代学术研究的范畴。20 世纪 80 年代以来，著作、论文等研究成果的推陈出新，也在呼吁学界能够设立专门的学科并规范客家研究的科学范式。

　　作为国内较早成立的专门从事客家研究的机构，嘉应学院客家研究院用二十五载的岁月，换来了客家研究成果在数量上空前的增长，率先成为客家学研究的重要阵地，也引起了国内外学术界的高度关注。但若从质的维度来看，当前的客家研究还面临一系列有待思考及解决的问题：客家学研究的主题有哪些？哪些有意义，哪些纯粹是臆测？这些主题产生的背景是什么？它们是如何通过社会与历史的双重作用，而产生某些政治、经济乃至文化权力的诉求与争议的？当代客家研究如何紧密结合地方社会发展的需要，又如何与国内外其他学科对话与交流？诸如此类的疑惑，需要从理论探索、田野实践和学科交叉等层面努力，以理论对话和案例实证作为手段，真正实现跨区域和多学科的协同创新。

一、触前沿：客家学研究的理论探索

　　当前的客家学研究主要分布在人文社会科学的诸多学科范围之内，所以开展卓有成效的客家研究自然需要敢于接触不同学科领域的学术理论。比如，社会学科先后出现过福柯的权力理论、布尔迪厄的实践理论、吉登斯的结构化理论、鲍曼的风险社会理论、哈贝马斯的沟通行动理论、卢曼的系统理论、科尔曼的理性选择理论和亚历山大的文化社会学理论。[①] 社

---

① DEMEULENAERE P. Analytical sociology and social mechanisms. Cambridge：Cambridge University Press，2011.

会科学研究经常需要涉及的热点议题，在客家研究中同样不可回避，比如社会资本、新阶层、互联网、公共领域、情感与身体、时间与空间、社会转型和世界主义。^① 再比如，社会学关于移民研究的推拉理论、人类学对族群研究的认同与边界理论以及社会转型与文化变迁的机制，都可以具体应用到客家研究上，并形成理论对话而提升客家研究的高度。在研究方法上，人文社会科学提倡的建模、机制与话语分析、文化与理论自觉等前沿手段，^② 都可以遵循"拿来主义"的原则为客家研究所用。

可以说，客家研究要上升为独具特色的独立学科，首先要解决的便是理论对话和科学研究的范式问题。客家学作为一门融会了众多社会人文学科的综合性学科，既不是客家史，也不是客家地区政治、经济、文化等内容的汇编或整合，而是一门以民族学基础理论为基础，又比民族学具有更多独特特征、丰富内容的学科。^③ 不可否认的是，客家研究具有自身独特的学术传统，但要形成自身的理论构架和研究方法，若离开历史学、文献学、考古学、人类学、语言学、社会学、民俗学等诸多学科理论的支撑，显然就是痴人说梦。要在这方面取得成绩，则非要长期冷静、刻苦、踏实、认真潜心研究不可。如若神不守舍、心动意摇，就会跑调走板、贻笑大方。在不少人汲汲于功名、切切于利益、念念于职位的当今，专注于客家研究的我们似乎有些另类。不过，不管是学者应有的社会良知与独立人格，还是人文学科秉持的历史责任与独立思考的精神，都激励我们坚持实事求是的原则，在触碰前沿理论上不断探索，以积累学科发展所需的坚实理论。

要做到这一点，就得潜下心来大量阅读国内外学术名著，了解前沿理论的学术进路和迁移运用，使客家研究能够进入国际学术研究对话的行列。

二、接地气：客家研究的田野工作

学科发展需要理论的建设与支撑，更离不开学科研究对象的深入和扩展，而进入客家人生活的区域开展田野工作，借助从书斋到田野再回到书斋的螺旋式上升的研究路径，客家研究才能做到"既仰望星空又能接地气"，才能厚积薄发。

① TURNER J H ed. Handbook of sociological theory. New York：Kluwer Academic Publishers，2001.
② JACCARD J & JACOBY J. Theory construction and model-building skills. New York：Guilford Press，2010.
③ 吴泽：《建立客家学刍议》，载吴泽主编，《客家学研究》编辑委员会编：《客家学研究》（第2辑），上海：上海人民出版社，1990年。

人类学推崇的田野工作要求研究者通过田野方法收集经验材料的主体，客观描述所发现的任何事情并分析发现结果。① 田野工作的目标要界定并收集到自己足以真正控制严格的经验材料，所以需要充分发挥参与观察、深度访谈和问卷调查的手段。从学科建设和学科发展的角度，客家族群的分布和文化多元特征，决定了客家研究对田野调查的依赖性。这就要求研究者深入客家乡村聚落，采用参与观察、个别访谈、开座谈会、问卷调查等方法调查客家民俗节庆、方言、歌谣等，收集有关客家地区民间历史与文化丰富性及多样性的资料。

而在客家文献资料采集方面，田野工作的精神同样适用。一方面，文献资料可以增加研究者对客家文化的理解，还可以对研究者的学术敏感和问题意识产生积极影响；另一方面，田野工作既增加了文献资料的来源，又能提供给研究者重要的历史感和文化体验，也使得文献的解读可以更加符合地方社会的历史与现实。譬如，到图书馆、档案馆等公藏机构及民间广泛收集对客家文化、客家音乐、客家方言等有所记载的正史、地方志、文集、族谱及已有的研究成果等。田野调查需要入村进户，因此从具有深厚文化传统的客家古村落入手，无疑可以取得事半功倍的效果。

在客家地区开展田野调查，需要点面结合才能形成质量上乘的多点民族志。20 世纪 90 年代，法国人类学家劳格文与广东嘉应大学（2000 年改名为嘉应学院）、韶关大学（2000 年改名为韶关学院）、福建省社会科学院、赣南师范学院、赣州市博物馆等单位合作，开展"客家传统社会"的系列研究。他在长达十多年的时间里，辗转于粤东、闽西、赣南、粤北等地，深入乡镇村落，从事客家文化的田野调查。到 2006 年，这些田野调查的成果汇集出版了总计 30 余册的"客家传统社会"丛书，不仅集中地描述客家地区传统民俗与经济，还具体地描述了传统宗族社会的形成、发展和具体运作及其社会影响。

2013 年以来，嘉应学院客家研究院选择了多个历史悠久、文化底蕴深厚的古村落，以研究项目的形式开展田野作业，要求研究人员采用参与观察、深度访谈、文献追踪等方法，对村落居民的源流、宗族、民间信仰、习俗等民间社会与文化的形成与变迁进行深入的分析和研究，形成对乡村聚落历史文化发展与变迁的总体认识。在对客家地区文化进行个案分析与研究的基础上，再进行跨区域、跨族群的文化比较研究，揭示客家文化的区域特征，进而梳理客家社会变迁和文化发展过程。

003

---

① 托马斯·许兰德·埃里克森著，周云水、吴攀龙、陈靖云译：《什么是人类学》，北京：北京大学出版社，2013 年，第 65 – 67 页。

闽粤赣是客家聚居的核心区域，很多风俗习惯都能够找到相似的元素。就每年的元宵习俗而言，江西赣州宁都有添丁炮、石城有灯彩，而到了广东的兴宁市和河源市和平县，这一习俗则演变为"响丁"，花灯也成了寄托客家民众淳朴愿望的符号。所以，要弄清楚相似的客家习俗背后有何不同的行动逻辑，就必须用跨区域的视角来分析。这一源自田野的事例足以表明田野调查对客家学研究的重要性。

无论是主张客家学学科建设应包括客家历史学、客家方言学、客家家族文化、客家文艺、客家风俗礼仪文化、客家食疗文化、客家宗教文化、华侨文化等，① 还是认为客家学的学科体系要由客家学导论、客家民系学、客家历史学、客家方言学、客家文化人类学、客家民俗学、客家民间文学、客家学研究发展史八个科目为基础来构建，② 客家研究都无法回避研究对象的固有特征——客家人的迁徙流动而导致的文化离散性，所以在田野调查时更强调追踪研究和村落回访③。只有夯实田野工作的存量，文献资料的采集才可能有溢出其增量的效益。

三、求创新：客家研究的学科交叉

学问的创新本不是一件易事，需要独上高楼，不怕衣带渐宽，耐得住孤独寂寞，一往无前地上下求索。客家研究更是如此，研究者需要甘居边缘、乐于淡泊、自守宁静的治学态度——默默地做自己感兴趣的学问，与两三同好商量旧学、切磋疑义、增益新知。

客家研究要创新，就需要综合历史学、人类学、语言学、音乐学、社会学等学科理论和方法，对客家民俗、客家方言、客家音乐等进行综合分析和研究，以学科交叉合作的研究方式，形成对客家族群全面的、客观的总体认识。

客家族群作为中华民族共同体的一个重要支系，在其形成和发展过程中融合多个山区民族的文化，形成独具特色的文化体系。建立客家学学科，科学地揭示客家族群的个性和特殊性，可以加深和丰富对中华民族的认识。用客家人独特的历史、民俗、方言、音乐等本土素材，形成客家学体系并进一步建构客家学学科，将有助于促进中国人文社会科学本土化的

---

① 张应斌：《21世纪的客家研究——关于客家学的理论建构》，《嘉应大学学报》，1996年第4期。

② 凌双匡：《建立客家学的构想》，《客家大观园》，1994年创刊号。

③ 康拉德·菲利普·科塔克著，周云水译：《文化人类学——欣赏文化差异》，北京：中国人民大学出版社，2012年，第457-459页。

发展，从而为中国人文社会科学的发展和繁荣作出应有的贡献。客家人遍布海内外 80 多个国家和地区，客家华侨华人 1 000 余万，每年召开一次世界性的客属恳亲大会，在全世界华人中具有重要影响。粤东梅州是全国四大侨乡之一，历史遗存颇多，文化积淀深厚，华侨成为影响客家社会历史和文化发展的重要因素。建立客家学学科，将进一步拓宽华侨华人研究领域，有助于华侨华人与侨乡研究的深入发展。

在当前客家学研究成果积淀日益丰厚、客家研究日益受到社会各界重视的情况下，总结以往研究成果，形成客家学学科理论和方法，构建客家学学科体系，成为目前客家学界非常紧迫而又十分重要的任务。

嘉应学院客家研究院敢啃硬骨头，在总结以往研究成果的基础上，完成目前学科建设条件已初步具备的客家文化学、客家语言文字学、客家音乐学等的论证和编纂，初步建构客家学体系的分支学科。具体而言，客家文化学探讨客家文化的历史、现状和未来并揭示其发生、发展规律，分析客家族群的物质文化、制度文化和精神文化的产生、发展过程及其特征。客家语言文字学探讨客家方言的语音、词汇、语法、文字等的特征，展示客家语言文字的具体内容及其社会意义。客家音乐学探讨客家山歌、汉剧、舞蹈等的发生、发展及其特征，揭示客家音乐的具体内容和社会意义。

客家族群是汉民族的一个支系，研究时既要注意到汉文化、中华文化的普遍性，又要注意到客家文化的独特性，体现客家文化多元一体的属性。客家学研究的对象，决定客家学是一门融合历史学、民俗学、方言学、音乐学、社会学等众多社会人文学科的综合性学科。如何形成跨学科的客家学研究理论与方法，是客家研究必须突破的重要问题。唯有明确客家学研究的基本概念、理论和方法，并通过广泛的田野调查和深入的个案研究，广泛收集关于客家文化、客家方言、客家音乐等各种资料，从多角度进行学科交叉合作的分析和研究，才能实现创新和发展。

嘉应学院地处海内外最大的客家人聚居地，具有开展客家学研究得天独厚的地缘优势。1989 年，嘉应学院的前身嘉应大学率先在全国建立了专门性的校级客家研究机构——客家研究所。2006 年 4 月，以客家研究所为基础，组建了嘉应学院客家研究院、梅州市客家研究院。因研究成果突出、社会影响大，2006 年 11 月，客家研究院被广东省社会科学界联合会评为"广东省客家文化研究基地"；2007 年 6 月，被广东省教育厅评为"广东省普通高校人文社会科学省市共建重点研究基地"。之后其又被广东省委宣传部、广东省社会科学院评为"广东地方特色文化研究基地——客家文化研究基地"，被广东省文化厅评为"广东省非物质文化遗产研究基

地",被广东省教育厅评为"广东省粤台客家文化传承与发展协同创新中心";还经国家民政部门批准,在国家一级学会"中国人类学民族学研究会"下成立了"客家学专业委员会"。

2009 年 8 月,在昆明召开的第 16 届国际人类学大会上,客家研究院成功组织"解读客家历史与文化:文化人类学的视野"专题研讨会,初步奠定了客家研究国际化的基础。2012 年 12 月,客家研究院召开了"客家文化多样性与客家学理论体系建构国际学术研究会",基本确立了客家学学科建设的基本途径和主要方法。另外,1990 年以来,嘉应学院客家研究院坚持每年出版两期《客家研究辑刊》(现已出版 45 期),不仅刊载具有理论对话和新视角的论文,也为未经雕琢的田野报告提供发表和交流的平台。自 1994 年以来,客家研究院承担国家社会科学基金项目 2 项,广东省哲学社会科学规划项目等 20 余项,出版《客家源流探奥》[①] 等著作 50 余部,其中江理达等的著作《兴宁市总体发展战略规划研究》[②] 获广东省哲学社会科学优秀成果一等奖,肖文评的专著《白堠乡的故事——地域史脉络下的乡村建构》[③] 获广东省哲学社会科学优秀成果二等奖,房学嘉的专著《粤东客家生态与民俗研究》[④] 获广东省哲学社会科学优秀成果三等奖。深厚的研究成果积淀,为客家学学科建设奠定了坚实的理论基础。经过几代人的不懈努力,嘉应学院的客家研究已经具备了在国际学术圈交流的能力,这离不开多学科理论对话的实践和田野调查经验的积累。

客家学研究丛书的出版,既是客家研究在前述立足田野与理论对话"俯仰之间"兼顾理论与实践的继续前行,也是嘉应学院客家学研究朝着国际化目标迈出的坚实步伐。"星星之火,可以燎原",这套丛书包括学术研究专著、田野调查报告、教材、译著、资料整理等,体现了客家学学科建设的不同学术旨趣和理论关怀。古人云,"不积跬步,无以至千里;不积小流,无以成江海",我们愿意从点滴做起。希望丛书的出版,能引起国内外客家学界对客家学学科体系建设的关注,促进客家学研究的科学化发展。

编 者

2014 年 8 月 30 日

① 房学嘉:《客家源流探奥》,广州:广东高等教育出版社,1994 年。

② 江理达等主编:《兴宁市总体发展战略规划研究》,广州:广东教育出版社,2009 年。

③ 肖文评:《白堠乡的故事——地域史脉络下的乡村建构》,北京:生活·读书·新知三联书店,2011 年。

④ 房学嘉:《粤东客家生态与民俗研究》,广州:华南理工大学出版社,2008 年。

目 录
Contents

引论　深入社会，关注发展

　　课题研究总是要先思考和理清其缘起、方法，再设计其过程，最后则要作总结、写体会。思想和结论固然重要，而程序正确往往是结论正确的前提，写作的过程有时可能更能够给人启示。研究方法是否合理，就像走路是否走对了方向一样重要。基本方法和论证程序的正确决定着思想的合理与准确。

　　可以说，本书是笔者25年来参政议政重要成果的汇编，亦是笔者长年学术思考的成果。本书引论是研究回顾，用以概括介绍本书的主要内容，探讨本书写作的方法论，反思本书的写作背景：一是基于学科视野，二是基于经世追求。发展和生态已经成为多学科共同的研究对象，梅州发展生态研究更有其特定的区域性特征。

一、史学视野与参政议政

　　笔者以史为业，在长年的教学与科研中，习惯于从史的视角去看待世界。但是，学科林立，历史学不过是看待整体世界的其中一条路径而已。历史学更多地偏向于理论探研，因此常常被认为只是学生基本素质之一，其具体应用则让人感到有点苍白。历史学显然有必要深入现实生活，以此体现其专业价值。这要如何才能实现呢？多年来，笔者一直困惑而极力想去回答。经过多年的参政议政实践，笔者关注并试着以历史学视角去理解和回答有关梅州发展的一些问题，这些社会实践显然已经深深地融入笔者的学术思考中。

　　1. 参政议政成了学以致用的平台与路径

　　学术思考与现实生活相结合，需要一个相应的平台。笔者将参政议政的建言献策与学术思考结合在一起，将其当作学术理论思考与教学实践活动，希望找到"应用历史学"的合适路径和方法。作为象牙塔里的学者，对于太过具体的实践性主张确实有点勉为其难，更多的必然是学术理论基础上的逻辑推演，以其学术思维去探研现实世界。

　　热爱生活，关注发展，这是笔者多年坚持的学术向往。本书的文章具

有强烈的时事背景，笔者曾经只是视之为"应景文章"而不是学术探究，或者只是个人有感而发的心得体会。然而，文章并不局限于时政的就事论事，而是明确希望加以历史学的理论思考——前者是参政议政与建言献策，后者则属于完成教学与科研任务；前者太过具体、感性，后者则更加宏观、理性。两者的结合其实并不容易，这种尝试，既需要勇气，还需要足够的信心、恒心。

本书集中探讨梅州人文和政事，观察与研究梅州经济与社会的发展理念，有建言献策，更是学术探究。其实，只有经过学术论证的建言献策才会更加合理，论证内容作为学术思考，建言献策则作为参政议政，教学科研和参政议政两不误，且相互提携、促进。思考市政建设并提出相关看法，这是义务，是使命，也是应当担负的基本责任。当然，发表看法应当属于建言献策而不是批判，更不能干扰正在进行的建设，尽管其中难免要反映负面的社会现象，其出发点却必须是建议，而不是批判。所有的意见和建议都应当是建设性的，应当是心平气和的。

本书着力于宏观的学术探讨，坚持综合的理论思考，但不乏深入细致的具体思考，更多的则是总体思路和宏观思考。以追求客观理性为原则，绝不信口开河，而是努力争取有所发现和建议。很多思考不一定成熟，不足之处在所难免，但希望这是有益的尝试，既能积累经验，也能抛砖引玉。

本书汇集了笔者过去长期零散思考和写作的部分成果，糅合了笔者在不同历史时期里对梅州经济、社会和文化发展的思考，内容则贯穿着梅州发展生态的统一主题，可细分为梅州发展战略生态（或称之为战略生态）、产业生态、人才生态、旅游生态、城市生态、教育生态等。"发展生态"是新课题，在学术视野和研究路径上必定要求新颖。

时政探讨需要强烈的历史感和时代感，必与时俱进地长期跟踪，方能感受到其中的变迁和发展。比如，新农村建设和新型城镇化是相关的，如何把握其中内在的关联，需要重视其历史发展。历史感能够让你立体、全面和发展地看问题，不自觉地作古今中外的对比和平衡，把握内涵，理解实质。

本书写作尽管花了大量的精力，大多内容却是应景而作，原本只想"藏之南山"而没有发表和供人批判的打算。写作时亦未想过要结集出版，其内容基本上也未曾正式发表过。本书名中的"论略"，强调局部的思考而非成体系的认识。本书虽经修改，有些问题和现象亦早已解决，材料及观点等却留下了明显的写作时间痕迹，这或有实录和存史的意义，可稍作时代发展之见证。

诚然，参政议政与学术研究、生活情趣充分结合在一起，实乃一件不易之事，常常会被视为不务正业，所写文章常非正儿八经的"专业化文字"，因而不被认可是"我们这个行业中"的学问，似乎与学术探讨有一定距离。其实，学问必然要深入生活实践中，古代学人坚持"游学"，如今国家则倡导"研学"，寻访于梅州城乡，徜徉于青山绿水，深入山村与山野村夫同锅共餐，如此惬意真情，既感受人情民风，又探究文明传承，确实是满满的享受。

2. 参政议政的作文是对生活的理解、记录与讨论

学者观察社会总不免思绪良多，参与社会调研便会记录心得体会，乃至形成文章，无论其水平高低，总是非常必要的。历史学不仅要研究文献资料，也不仅仅是"诗和远方"，更应当接地气，要记录生活，探索生活真谛。参政议政总是难免要建议献策的，而这就需要写些相关的文章。建议献策并非都是高大上的，常常就是在不经意之间的一点感想，却需要有历史学视野和内涵，其效果则要看是否与有心人发生了"心理共振"。

二十多年来，笔者参与了大量的学术与政策调研，调研大多是集体参与，调研报告一般是集体撰写，一般没有写作个人报告的特别要求。笔者却经常做些记录，写些发言提纲和心得体会；调研前或回来后还会写些简单的小文章，就相关问题提出自己的见解，以理清思路。

撰写心得、体会和札记必须理清杂乱的现象，深入实质。这很考验作者的读书功力。多读书会有助于你在看似偶然的社会现象中发现其深刻的本质，从而较好地把握其时代背景和主题，因为相关现象可能早已在书本中阅读过，因此得到启迪，进而作出更加深刻的讨论。

考察、讨论和记录工作与生活有其特定的专业视角，也有其特定的人生立场。比如说，由上往下总是一览无遗，由下往上则有其天花板的限制。又比如说，有些人觉得要更接地气而不是太多理论，有些人则强调要有理论和政策的高度站位才会高。

本书部分内容曾为梅州市政协的提案或大会发言稿，某些内容也曾经提交过学术研讨会。"打造客家传统民居的文化旅游品牌"的部分内容曾提交世界"客商论坛"，其中第一节被《客商》摘录①；2013 年 2 月梅州市政协大会，笔者提交的发言稿《关于将江北旧城区逐步打造成为重点文化旅游特色区的建议》是议题"以新型城镇化理念改造梅州旧城"中的部

---

① 魏明枢：《商机无限的客家民居旅游》，《客商》2013 年第 1 期。

003

分内容；2014 年 2 月梅州市政协大会，笔者提交的发言稿《关于规范、合理、高效使用院士广场的建议》是议题"院士广场的管理、使用与'城市病'的终结"中的部分内容；《汇集民间文献　打造梅州特色文化资料库》的主要内容则是 2015 年 2 月笔者在梅州市政协大会上的发言稿。

英国哲学家培根说："读书使人踏实，讨论使人机敏，写作则使人严谨。"① 喜欢读书和写作是学人本分。讨论非常重要，却必须讲求时间合适。教师教学有讲授时间限制，便不太适合提倡课堂讨论。事实上，同学在课堂上高谈阔论并不合适，不断讨论的同学难免遭到侧目："我们是来听老师的，还是来听你的？"

俗语说：好记性不如烂笔头。读书和调研时所看到的、听到的都应当记下来。培根告诫说：

> 如果有人不读书又想冒充博学多知，他就必须很狡黠，才能掩人耳目；如果一个人懒于动笔，他的记忆力就必须强而可靠；如果一个人要只身探索，他的头脑就必须格外清晰锐利。②

记录应当形成习惯，也是生活与工作应有的一种态度，它更容易理清思路，也是另一种形式的"讨论"，是真正深入的"讨论"。

3. 参政议政的根本是建言与立言

什么叫"帮助"？在物质匮乏之时，人们常重视物质上的馈赠，物质自然是维持生命的最重要的东西。而在物质富裕的和平年代里，当每个人都非常努力工作和创造之时，人们之间大多不以物质相交，给人的帮助更多时候应当是"言论的"和"精神的"。

在工作和创造的过程中，人们难免会困惑，旁人给予提醒和建议，常常会让人豁然开朗、恍然大悟，从而将工作做得更好而取得更大的成功。有时人们难免犯浑，朋友之诤言会让人猛然醒悟而走向正道。这种情况在国家政治中同样是适用的。真理会越辩越明，给社会建议和建言，能让人清醒，形成良好的社会风气，这就是思想解放，是社会方向的指引。

"建"乃会意字，从廴，从聿，本义指立朝律，引申为建立、创设等义。"议"乃形声字，从言，义声，本义指商议、讨论，就是言＋义，乃

① ［英］培根：《论读书》，刘广星编：《培根随笔》，呼和浩特：内蒙古人民出版社，2008年，第 69 页。
② ［英］培根：《论读书》，刘广星编：《培根随笔》，呼和浩特：内蒙古人民出版社，2008年，第 69 页。

合理之言。所谓"建议"，乃指提出意见建议。所有建议都不过是"一家之言"，故建"言"献"策"难免有所批判和偏颇，却必定要充满"正能量"。"建议"并不必定是金玉良言，却必定是"诤言""良言"，"良言一句三冬暖"。"言"不是"牢骚"，更不是胡言乱语；"言"是善意的批评指正。"言"还要有高度、深度和广度，应当尽力站在时代的制高点，站在历史的最高端，让人深思，耐人寻味，使人有所觉悟而受益。

俗语说：无知者无畏。议政大多只是凭直观印象而直抒胸臆，进一步深入理论阐释时便发现，原来已经有许多类似的研究，虽非关于梅州本地的实践研究，其理论与学术高度却让你敬仰，让你感到所读的书原来是如此之少，担心所写文章是否经得起专家、学者的批评，甚至担心难免会说些"行外话"。学海无涯，做学问总得不停地学习创新，"苟日新，日日新，又日新"，这是学者的风格。

俗语说：人微言轻。建议首先要掂量自己的分量，有许多不同的表达方式与途径，绝不能追求一鸣惊人，上达天听。学者写文章当以天下为怀，日知日新，置之南山，大浪淘沙，却不是刻意陈言，大鸣大放、自我吹嘘更是要不得。懂规矩，守纪律，这是任何时候都不能忘记的。

学者追求立言，此乃普世价值。立言既不邀功领赏，也不受人之过。不以所言沾沾自喜、得意忘形，绝不求有所"表现"，指手画脚和好为人师绝不应成为学者的标签与风格。学人本分乃相信自己，深入研究，创新思想，以待智者。无论面对的是当世的怀疑还是赞赏，都应相信会得到后世史家的欣赏。

家长兄曾批判笔者"跳出三界外"，他引用一则故事：参加过淮海战役的三叔，曾建议长兄说：老家山上泥土虽少，可挑泥石上耕种。这"荒唐"吗？电视剧《上将洪学智》中亦有个类似故事：上将在某西部边防站调研，建议多种树。士兵们回应说，这里缺泥土，种棵树比养个娃还难。可上将再次来时，惊奇地发现，这里树多了。原来，士兵们外出时总是顺带背回一些泥土来种树。"愚公移山"虽显"笨拙"，却切实有效。

无论如何，别纠缠于"建言"是否荒唐，是否被理解。任何提议或建议都不过是未来的"萌芽"而已，其前途实在是很不清晰的，需要坚持不懈地努力付出才能显现。可怕的不是别人的不接受和不认可，而是提议者的自以为是，甚而强迫他人接受，或者要求他人必须给予"满意的"回答。

二、梅州发展生态研究的学科视野

人类是智慧的，在生产和生活实践中，产生了许多经验，经过积累和

005

消化，就形成了知识，相对独立的知识体系就形成学科。人类的知识可划分为五大门类：自然科学、农业科学、医药科学、工程与技术科学、人文与社会科学。中国高等教育划分13个学科门类：哲学、经济学、法学、教育学、文学、历史学、理学、工学、农学、医学、军事学、管理学、艺术学。这就是所谓的"科学"，或者说"分科而学"。

学科之产生在某种意义上是分割整体世界，但这是深入认识进而形成创新的基本前提。在现代科学发展中，每个人都会受到不同的学科训练，进而形成相应的学科思维模式和思维定式。每个学科都有其独特而明确的学科特征，其研究方法也各有特色。学者著书立说都有其学科路径。梅州社会现实研究与历史文化研究一样都应属于客家学领域，其研究却需要整合不同学科的研究方法。

1. 梅州发展生态研究属于客家学范畴，需要文献与调研并重

梅州是世界客都，客家学研究不仅要重视梅州的过去历史，更要重视其现实生活。其未来社会理想的构建及其未来发展研究亦应当成为客家学的重要领域。梅州生态发展是时代要求，是与时俱进的，深入理解现实生活则属于客家学研究的范畴，也是侨乡研究的延伸，这是接地气的研究。在新时期里如何扩展客家学的研究内容而不"局限在客家源流和方言上，尤其是纠缠不休的客家源流问题"被认为是客家研究全面深入的必然。[1]

客家研究既然以客家这一民系或族群为研究对象，则其内容必定是综合的、整体的、全面的，需要研究客家人的整体生活，包括其日常生活中的所思所想及其一举一动，而不仅仅局限于某个局部领域。客家研究要全面深入地研究和总结客家，其研究内容和对象必然要"突破20世纪客家研究的逼仄和狭隘，从各个层面真实而全面地反映客家文化的状况、特征和深厚内涵"，但并非"为全面地认识中古汉族的民间和民俗文化提供鲜活而周全的范例"[2]，而应当"以全面性、系统性、特色性和文化性的研究为目的"[3]。

客家学研究确实要通过研究方法的变革和调整实现客家学的理论建

---

① 张应斌：《21 世纪的客家研究——关于客家学的理论建构》，《嘉应大学学报》1996 年第4 期，第96 页。

② 张应斌：《21 世纪的客家研究——关于客家学的理论建构》，《嘉应大学学报》1996 年第4 期，第98 页。

③ 张应斌：《21 世纪的客家研究——关于客家学的理论建构》，《嘉应大学学报》1996 年第4 期，第99 页。

构，摆脱陈旧的阴影和狭小的格局。① 但是，其一，客家研究并非只能从古代出发去研究，从现实出发去探讨会显得更加丰富多彩。其二，客家研究内容也并非局限于中古汉族民间，还要有更多的现实生活的思考。其三，客家研究不应仅仅局限于少数人的象牙塔，生活在其中的人都应当有其热情，只是每个人所关注的点会不同。

客家学研究内容要丰富多彩。这与"补苴罅漏，张皇幽眇"是相对立的。当各种人都在这个领域里采矿、耕种的时候，就必然不是"补罅"了。客家研究不仅要研究其宏观理论，微观现象同样是值得研究的，其内容的选择其实并无必然的规定。客家是一个群体性社会，其文化研究必然不能只局限于某些方面，而必定是丰富多彩的。

客家学形成之时曾经高度依赖历史文献，但客家学其实并不仅仅局限于历史学，其研究方法也不局限于历史学，而有其特定的内容和方法。人类学方法逐渐被应用于客家学研究中，其田野调查手段受到了高度重视。20 世纪 90 年代，在客家学研究对象与方法的讨论中，针对 20 世纪客家研究的弊病和不足，论者提出了客家研究方法的两点调整：

第一，应突破以往单一的历史学或语言学的方法，而应根据研究内容的需要，走多学科交叉综合的道路。……第二，应突破以往局限于案头文献的学究式的研究方法，应借鉴人类学者田野调查的方法，到客家民间长期蹲守，掌握活生生的第一手资料……避免那种浮光掠影的浮泛和空疏。②

其实，方法是服务于目的的，因而应当不拘一格。但方法得当与否必然影响甚至于决定着目的能否准确和合理地实现，也决定了学术路径能否顺畅而长远。"学科交叉"是必要的，"案头文献""田野调查"如今同样不能少，"田野调查"与"案头文献"应当并重。随着学术研究的深入和时代的变迁与发展，过去提倡的许多方法值得深入总结。

首先，学术研究总是一步步扩展和深入的，正如过去局限于历史学与语言学，这是研究领域的局限，属于时代的局限。现当代的许多学科理论的介入是必要的，只有如此才能增添其"源头活水"，使其不会枯竭。

其次，弘扬"田野调查"是非常有必要的，任何时候理论总结都需要

① 张应斌：《21 世纪的客家研究——关于客家学的理论建构》，《嘉应大学学报》1996 年第 4 期，第 101 页。

② 张应斌：《21 世纪的客家研究——关于客家学的理论建构》，《嘉应大学学报》1996 年第 4 期，第 101 页。

深入社会实践，理论与实践的结合才是真正正确的治学方法。"田野调查"能使学者在历史现场突发灵感，形成合适和合理的时代性认识。

再次，"案头文献"应当是学术研究的基础和前提。在治学的道路上，特别是对于年轻人和初学者来说，"案头文献"肯定是第一位的，没有足够的书本知识和理论，绝不可能成为专家和学者，其所谓的"田野调查"也必然难于深入。引经据典其实就是一种思想的交流与继承，也成为创新的重要源头活水。不从"案头文献"出发，不深入研究"案头文献"，所谓"田野调查"只能是缘木求鱼，无源之水。明代江门学派的创始人陈献章"尽穷天下古今典籍"，他强调："夫学贵乎自得也，自得之然后博之以典籍，则典籍之言我之言也。"（见张诩《白沙先生行状》）

如今，许多人过于迷信"田野调查"，甚至做"田野调查"和采访之前没有钻研当地文献，也没有摸清和研究基本情况，便拿着录音笔直接去做采访，以为记录访谈对象的话就够了。过去批评从"案头文献"出发的研究是"浮光掠影的浮泛和空疏"，现如今的"田野调查"却显得浮躁和空心了。事实上，因为"案头文献"的不足，访谈中也难于互动，所谓的"田野调查"便成为记者采访，而不是专家调研。

无论如何，首先要重视"案头文献"的基础性，然后以"田野调查"辅之，两者相辅相成，正如论者强调：

> 在西方学术界至今仍然保持着一个好的传统，既重视书本和理论知识，也重视田野调查。例如，研究中国的人如果没有在中国待过一段时期，很难被视为一个合格的汉学家。①

所谓"待过一段时期"，这就是返回历史现场。欧美国家曾经以"欧美中心论"去思考中国历史，后来才发现要"在中国发现历史"，兴起了"中国中心观"。② 现场必定是新思想的重要起源地。晚清思想家之思想多源于"异域"，在西方世界发现发展方向，这也是有其必然性的。③ 改革开放之后的中国，在学习和借鉴西方发展中实现了理论突破，超越了自我。经历了改革开放的中国学者，因为在某些方面能与近代西方世界"共情"，

① ［法］费尔南·布罗代尔著，常绍民等译：《文明史：人类五千年文明的传承与交流》（第二版），北京：中信出版社，2017年，常绍民"中译本序"第 iii 页。
② ［美］柯文著，林同奇译：《在中国发现历史——中国中心观在美国的兴起》（增订本），北京：中华书局，2002年。
③ 张治：《异域与新学——晚清海外旅行写作研究》，北京：北京大学出版社，2014年。

对西方世界及其历史的理解自然不同。

2. 发展生态研究既要"分科"，更要"学科交叉"

培根说："知识就是力量。"在当年绝大多数人皆为文盲的时代，这是曾经激励过无数人的名言。近代以来，科学逐步取代宗教，分科而学能够让人透过现象而深入剖析本质，让人们深入而理性思考，推动着知识的迅速增长，也让人们眼界开阔。分科而学成为促进人类社会全面进步的重要因素。

如今，世界已是知识爆炸的时代。分科而学成了基本要求，学科于是越分越细，每个学科皆有其独特性格，人也因此形成其知识的专业独特性。故培根又说："读史使人明智，读诗使人灵秀，数学使人周密，科学使人深刻，伦理学使人庄重，逻辑修辞使人善辩，凡有所学，皆成性格。"

深入看待世界需要将世界"拆开来"，整体的世界也难免被撕裂成碎片。每门学科都是观察世界的其中一条途径和手段，不同的手段和途径可能看到不同的世界，这就需要不同的专家共同"会诊"，现实世界的复杂性及其丰富多彩才能被更加深刻地揭示，从而得出更加深入而合理的结论。

分科而学不是"画地为牢"，学生学习绝不能简单地以科为界而不顾及其他，也绝不能不接受更多老师的指导，而局限于所谓的"学派"。所谓历史、政治、哲学、文学、物理，等等，这些分科显然有其合理性和必要性，但各学科其实有共通之处。无论哪门学科，无论是理科还是文科，在其学科名称之后其实都应加个"学"字，称其为历史学、政治学、哲学、文学、物理学、化学，如此等等。"学"，就是各学科的共通之处。

当代世界需要以不同的学科共同观察世界，整合、融合不同学科的所谓"学科交叉"开始流行，政策学、历史学、人类学、社会学、政治学、生态学、发展学，等等，似乎都不再是学科和专业，而是已经成为某种知识元素，经过交叉而产生化学反应，进而产生新知识和新思想。

观察现实世界需要学科交叉，以形成整体性思维和更宽阔的视野。再说个故事：妈妈让女儿拿块旧表去问价，咖啡店老板说给30元，装饰店老板说给300元，古董店老板出价23万元，博物馆则给价230万元。根据不同的用途而给出不同的价格，其差别则在于学科和视野的隔阂与限制。

当代教育常重视理工科，却忽略人文学科。人文知识的弱化带来了深远的影响，容易让一些学科教育走入歧途，比如说：经济学往往只教人赚钱而不教人如何好好地生活；法学通常不教人理解法律条文背后的人和事，不教人去感受法律条文中的人性和温情，只有犹如绳索一般冷冰冰的

法律条文。

总之，在知识爆炸的当代社会里，分科而学也是必需的。"管中窥豹""一叶知秋"常被称誉，但世界本是整体的，综合地看问题是必要的，绝不能盲人摸象般看待世界。俗话说："牵一发而动全身。"所谓"发展""生态"研究既需要不同的学科视角，"窥一斑而知全豹"，但发展要求"整体发展"，"生态"要求"生态系统"，世界是不能被撕裂的，应当重视其宏观视角和学科整合。

3. "跨界也精彩"

俗语说"隔行如隔山"，不同行业间的差别实在太大了，当代人都是分科而学，要想隔行而登堂入室实在是太难了。

历史学多强调"分段而治"和"分区而治"。所谓"分段而治"，是指将历史长河分成不同的段落或者层面去进行更加深入的研究，故产生不同的时间概念。布罗代尔便强调"在历史的时间中区别出地理时间、社会时间和个人时间"[1]，强调"长时段"。所谓"分区而治"，则指分地域、国家等空间进行研究，故有全球史、国别史及方志，等等。黄贤强提出跨地域和领域的"跨域史学"：

> 从研究对象的活动空间而言，无疑是跨地域或跨疆域的，它涉及中国、南洋和欧美等地。从研究方法的范畴而言，是跨学术领域的，除了传统史学研究方法贯穿各章外，有些文章也辅以历史人类学的田野考察和查访、社会学的统计和调查、政治学的劳资理论学说、口述历史记录、生活史、地方史和性别史等研究方法。既然本书是跨地域和跨领域的史学研究成果，乃定书名曰：跨域史学。[2]

其实，学术研究本质上并无"领域""界别"，世界是一个整体，世界史研究便特别强调其"总体史"，许多研究都是特别强调其"长时程""宏观大历史"，任何"盲人摸象"般的学科切割都可能形成认识上的鸿沟，进而影响其总体思维和思路。事实上，无论是"分段而治"还是"分区而治"，都必须从经济建设、政治建设、文化建设、社会建设、生态文明建设等视角和领域，做整体的、综合的、"五位一体"的思考，绝不能

① ［法］费尔南·布罗代尔著，唐家龙、曾培耿等译，吴模信校：《地中海与菲利普二世时代的地中海世界》（第一卷），北京：商务印书馆，2017年，"第一版序言"第10页。

② 黄贤强：《跨域史学：近代中国与南洋研究的新视野》，厦门：厦门大学出版社，2008年，"前言"第8页。

简单地条块分割。无论学科如何细分，历史学显然有其在宏观和整体性认识上的独特性，历史学因此常被认定有其特定的责任，美国著名历史学家赖肖尔便强调：

　　在今天综合经济学与社会学、人类学与政治学、心理学与思想史乃至人文科学与作为人类环境的自然科学等涉及各个领域的复杂资料和理论，探索其意义的尝试，主要落到历史学家的肩上。①

　　历史学其实最关注现在，是基于现在而回顾过往和展望未来。读史与阅世本就是一而二、二而一之事，所谓"处处留心皆学问，人情练达即文章"。历史学曾经总是强调研究社会发展的规律，这就表明，历史学在发展研究中具有特殊性。以历史学的"宏观大视野"思考现实生活，或许会更加统一、整体，能够更加全面。对整体和发展的关注或许是历史学科的根本性内涵。正如论者所说：

　　中国改革开放的历程是中国社会大转型大变革的过程。要揭示这一过程的中国经验，需要把改革开放和中国特色社会主义的兴起放在20世纪世界历史进程的大背景中考察。从世界历史视野看，改革开放40多年的中国经验，主要体现为"三个结合"：把坚持科学社会主义基本原则与不断推进马克思主义相结合；把走自己的路与走人类文明发展之路相结合；把中国的发展与世界的发展结合起来。②

　　笔者曾经想：未来某一天不再做"历史研究"了，做些"现实研究"可能会更加有趣。本书便是所谓"更加有趣"的衍生物，其成效如何当然很难说。本书内容显然需要多学科视野，其"跨界"和"跨域"特征自是非常明显。其意义在于不断学习与思考，在于不停地有所发现，形成点点滴滴的思想。阅读书本的同时，观察着社会变化，享受着日常生活，有时还做点记录，专业研究与生活、生产（工作）就这样融合在一起了：学习即生活，工作即生活。学科界别的限制似乎也因此被突破，增加了许多"跨界"的精彩。

---

　　①　（美）埃德温·赖肖尔著，卞崇道译：《近代日本新观》，北京：生活·读书·新知三联书店，1992年，第4页。
　　②　孙代尧：《世界历史视野下的中国经验》，《中国社会科学报》，2019年2月28日，第6版。

三、发展生态研究需要在理论指导下做扎实的调研

培根"论读书"说:"读书还可以补先天的不足,而经验又能补读书的不足,盖天生才干犹如自然花草,读书然后知如何修剪移接;而书中所示,如不以经验范之,则又大而无当。"大学教师不仅要传授书本中的专业理论,还要传授生活经验。学者不能脱离生活,不能脱离生产实践,否则其所谓的专业理论一样是脱离生产和生活而成为纸上谈兵。科研、调研及考察应成为大学教师与社会生活实践直接结合的重要途径。发展和生态研究需要理论思考,也需要切实结合社会实践。

笔者曾经感慨:文艺家们总是要外出采风,常常站在"新闻现场";历史学者却更多地跟故纸与文物交流,所谓回到"历史现场"。本书的写作经历了许多阶段,调研则是其中最基础的工作,花了大量的时间和精力,让笔者能够深入生活和生产现场,因亲历现场的接地气而升华一些思想主张,提升人生境界。如今回想起来,文章大多是从参政议政的要求开始,带着一些问题进行调研,进而取得了一些相关的主张与看法。

1. 调研设想

参政议政需要日常生活中做个有心人,还需要深入思考和探讨政府深层次的工作,比如施政方向、政策的合理性和前瞻性,等等。《梅州市民主党派、工商联和无党派代表人士开展调研活动实施办法》(2010年)规定的调研事项范围:

围绕市委、市政府的中心工作,就全市经济社会发展中关系全局性和战略性问题进行有组织的调研活动,或就有关政策措施的落实情况、执行效果等开展专题调研活动,提出意见建议。

参政议政必须关注政府的政策、措施,需要有其独立而合理的见解,需要深入解读政府工作报告,这不仅需要相对更高的理论水平,特别需要深入理解相关的法规和政策,要给予更加深入的论证和理论支撑,还需要做更多更加深入的调研。没有调查就没有发言权。努力关注梅州经济发展,努力争取更高的议政水平,努力为梅州经济社会发展建诤言、献良策,这就必须高度重视相关的调研。

无论是否定、赞同或者确认,真诚而严谨是其唯一合适的态度。调研不仅是发言的前提和基础,还体现了参政议政之水平。调研大多是围绕某个细节,或者局部,或者具体的某个事件,提出针对性和可操作性强的提案，起到补充性思考的作用，全局性、方向性的理论探讨则相对较少。

基于上述认识，笔者首先探讨了梅州建设方略发展史，做些相关的调研。梅州之发展是在全国和广东整体发展基础上进行的，这就决定了探讨梅州之前必先有对全国和广东的整体认识。要认识原始文明、农业文明、工业文明、生态文明的发展史，思考这些文明在梅州的情况，这就要查找有关文献，初步反思梅州的历史文化及其改革开放以来的具体发展。

思考梅州其实还不能仅仅局限于梅州，"不识庐山真面目，只缘身在此山中"，跳出梅州看梅州自然是有必要的。梅州发展与同处南岭山脉的广东北部地区有何关联，有何借鉴？与梅州背岭相邻的赣州等地又会有何发展？与梅州大山相连的山区发展有其相似要求，与梅州一水相连的潮汕等地又会是何做法？其发展应当有何关联？山水相连，拥有共同的金山银山，如何共商共建共享？

另外，生态发展区并不特定于梅州，而是广东的整个东北部地区。全国许多地区都是生态区，其地位与广东、梅州生态发展区的功能是相类似的，比如海南岛的五指山地区，其生态核心区的功能定位、限制和要求必然不低于梅州，其政策和实践显然有着强烈的可比性。长江经济带是中央着力打造的，有着强烈的示范效应，必须给予充分的重视和借鉴。

2. 调研过程

课题的调研需要吃透相关政策和理论，要先理清其相关政策的实施效果，然后带着一定的感觉甚或某些具体的问题，着手选择与课题相关的地点进行实地调研。

基于山水相连的朴素思考，笔者赴赣江源、东江源和韩江源、海南岛五指山甚至其他地区进行实地调研，看看各地的政策和发展方略，思考其生态发展和保护、创新利用的情况，它们如何促进发展？生态与发展之间是否存在着矛盾和冲突对立？两者该如何平衡？

实地调研更着重于对当地民情民俗的理解，特别是当地民众对于生态保护、产业发展现状是否满意？有什么看法？这是人民群众的大事，必须从民众出发，回归到民众中去。一看山，二看路，三看庄稼，四看住，这是智者对于下乡调研的指导。诚然，专题调研并非局限于农村工作，还要亲身去感受当地的河流、山川，看其河长制等制度落实情况，在"游山玩水"中实现对其政策落实效果的调研。

实地观感还要上升到政策和政府层面的思考，"实地 + 网络"是调研的两大途径。各地政府都是与时俱进的，必充分重视和积极提倡在互联网上公布信息，调研者应当到互联网上看当地政府公布的政策、措施，看其

013

宣传报道，研究地区发展理念、政府的政策落实和具体效果。调研要重视微信群的作用，要多建立相关人群的微信群，想到问题时随时可以进行采访，形成某些观点或者发现什么问题都可以随时在微信群中探讨。

调研每到一个城市和一个考察地点，都要去其政府网站上看看，要深入其微信公众号，形成相关的微信群，深入理解其政策和落实情况，探访其民众心声，考察其风情，作些街头访谈，吃些当地美食，看看当地报纸，听听当地广播电视。另外，平时看报、看电视也要多关注相关的信息。所得材料则必然是碎片化的——碎片化的观点、碎片化的材料，只有相应的学术探讨，以系统的理论加以深入的分析和解读，然后能形成严谨的学术观点。

调研需要做个有心人，要处处留心，要保持好奇心。诗意与哲理其实都在你身边。一个特产广告便包含了某个地方的大量信息，需要给予充分的重视。调研行程中要大量记录相关的思考，从好奇其现象开始深入到其内在的实质。这个过程需要大量的学术思辨和理性思维。有朋友强调说，现在的调研常走马观花而效果不好，要想真正了解情况，得到确切信息，这需要去"卧底"。其说法可能有点过，但调研确实需要扎扎实实的付出与努力。

3. 调研感受

本书写作进程中，笔者调研与探讨了与梅州相似的很多地区。在调研的具体进程中，既要初步、局部认识梅州发展的生态现状，也形成其未来之构想。

许多被调研地区笔者其实早已去过，甚至去过不止一次。安远县三百山，寻乌县的东江源，石城县的赣江源，以及赣州市、河源市、揭阳市、汕尾市等，海南五指山市和儋州市等许多地区对笔者而言都不是陌生区域，但带着问题重新行走，其感受真的不同。

中国的发展很快，常常快得让人难于企及和想象。江西赣州举着"三大牌子"：红色苏区政策、扶贫攻坚政策和生态发展区政策，其发展更是非常之快速，老百姓普遍满意其快速发展，与从前的许多印象完全不同。这是与梅州共处南岭山脉的生态区，都是江河上游地区，都是革命红色区，大量的共同性让我们不能不去关注。

五指山市因其生态核心区政策，其房地产业已经受到了极大的限制，老百姓普遍强调：外地人已经不能在此买房了，但他们似乎并不以此为意，相关的房屋政策、生态发展政策的落实，也使整个城市和地区整洁、干净，民众满意，对于正在创建的省级文明城市充满了信心。

在绿色森林的山脉中感受着生态区里的明净和静谧。站立在东江、赣江的源头，面对着清澈的河水，眺望大河穿越莽莽崇山峻岭，浩浩荡荡奔流向远方；想象着古人撑着竹排筏在河水中悠悠飘荡，欣赏着两岸青山，倾听着船外绿水。

在汽车交通时代，我们翻山越水，不经意间已走过了万水千山，汽车轰鸣取代了船桨的轻柔；小鸟鸣叫，两岸山林却幽静不再。曾经如流水般轻柔的时空，如今却总是那么地急促奋进。

感谢这些地区的许多朋友。在整个调研进程中，笔者接触了大量的民众，也听取过许多政府官员对当地政策和措施的介绍；看见过许多才俊之士，也遭遇过不智之人；看到了发展，也看过不发展。正是在这种正与负的两极平衡与碰撞中，才迸发出一些思想火花。值得强调的是，书中或有举例，但并非刻意针对某人的批判，而是希望因此有所启迪。

每个人都有其主张，调研中笔者也经常与朋友们探讨各地的见闻。许多篇章正是汇聚这些思考和见解后不断提炼的结果。理论与实践的结合需要旁观者的提炼，要将学术理论、国家政策与梅州实践统一起来思考。总的来说，就是要检讨历史，解放思想，统筹兼顾，形成合理认识。

许多朋友的主张开始时可能很受赞赏，在具体的写作与论证过程中却往往被否定了；有些观点则可能开始时很不受认可，在写作和论证中却得到了肯定和接纳。思想与主张都是有其自己的逻辑理路的，并不由人们主观所左右。而这或许就是所谓的研究？

倾听着许多故事，感受着各地的可爱和不足，比较着梅州的兴衰历史，笔者常常不自觉地感慨、叹息。就在这种感受、反思和研讨中，笔者模糊地感觉到梅州的发展需要做好规划，需要新发展理念的落实生根，进而试图勾画其生态发展的景观和发展路径。

四、精彩是论文著述的永恒追求

许多人都在强调，"小书"和"短文"更难写却更值得提倡。陈平原先生在"人文书系"丛书总序中坦言，他"欣赏精彩的单篇论文"[①]。其实，无论"长文"还是"短文"，"精彩"才是著作文章的根本。"小""短"和"难""易"都是相对的，小树和大树之材质与用途各不相同，而大树少了枝杈便难现其真正的伟岸美观。尺有所短，寸有所长。据说，

---

① 梁元生：《边缘与之间》，上海：复旦大学出版社，2010年，"出版说明"第1页。

张五常博士论文《佃农理论》在最好的期刊上连载了四期，德布罗意的博士论文仅千余字，可两者皆被认定是"最牛博士论文"。罗香林论序文的重要性时强调：

> 序文是一书的纲，内容是一书的目，提纲所以挈要，叙目所以明理，没有目，固不成其为书，没有纲，也不能完其用。会看书的人，有工夫，看目，没有工夫，便看纲，这正像看报纸的人，有工夫，详看新闻，没有工夫，便略看标题罢了。①

本书共有五章，所辑录各章其实都是独立的，却又共成整体，有其内在关联，有其研究的内在理路。可以说，本书是经过长期累积而成的"篇幅不大的专题文集"，虽难言精彩，却是笔者之所向往，并为之倾注心血。

① 罗香林：《粤东之风》（民国丛书第四编60文学论），上海：上海书店据北新书局，1928年影印本，"自序"第14－15页。

第一章　走向生态发展的新梅州

生态通常是指生物的生存状态，强调生物与其生存环境的关系。1886年，德国生物学家海克尔首次提出了"生态（Eco－）"一词。"生态"一词源于古希腊字，原意指"住所""栖息地"，或者是家、环境。生态学的产生始于研究生物个体，其后语义越来越广，如今经常被用来指代事物良好与和谐的状态。"生态发展"指良好、和谐发展，给人的第一印象却通常局限于环境保护领域，局限于维护良好的生产和生活环境。

生态已经从自然科学渗透并覆盖整个社会科学领域，甚至已经融入百姓的寻常生活，其意特指原始而未经过人工的，因其本真状态而成为良好的、健康的等，比如生态产业、生态食品等。"发展生态"则指发展的新模式，内蕴着良好、和谐、健康发展。发展已经被指称为人类及其地球家园的全面、合理关系。当代社会必须实现"发展与生态共赢"。

在新的历史时期里，梅州发展有其内在理路。本章探讨改革开放以来梅州的区域发展，其核心关键词是"生态发展"，共四节：第一节"广东省生态发展区战略格局的提出"，这是笔者关于生态发展的最初思考，提出生态发展区概念的时代背景；第二节"改革开放40年的梅州发展及其战略定位"，这是梅州发展战略定位的历史反思；第三节"历史视野中的梅州生态理念与民众心态"，从历史经验反思梅州被确定为生态发展区之后的民众心态；第四节"培育梅州生态发展新理念"，探讨生态发展在梅州的必要性、合理性及其实现途径。

第一节　广东省生态发展区战略格局的提出

广东从整体上已经进入了生态文明发展阶段。生态发展区是生态文明时代的重要产物，属于广东省"一核一带一区"发展格局中的三大组成部

分之一。生态文明建设已经进入了发展的新期。① 理解生态发展区必须理解生态文明的发展线索，要思考生态文明及其建设的时代背景、相关理论，以及生态文明在广东省和梅州市的具体实施、建设情况。

一、生态文明制度建设的广东实践

十七大报告指出："保护生态环境必须依靠制度。"② 进入生态文明建设时代，广东省根据中央精神，深入实践和努力建设高水平生态文明，2016 年 7 月 21 日发出《中共广东省委广东省人民政府关于加快推进我省生态文明建设的实施意见》，12 月 31 日发出《广东省人民政府办公厅关于印发广东省生态文明建设"十三五"规划的通知》。2017 年 12 月，中央发布《2016 年生态文明建设年度评价结果公报》，首次公布了 2016 年度各省绿色发展指数和公众满意程度，广东排在 31 省市中的第 13 位。其中，公众满意度评价结果得分 75.44 分，位列第 24 位。③

2017 年 1 月 10 日，广东省人民政府办公厅秘书处印发《广东省生态文明建设"十三五"规划》，其中明确广东生态文明建设理念：

尊重自然，以人为本，合理开发，节约集约，创新驱动，永续发展。

《广东省生态文明建设"十三五"规划》（下文简称《"十三五"规划》）强调生态区要"合理开发"：正确处理经济社会发展与生态环境保护的关系，在发展中保护，在保护中发展，以资源环境承载力为基础，确定可承载的人口、经济规模以及适宜的产业结构，坚持科学开发、适度开发，实现人口资源环境相均衡、经济社会生态效益相统一。

《"十三五"规划》强调生态区要实现"永续发展"：以对子孙后代高度负责的态度建设生态文明，注重生态的代际公平，注重文化传承与保护，将当前利益与长远发展结合起来，既考虑当代人的福祉，又顾及后代人的利益，以最小的资源消耗支撑经济社会持续健康发展。

《"十三五"规划》强调：坚持尊重自然、顺应自然、保护自然的发展理念，加强生态环境保护与修复治理，促进生态环境不断优化，提高生态

① 吴楠、明海英：《生态文明建设进入发展新时期》，《中国社会科学报》，2019 年 9 月 11 日，第 1 版。

② 胡锦涛：《坚定不移沿着中国特色社会主义道路前进 为全面建成小康社会而奋斗——在中国共产党第十八次全国代表大会上的报告》，北京：人民出版社，2012 年，第 41 页。

③ 蒋臻、吴夏韵、陈鹏：《"公众满意度"纳入广东生态文明建设目标考核》，《南方都市报》，2018 年 6 月 6 日。

产品供给能力，加快形成"两屏、一带、一网、多核"生态安全战略格局："两屏"指北部环形生态屏障和珠三角外围生态屏障，"一带"指蓝色海岸带，"一网"指生态廊道网络体系，"多核"指生态绿核。

《"十三五"规划》关于生态安全战略格局显然是以珠三角大湾区为核心，显示出核心区的发展重心与中心地位，以及各功能区域之间的关联。在构建北部环形生态屏障和生态廊道网络体系安全格局中，粤东北的梅州肩负着极重要的责任与使命。北部环形生态屏障被赋予了维护全省生态安全的重任，肩负着保障河流上游山地生态的特殊任务。所谓"构建北部环形生态屏障"是指：

> 具有重要的水源涵养和生态保障功能的粤北南岭山区、粤东凤凰—莲花山区、粤西云雾山区等地区，是保障全省生态安全的重要主体，以保护和修复生态环境、提供生态产品为首要任务，严格控制开发强度，禁止可能威胁生态系统稳定、生态功能正常发挥和生物多样性保护的资源开发活动。

显然，生态发展区虽然冠以发展名义，其开发方式与高度却被限制，因其特殊的功能定位而来的任务，其发展也被赋予了特定的要求。

如果说"北部环形生态屏障"的重点在其河流上游山地，"生态廊道网络体系"的重点则在于主要水系和交通道路线。所谓"构建生态廊道网络体系"是指：

> 东江、西江、北江、韩江及三角洲网河、粤西沿海诸河、粤东沿海诸河等主要水系，铁路、公路等主干道和主要城乡区域的绿道网，是我省宜居生态系统的主要组成部分，重点建设生态景观林带，逐步构建保护主要江河水库和交通主干道的森林生态体系，加快建设区域城乡绿道网、森林公园、湿地公园，构建城乡复合绿色空间，维护城区水系功能，提升人居环境质量。

水库与森林建设成为生态廊道网络建设的重点，最大的难题还是江河网络的环保，这是生态系统中的血液与血管，成为提升整个宜居环境质量的重点。

2018 年 2 月印发《广东省生态文明建设目标评价考核实施办法》，6月公布《广东省绿色发展指标体系》和《广东省生态文明建设考核目标体

系》，为《广东省生态文明建设目标评价考核实施办法》提供了量化支撑和事实依据。另外，还颁布了一系列有关生态文明建设的制度性法律法规，如《关于加快推进我省生态文明建设的实施意见》《党政领导干部生态环境损害责任追究实施细则》。

二、"一核一带一区"发展战略格局的提出

2018年6月8日至9日，中共广东省第十二届委员会第四次全体会议在广州召开，会议要求必须按照"四个走在全国前列"要求，深入落实，在发展方式、经济结构、扩大开放、社会治理上实现深刻转变。会议在具体落实"四个走在全国前列"要求中强调：

要以大力实施乡村振兴战略为重点，加快改变广东农村落后面貌。聚焦振兴产业、人才、文化、生态和组织集中用力，坚持以城带乡、城乡一体化发展，把雷厉风行与久久为功结合起来，让广大农民群众在乡村振兴中不断收获看得见、摸得着的实惠。

乡村振兴集中在"产业、人才、文化、生态和组织"五大方面，其"城乡一体化发展"对于生态发展区来说意义重大，因为生态发展区大多地处广东的发展中地区。显然，乡村振兴不仅仅是"落后乡村"自己的事，而是全社会的事，发展中地区的努力要与发达地区结合起来，强调历史与现实的平衡、地区之间的协调：

要以构建"一核一带一区"区域发展格局为重点，加快推动区域协调发展。改变传统思维，转变固有思路，突破行政区划局限，全面实施以功能区为引领的区域发展新战略，形成由珠三角核心区、沿海经济带、北部生态发展区构成的发展新格局，立足各区域功能定位，差异化布局交通基础设施、产业园区和产业项目，因地制宜发展各具特色的城市，推进基本公共服务均等化，有力推动区域协调发展。

"一核一带一区"乃区域协调发展的功能分区，强调以"区域一体化"发展的功能分区，形成广东发展新的区域战略格局。由此，"城乡一体化"与"区域一体化"成为广东发展的两大战略决策。

珠三角核心区与沿海经济带的功能定位与发展任务显然更加明确，北部生态发展区的功能定位则明确强调了生态特色，在当前的时代背景下其

内涵似乎更多地偏重于生态保护，强调在生态保护基础上的发展。生态发展不仅是方式、目标，因强调绿色生态，其发展似乎被给予了更多的生态限制。但发展是执政兴国的第一要务，在与发达地区形成强烈对比的背景下，生态发展区的发展显得非常迫切。

其实，核心区和沿海经济带的发展同样有其"生态"要求，就如生态区里不能忽略现代工业化内涵一样，不同功能区的发展其实是统一的。比如，在沿海经济带的发展中，海洋生态的保护是不可能被忽略的；在珠三角核心区内部发展中，必须保护其内部生态。因此，生态发展其实是不同功能区的共同要求，生态发展区的定位则重点强调其对外的生态责任与义务，其生态不仅是对于自己的责任，还关系到相邻地区的生活与生产。自我保护既是自我发展的保障与要求，还须对他人的发展负责，绝不能利己而损人！实现自我发展的同时，必须时刻不忘他人的共同发展。

生态发展区对于相邻区域发展的特殊责任与义务，决定了其政策和措施的特色，也决定了其建设和产业布局因地制宜的特色发展道路。生态发展区的功能定位与经济社会现代化如何实现统一？其内涵是什么？主要限制是什么？这里经济普遍不发达，其现代化除了保护原生态的绿水青山外，当地百姓还应过怎样的生活？怎样因地制宜创业？这些都必须给予很好的解答。

2018 年 6 月 19 日，全省生态环境保护大会暨污染防治攻坚战工作推进会在广州召开。省委书记李希强调，要全面深入学习贯彻习近平生态文明思想，准确把握我省生态环境保护新形势，坚决打好打赢污染防治攻坚战，努力开创美丽广东建设新局面。[1] 7 月 4 日，广东省委理论学习中心组围绕"学习贯彻习近平生态文明思想，推动生态环境保护工作"开展专题学习会。省委书记李希强调，要优化区域发展格局，强化生态文化价值导向，用最严格制度、最严密法治保护生态环境。[2]

以环保为核心的生态文明建设成为全省上下共同面对的核心任务。广东省委政府切实落实生态文明建设，广东各地都做出了实际行动。比如，海洋生态强调红线管控。[3] 深圳虽然寸土寸金，生态文明建设却依然实行高标准，创建了生态文明建设的深圳模式。[4]

---

① 莫凡：《推动广东生态文明建设迈上新台阶》，《南方日报·南方时论》，2018 年 6 月 20 日。
② 徐林、岳宗：《持续深入学习贯彻习近平生态文明思想》，《南方日报》，2018 年 7 月 5 日。
③ 索有为、郭兴民：《广东落实红线管控　创海洋生态文明建设新局》，中国新闻网，2018 年 4 月 10 日。
④ 李润芳：《一线两区三机制　解码生态文明建设的深圳模式》，南方网，2018 年 2 月 14 日。

三、关于生态发展区及其生态发展的最初反应

广东"一核一带一区"规划提出之后,《南方》杂志(2018 年第 13 期)和《南方日报》便组织了一批相关的研究和报道,这自然是最权威的解读。在解读相关文件精神的同时,也采访了有关区域的领导,介绍他们的施政思路及其对当地发展影响的思考。相关的区域从官方到学界都给予了高度的重视,作了很多解读和思考,形成了许多政策和措施,值得加以总结。

(1)对于"一核一带一区"各功能区的整体认识,强调广东区域发展及划分不同功能区的重要意义。主要文章有:

郭芳、张亮、温柔、史成雷:《"一核一带一区"畅想——破局广东区域发展》,《南方》2018 年第 13 期,第 12 页。

温柔、史成雷:《以功能区为引领,广东实施区域发展新战略》,《南方》2018 年第 13 期,第 14 – 15 页。

《构建"一核一带一区"格局 加快推动区域协调发展》,《南方日报》,2018 年 7 月 30 日,第 2 版。

陈荣平:《全面实施以功能区为引领的区域发展新战略》,《南方日报》,2018 年 7 月 30 日,第 2 版。

(2)对于不同功能区各自的认识。

史成雷:《制造新增长极!沿海经济带列车正"提速"》,《南方》2018 年第 13 期,第 16 – 17 页。

温柔:《山区的美丽未来:经济发展与生态保护不是两难》,《南方》2018 年第 13 期,第 18 – 19 页。

(3)采访某些有代表性地区的领导,主要有汕头、湛江、韶关和清远市委书记。

史成雷:《特区再出发,新时代的汕头怎么干——专访汕头市委书记方利旭》,《南方》2018 年第 13 期,第 20 – 21 页。

史成雷:《全力打造海域副中心城市,争当沿海经济带"引领者"——专访湛江市委书记郑人豪》,《南方》2018 年第 13 期,第 20 – 21 页。

温柔:《筑牢粤北生态屏障,争当全省绿色发展排头兵——专访韶关市委书记莫高义》,《南方》2018 年第 13 期,第 24 – 25 页。

温柔:《让世界了解清远,让清远走向世界——专访清远市委书记郭锋》,《南方》2018 年第 13 期,第 26 – 27 页。

吴大磊：《在高水平保护中促进粤北山区高质量发展》，《南方日报》，2018 年 7 月 30 日，第 2 版。

罗明忠：《着力培育生产性服务主体　推升农业发展质量》，《南方日报》，2018 年 7 月 30 日，第 2 版。

（4）一些学者结合相关地区的发展对生态发展区作了一些解读和思考，主要文章有：

许益云：《"四举措"走好乳源生态发展之路》，《韶关日报》，2018 年 6 月 9 日。

《把握新定位　推动新发展》，《韶关日报》，2018 年 7 月 9 日。

《携手绘就绿色生态画卷》，《韶关日报》，2018 年 7 月 10 日。

杨志明：《北部生态发展区奋力建设现代化经济体系的路径探索》，《广东经济》2018 年第 10 期。

许良政、许济洋：《众志成城建设好生态发展区先行地》，《梅州日报》，2018 年 10 月 28 日。

田广增：《对北部生态发展区韶关发展旅游的再认识》，《韶关日报》，2018 年 11 月 10 日。

（5）广东"一核一带一区"规划提出之前，生态发展功能区以及生态文明示范区就已经提出并受到了各地的高度重视，在许多地区得以研究和落实。许多学者作了深入的学术探讨，相关成果甚至已经成为政策制定的依据。主要文章有：

赵丽：《生态发展区：目标、问题及工业化路径选择》，《嘉应学院学报》2010 年第 3 期。

王丽忠：《对生态发展区山水实证的思考》，《韶关学院学报》2010 年第 4 期。

赵丽、刘芳娜：《关于广东生态发展区建设若干问题的思考》，《韶关学院学报》2010 年第 4 期。

隋春花、赵丽：《广东生态发展区生态补偿机制建设探讨》，《经济地理》2010 年第 7 期。

刘战慧：《利益相关者理论与主体功能区建设——以韶关、梅州、河源生态发展区为例》，《城市问题》2010 年第 10 期。

杨在峰：《立足生态发展区定位　推进生态文明建设》，《梅州日报》，2013 年 11 月 29 日。

四、承载着希望与梦想的发展生态研究

生态发展区是一个新概念、新思想和新定位，是新时代的产物，是生

态文明时代的产物。源于区域发展的需要，因其处于不同的地理环境和经济社会的不同发展阶段，形成了相应的发展格局与发展战略。这是关于区域发展的大问题，它将极大地影响广东发展的整体格局及发展方向、模式和动力等，这些都需要各方面人员进行深入探讨。

广东"一核一带一区"战略格局的功能定位，给梅州等地的发展作了某些生态的限定，也指明了区域发展的方向，可视之为进入高质量发展的新开始。同时，也对生态发展区的战略定位提出了新要求。梅州身处生态发展区，生态发展区是有关梅州未来发展的整体思路，需要对其燃起高度的热情与自信，需要深入研究其未来发展路径。

有道是，知己知彼，百战不殆；又说，人贵有自知之明。一个地区的发展要清楚自身条件和所处环境，才能做好定位，然后才能选择最合适的手段和措施，明确其未来发展方向。发展就是要寻求、向往富裕文明的美好生活。发展与战争一样，目标是争取胜利，但绝不能杀敌一千自损八百。发展需要最佳的实现手段与途径，其发展状态必须达到最佳，这才可谓是发展生态。

发展生态研究将结合梅州生态文明建设实践，思考梅州经济社会的发展路径，主要围绕生态发展区的定位进行理论探讨，充分重视区内外民众的实践与诉求，宏观讨论梅州产业经济的发展路径。

第一，探讨梅州生态发展区的概念与政策，明晰其在梅州新时代新征程中的角色与功能定位。从整体上说，生态发展其实是生产力发展的结果，只有在生产力发展到较高阶段后，因其环境代价和生产、生活成本的上升，民众对生态产生强烈要求。从局部来说，生态发展可能是"被进入的"，区域生产力的发展从来就不是整体平衡的，而是不平衡的，有先行地区，有后来区域，后来者可能被动地进入更高的文明阶段。梅州相对于珠江三角洲地区来说就是这种情况，其进入生态发展绝不是自我自然发展的结果，而是有着时空上的超前。那么，其与其他区域的关系应当如何处理？其相关政策该有何平衡和倾斜？

第二，清理梅州建设与发展历史，应着重于改革开放以来的经济社会发展，结合现实状态回顾历史进程，以探寻梅州未来的发展路径。梅州是后发展地区，地处生态发展区，有其独特的发展特征，也应当充分重视其发展内涵。长期以来，其缓慢发展多受关注和诟病，甚至被认为是广东唯一未进入工业文明时代之地区。无论民众观点和现实情况如何，梅州相对落后的状态是肯定的，厘清其近几十年来之发展方略肯定是十分必要的。

第三，后发展区域经常被强调其拥有所谓的"后发优势"，那么梅州都有哪些"后发优势"？许多人也在强调这里的"资源优势"，特别是强调"绿水青山就是金山银山"，梅州除此之外还拥有哪些有利的资源优势？"绿水青山就是金山银山"常被认定是"后发优势"和"资源优势"，其转化的条件有哪些？这些所谓的"后发优势""资源优势"是需要条件的，首先要求本地主体意识的觉醒和努力，其次需要国家政策的扶持和帮助，内外结合，才能充分实现梅州所谓的"后发优势"，共同进入小康社会，才能实现全面小康社会。

第四，梅州之山水资源优势，此乃生态发展区定位之前提和基础，山水资源和历史文化资源都是梅州曾经非常自豪的，如何将这些资源转化为产业？做好山水文章，打造其相关的基础设施进而促成其产业和财富转化，探讨某种发展模式，不仅要治标，更要治本，形成梅州发展的长效机制，真正实现可持续发展。一切资源都要转化为产业和财富，造福当地百姓；同时还要强调转化过程的生态性，强调能造福于子孙后代的可持续性，所有这些都应当作统一的思考，而不能片面强调。

生态发展区就是一个系统，其建设与发展必须是一个整体工程。从内部看，当前梅州要探讨其深刻的区域性和历史、文化特征。梅州是华侨之乡，历史上曾经是文化教育之乡，华侨之乡和文化教育之乡的内涵是什么？其实质是什么？于今天产生着怎样的影响？这看起来不过是一种文化探讨，却深刻地影响着执政理念，甚而是政策落实的基点。从外部看，生态发展区是相对于核心区、沿海经济带而言的定位，这种定位与历史上的梅州有怎样的关联？历史上的梅州是否有过这种角色定位？其影响如何？特定的时代与区位，决定了政策的特殊性，这也需要给予明确的认识和思考。

生态发展区的建设需要新的理论思考，需要更高层次的整体思考，要有足够的理论探讨才能揭示更深层次的问题。既关注世界发展，又结合梅州本地发展，将微观层面置于宏观世界作整体的综合思考。审视梅州发展，要将之融入广东、中国和世界，从时代主题和发展潮流、趋势中去思考梅州的未来，从而发现某些存在问题及其解决措施与办法。

生态发展区必然是开放的体系，关注梅州市民的内在要求，还要将视角和视野投向其周边区域，比如潮梅间的历史交往与目前现状。需要理性探讨梅州的对外格局及其外部环境，这是梅州发展的宏观定位，是"开放梅州"的重要论题。珠三角核心区和沿海经济带、生态发展区，是广东省发展三大功能区，生态发展区乃广东省委、省政府给予梅州的最新定位。

生态发展区成为梅州的未来发展方向，这要求中共梅州市委深入探索

其发展路径，大力汇集民意，实现梅州更快更好发展，不仅要高速发展，更要高质量地发展。梅州社会各界也应当共同思考生态发展区的历史定位，需要进行深入的实地调研和大量的理论探讨，然后可能会有新发现。

关于梅州发展生态的研究不仅仅局限于对发展途径与手段的思考，还希望揭示社会发展的心态与道德伦理，这是社会实现真正发展非常重要的一环。梅州发展的对外格局、发展方向、生态定位，这些都指向老百姓对美好生活的向往，既强调其获得感，更强调其幸福感。梅州发展生态的根本点在于生态发展区的概念内涵、产业格局和内外关联。

第二节　改革开放 40 多年的梅州发展及其战略定位

梅州生态发展区的定位是在由广东省委、省政府所作出的规划中明确的，这是时代发展的结果，亦有其自然条件与环境等客观因素。明确生态发展区提出的历史背景，清醒地认识其时代和空间特征，才能更深入地理解其定位与内涵，理解其相应的生产力状态。本章主题是反思改革开放以来的梅州发展战略，检讨梅州生态文明发展史，厘清"生态发展"的复杂内涵。

一、以经济建设为中心

改革开放之后，梅州针对本地山区及其自然条件，提出了不同的发展方略，形成了不同的发展阶段。改革开放以来，梅州不同阶段的发展方略多有涉及生态建设实践。梅州市成立于 1988 年，但其行政区划变化并不大。

1. "三个希望"发展战略

"三个希望"战略的形成有个过程。1990 年 9 月 20 日，时任梅州市委副书记、市长黄华华在全市厂长经理会议上讲话强调，在发展上下功夫，在效益上想办法，在"外"字上做文章，在服务上求实效，狠抓工业发展。[①] 1992 年 1 月 15—16 日，中共中央政治局常委乔石来梅州视察，先后视察了梅县石扇镇农业开发现场，瞻仰了叶剑英纪念馆和故居。乔石认为，梅州抓大规模农业开发，搞山水田林路综合治理，有大农业的思想，他强调，工业生产要重视开发新产品，要重视能源建设和努力改善交通通

---

① 梅州市地方志办公室编：《梅州市改革开放 30 周年暨地改市 20 周年纪事》，（2008）梅市印准字第 34 号，2008 年，第 29 页。

信设施等条件。①

1992 年，邓小平的"南方谈话"极大地推进了全国各地解放思想，集中精力推进经济发展。1993 年 12 月 18—22 日，市委书记刘凤仪考察蕉岭、平远、兴宁、大埔、丰顺、五华等县的一些重点厂矿企业、开发区，提出四点要求：抓机遇、抓资金、抓项目、抓开发；建立支柱产业，走股份制、综合体、集体化路子；农村工作要抓"三高"农业和振兴乡镇企业并举；一切从实际出发，创造性地开展工作。② 1994 年 1 月 5 日，市委书记刘凤仪、市长谢强华等到梅江区农村调研，指出郊区农业开发潜力很大，要求梅江区各级领导做好规划，办好基地，推广典型，进一步发动千家万户走农业综合开发道路。16 日，市委书记刘凤仪在全市经济开发工作会议上讲话指出，发展梅州经济，我们已经确立了"三个希望"，就是"希望在外""希望在山""希望在路"。③ 1995 年 5 月 17 日起，《南方日报》连续发表《梅州市发展山区经济纪实之一：山，新崛起之宝》《梅州市发展山区经济纪实之二：路，新崛起之光》《梅州市发展山区经济纪实之三：外，新崛起之援》三篇长篇通讯，并配发评论员文章《梅州的新崛起》。④

"三个希望"正式成为梅州市委、市政府长期坚持落实的经济发展战略。"三个希望"战略显示梅州对经济发展的向往。坚持以经济建设为中心，坚持发展才是硬道理，努力摆脱贫困落后，强调因地制宜，不断探索发展新模式。山多田少和农村人口占全市人口八成多的基本市情，决定了发展农村经济和扶持农民脱贫致富奔小康成为农村工作主要任务，政府积极提倡治理水土流失、绿化造林种果、改善生态环境，并取得显著成效。

"希望在山"强调梅州要从"农业大市"迈进"农业强市"。作为山区，山成为其首要资源，耕山成为其首要任务。山地种植业的发展，一是发展"三高农业"（指高产、高质、高经济效益的农产品或项目），种植经济作物，以调整农村产业结构，加快发展农村商品经济。二是强调兴办小庄园，发展种养结合的庄园经济，走集约化、基地化、商品化的路子，推

① 梅州市地方志办公室编：《梅州市改革开放 30 周年暨地改市 20 周年纪事》，（2008）梅市印准字第 34 号，2008 年，第 34 页。
② 梅州市地方志办公室编：《梅州市改革开放 30 周年暨地改市 20 周年纪事》，（2008）梅市印准字第 34 号，2008 年，第 40 页。
③ 梅州市地方志办公室编：《梅州市改革开放 30 周年暨地改市 20 周年纪事》，（2008）梅市印准字第 34 号，2008 年，第 41 页。
④ 梅州市地方志办公室编：《梅州市改革开放 30 周年暨地改市 20 周年纪事》，（2008）梅市印准字第 34 号，2008 年，第 47 页。

进山区农业综合开发。与此同时，积极开展扶贫工作和加快发展乡镇企业。发展"三高"农业和兴办小庄园，使不少农户走上了脱贫奔康的道路，成为具有梅州特色的思路和举措，形成和发展了山区特色经济体系。梅州金柚和优质单丛茶面积、产量居全国首位，被国家有关部门命名为"中国金柚之乡"和"中国单丛茶之乡"。

2002 年，时任梅州市委书记谢强华发表文章谈梅州扶贫工作，强调积极实施"希望在山，希望在路，希望在外"战略，全面推进山区综合开发，全市的贫困落后面貌因此发生了很大变化，初步呈现"山青水绿人渐富，村新路宽城市美"的新景象。①《梅州市国民经济和社会发展第十个五年计划纲要》则指出：

> "九五"期间，全市人民认真贯彻落实党的十四大、十五大精神和中央关于"稳中求进，有效增长"的方针，从梅州实际出发，全面实施"希望在山，希望在路，希望在外"的发展战略，改革开放和生产力水平迈上了新台阶，全市经济稳定增长，综合经济实力增强，社会事业全面进步，基本完成"九五"计划的主要任务。

直到 2003 年 5 月，梅州市三届领导班子一直坚持全面实施"三个希望"发展战略，一直强调"脱贫奔康"，甚至成为统揽全局的工作。

2. "四个梅州"发展战略

2003 年，梅州市第四次党代会后成立的新一届党政班子，坚持以邓小平理论和"三个代表"重要思想为指导，以科学发展观统领经济社会发展全局，提出了新的发展战略："开放梅州、工业梅州、生态梅州和文化梅州"，简称"四个梅州"发展战略。"四个梅州"的提出，这是新领导的新举措，被认为是对"三个希望"的发展。

"三个希望"战略强调大交通、大市场，强调为市场而种植，要生产商品，该战略取得了明显的成效。实施农业商品生产基地建设，山地种植便成为必然，"山"的开发利用却仍然是传统意义的，停留于传统的"耕"；强调发展外向型经济，大山虽是重要资源，但它亦是产品外销的阻碍，"内""耕"与"外""销"之间似乎有着一种内在的矛盾，导致种植业发展艰难。若要富先修路，实现与山外市场的高度关联便成了强烈的希望。一切最后都集中在"路"，"路"成了最根本的瓶颈，进而又让人感

---

① 谢强华：《努力实践"三个代表"重要思想 切实搞好新时期扶贫开发工作——学习江总书记"七一"讲话体会》，《南方农村》2002 年第 2 期，第 24 - 27 页。

到，工业发展的附加值更大，发展工业才是硬道理。

"三个希望"发展战略内在地联结了传统与现代，但突破传统的强烈束缚绝不是件轻易之事，这典型体现在"山"还是那"山"，"水"则已经不是那"水"了。很长时间里，曾经发达的水路已经转变成了陆路，曾经连通外界的水路已经断流了，"水通财"曾经是人们的内在观念，如今则只存在于人们的口头语中，而事实上不再相关了。山除了种植，水除了可以利用其落差以发电外，便不再有其他的价值。截流建电站以产生经济价值，却难免导致停航和江底的沙化及许多相关的环保问题。山水资源的利用似乎并无太多创新。

梅州的发展效果看似已经非常明显，改革开放 30 年之际，梅州市地方志办公室编写并出版发行了《梅州市改革开放 30 周年暨地改市 20 周年纪事》，以此检讨 30 年的发展成果，以 240 张图片和 60 万字的内容强调了期间所取得的辉煌成就。① 然而，这种发展与工业先进地区的对比却总是难免让人自惭形秽，其发展速度与其他地区相比实在太微小了，发展工业以进入工业时代的发展路径总是最诱人的。许多人并不认同农业能在新时代里让一片地区富裕，逐渐强调工业文明时代工业发展的突出地位，强调要从"农业大市"迈进"农业强市"。

珠三角已进入工业文明时代，有人提出梅州可以做珠三角等发达地区的"后花园"，有人则强调这"后花园"是人家大发展之后的事，看着人家发展而自己不发展怎么可能？大家都希望自己能发展。开放虽然被摆在第一位，但当时特别被强调的则是"工业梅州"，"开放梅州""生态梅州""文化梅州"似乎都成为"工业梅州"之后的下一步工作，生态保护和文化发展都是其次。从强调农业走向强调工业，似乎如此自然，"无工业不发展"和"无工不富"的理念如此根深蒂固，如今则得到了突出的认可。

二、走向绿色发展

尽管对于梅州来说，经济发展才是最大的关注点，生态问题可能并不特别突出，但随着生态文明时代的到来，梅州也逐渐被卷入生态发展中，生态受到越来越多的关注与重视，直到走上"生态优先"道路。

1. "推动绿色崛起，实现科学发展"发展战略

在《广东省生态文明建设"十三五"规划》中，地处韩江上游的梅

---

① 黄智福、吴跃华：《〈梅州改革开放 30 周年暨地改市 20 周年纪事〉出版发行》，《广东史志·视窗》2008 年第 5 期。

州，是北部生态安全保障区的核心区，是最重要的水源涵养地之一，也成了国家生态文明先行示范区。梅州市在全省的生态功能区中地位突出。梅州市各级政府对于其生态保障和水源涵养的责任也有着明确的认识，随着生态文明建设思想的提出与发展，梅州市委、市政府形成了"推动绿色崛起，实现科学发展"的战略构想。

"推动绿色崛起、实现科学发展"以生态保护为前提，以经济崛起为核心，发展绿色产业（新型工业、绿色农业、生态旅游业等），建设"三名城一基地"（即生态、文化、平安名城和绿色现代产业基地），强调"宜居带动宜业，宜业提升宜居"这种"宜居"和"宜业"的结合。"绿色崛起"看起来已经是全方位的发展，且特别强调其发展的"绿色性"，但以"推动经济发展"为其核心，各部门大力招商引资，以努力提升经济。《梅州市人民政府关于加快交通基础设施建设的若干意见》（梅市府〔2009〕49号）中强调指出：

> 全市各级各部门要解放思想，创新思路，抢抓机遇，克难攻坚，积极主动争取重大项目，全力以赴加快交通基础设施建设，为"推动绿色崛起、实现科学发展"提供有力的交通保障。

"绿色崛起"战略提出的背景显然不是从自身的角度自然形成而提出来的，这时强调要在红色土地上实现绿色崛起，其根本点还在于"绿色"，在发达地区环保问题进一步突现之后，"绿色"和"环保"已经成为各级政府和社会的着力点，梅州似乎本能地强调要实施这种发展战略。无论如何，绿色崛起发展战略将在较长时期里指导着梅州各方面的工作，绿色和生态理念将在探索梅州发展新路径的进程中逐渐深入人心。

2. "生态优先，绿色发展"发展战略的提出

中共十八大之后，生态富民强市道路愈来愈受到梅州的充分重视，强调要在高水平生态保护中推进高质量发展，"绿水青山就是金山银山"理念得以牢固树立和践行。作为广东重要的生态功能区，梅州各县根据其客观实际，因地制宜发展绿色环保产业，加大了对环保基础设施的投入，典型的是加大力度推进镇级生活污水处理设施建设。梅州强调要依托山水人文资源，做好生态文章，培育绿色低碳新型工业，逐步打造成绿色富民产业体系。[①] 注重生态的绿色发展已经融入当地的生产和生活方式中，成为

---

① 罗诚浩：《我市加大环保设施投入　因地制宜发展绿色产业　在高水平保护中推进高质量发展》，《梅州日报》，2018年6月25日，第1版。

梅州各级政府应当秉持的工作态度。

中共十九大召开以来，落实扶贫攻坚战与乡村发展战略成为梅州市委、市政府的重点工作，其中包含着强烈的生态发展内涵。2018 年 6 月 12 日至 14 日，梅州召开全市乡村振兴工作会议，会议强调要从生态功能区的定位出发，进一步认识和把握市情农情，切实增强实施乡村振兴战略的紧迫感、使命感、责任感，强调要按照农业全面升级、农村全面进步、农民全面发展的要求，加快农业大市向农业强市发展。

中共广东省第十二届委员会第四次全体会议提出，以构建"一核一带一区"区域发展格局为重点，加快推动区域协调发展，全面实施以功能区为引领的区域发展新战略。梅州被定位为北部生态发展区，身份和角色的明确成为指导梅州发展的重要指针。

2018 年 6 月 25 日，梅州市委理论学习中心组举行专题学习会。会议强调，要积极抢抓广东省委提出构建"一核一带一区"区域发展格局、在全省全面实施以功能区为引领的区域发展新战略的历史机遇，改变传统思维，转变固有思路，保持生态优先、绿色发展的战略定力，主动担当，充分彰显梅州作为粤东北重要生态功能区和水源涵养地的区域功能价值，由原来单一发展模式的"跟随者"转变为生态功能区的"引领者"，真正把绿水青山转化成金山银山，努力在高水平保护中实现高质量发展。会议强调，要始终牢记发展是第一要务，在"一核一带一区"区域协调发展战略中找准定位，在坚定守护绿水青山的基础上，坚持以富民为导向发展县域经济，深入挖掘文化旅游资源、做足生态文章。要努力培育与生态功能区、与梅州资源禀赋相适应的新业态，精准研究战略新兴产业落地需要的政策、人才、环境支撑，大力发展物流成本敏感度低、附加值高、环境友好型的绿色新型工业。要加快中心城区适度扩容、提升品质，着力发展特色小镇，打造特色鲜明、宜居宜业宜游的城市。要系统研究、积极争取财政转移支付、区域生态补偿、区域对口帮扶协作、基础设施建设投融资、基本公共服务均等化等扶持政策，增强生态功能区内生发展动力。

2018 年 6 月 28 日，中共梅州市第七届委员会第五次全体会议在市委礼堂召开。会议提出了"生态优先，绿色发展"的发展战略。29 日，会议决议强调，要抓住关键重点，集中发力，持续奋斗，按照生态优先、绿色发展的要求推动梅州高质量发展。要积极践行新发展理念，按照省委"一核一带一区"区域协调发展新战略，着力发展生态富民强市产业，培育绿色低碳新型工业，培育发展现代服务业和大力发展现代农业，抓紧抓好现代交通、水利、能源、信息等重要基础设施建设，面向高质量发展做好招

商引资和招才引智工作，建设现代化经济体系。要深入推进精神文明建设，实施铸魂立德工程，培育发展文化创意、工艺美术等现代文化产业，大力发展文化体育事业，积极打造文化强市。

三、发展迟滞及其战略反思

中国共产党历代领导人皆非常重视学习和总结历史，特别重视中国近现代史和中共党史，从而加深对中国国情和中国社会发展规律的认识。他们都非常善于借鉴和运用历史经验，这已经成为"我们党一贯重视并倡导的做好领导工作一个重要的思想和方法"[①]。入乡总要先问俗，地方领导总要先了解当地的民情民风和历史文化，更要基于社会现状和历史渊源去探寻问题，积极施政。

1. 经济发展迟滞

毫无疑问，改革开放以来梅州发展是值得肯定的，其所取得的成就让人欣喜。这是改革红利的释放。翻阅《梅州市志》便可看到：

1979—2000 年，梅州社会经济发展取得了巨大成就，山区面貌发生了翻天覆地的变化，为新世纪的发展奠定了坚实的基础。[②]

生活的发展与社会的进步是确定无疑的。但是，发展当然不能只看自己，大多时候还是要有所比较的。不比不知道，一比吓一跳。梅州经济发展与其他地区相比，差距却不是一小截，而是极其巨大：

1980 年，梅州综合经济总量 9.85 亿元，居全省 19 个地区（市）的第 9 位，占全省经济总量比重的 4%；2000 年，梅州综合经济总量 175 亿元，居全省 21 个市的第 16 位。国内生产总值占全省的比重，由 1980 年占 4.0% 下降到 1990 年占 2.7%，2000 年下降到 1.9%。各时期经济发展速度比较，1979 年至"六五"末期的 1985 年 7 年间，梅州综合经济总量年均递增 7.5%，全省平均递增 12.3%；"七五"期间（1986—1990 年），梅州综合经济总量年均递增 9.3%，全省平均递增 13.3%；"八五"期间（1991—1995 年），是梅州经济发展最快的时期，全市综合经济总量年均递

---

① 习近平：《领导干部要读点历史——在中央党校 2011 年秋季学期开学典礼上的讲话》，《党建研究》2011 年 10 期，第 4 页。

② 梅州市地方志编纂委员会编：《梅州市志：1979—2000》（上册），北京：方志出版社，2011 年，第 5 页。

增 14%，全省平均递增 19.2%；"九五"期间（1996—2000 年），全市综合经济总量年均递增 7.3%，全省年均递增 10.3%。①

事实上，进入 21 世纪之后，这种差距不是缩小了，反而扩大了，梅州竟居全省排名末位（对此，后面章节再探讨）。如此触目惊心的数字，显然是值得更加深入研究的：梅州经济发展为什么那么缓慢？对此，《梅州市志：1979—2000》强调：

> 由于客观上地处山区，基础较差，以及主观上思想观念较为保守等原因，存在经济总量薄弱、工业主导地位不突出、发展后劲不强等困难和问题，与全国、全省发达地区相比，发展速度仍有较大差距，在全省 21 个地区（市）中，梅州经济总量和人均指标居较后的位置，主要经济指标占全省的比重呈逐年下降的趋势。

显然，发展迟缓不仅有大量客观因素，更包含大量主观原因。或许，导致梅州经济低速发展及其落后状态不仅有其所谓的"地理方位等劣势"，更应当从主观出发，探讨其历史与文化根源，深挖政府和民众的思想根源。

所有地区的崛起与衰落都是有理由的。近代东西方之间的不平衡发展便吸引了许多学者眼光。《为什么是欧洲？世界史视角下的西方崛起（1500—1850）》② 和《西方世界的兴起》③ 两本书，从历史视角探讨近代欧洲崛起的历史背景，寻找影响欧洲和世界发展的许多因素。韦伯《新教伦理与资本主义精神》④ 从文化和精神视角去思考近代欧洲的进步与超越。斯宾格勒《西方的没落》虽说西方的没落，"实则是宣扬西方文化的优越，核心内容是德意志民族统治世界的历史'宿命'"⑤。这些关于西方世界经

033

---

① 梅州市地方志编纂委员会编：《梅州市志：1979—2000》（上册），北京：方志出版社，2011 年，第 6 页。

② ［美］杰克·戈德斯通著，关永强译：《为什么是欧洲？世界史视角下的西方崛起（1500—1850）》，杭州：浙江大学出版社，2010 年。

③ ［美］道格拉斯·诺斯、罗伯斯·托马斯著，厉以平、蔡磊译：《西方世界的兴起》，北京：华夏出版社，2009 年。

④ ［德］马克斯·韦伯著，刘作宾译：《新教伦理与资本主义精神》，北京：作家出版社，2017 年。

⑤ 齐世荣：《德意志中心论是比较文化形态学的比较结果——评斯宾格勒著〈西方的没落〉》，［德］奥斯瓦尔德·斯宾格勒著，齐世荣等译：《西方的没落》（上册），北京：群言出版社，2017 年，第 4 页。

济与社会发展的历史预警、反思和总结，可供后发国家和地区借鉴。梅州追赶先进的发展进程又何尝不需要这种更高层次的历史反思？

读历史，感受着世界各地的崛起，有暴力的，也有和平的；有急速的，也有缓慢的；有进步的，也有倒退的。世界历史必然要关注各文明区域和各民族国家的发展，研究区域发展时可以之为借鉴。比如，东方世界的闭关锁国和故步自封，西方世界的重商主义等，都是执政者关注身边世界时可资参考者。无论如何，事后的、历史的总结是前进路上的重要步骤，横向的对比与学习也是发展路上的必要借鉴。

没有过去，就少了一面镜子，难以真正理解现实，难以发现自己的真正缺点。每一届政府都应当也有必要回头检讨过去各届政府的政策和措施，一是可以实现政策和措施的连续性；二是能够更好地实现因地制宜的战略思考，以对比和观照自我；三是能对党和人民，特别是梅州人民更加负责任。检讨历史，不是为了揭露过去的伤痛，而是为了今后能够走得更好、更顺畅，这是历史研究的出发点和归宿。历史研究就是从现实出发，对历史过往的反思和观照，为未来点亮明灯。

2. 发展战略的检讨

对于特定地区的崛起或迟滞必须寻找其特殊原因。梅州未来发展之路究竟在哪？20世纪90年代以来，梅州提出了"三个希望""四个梅州""绿色崛起"和"一园两特带动一精"等发展战略，每个战略都有其各自特定的时代背景和发展内涵，曾给予梅州希望，也带动了梅州的发展。

历届政府的战略和政策实现了多少？其影响何在？其在今天的发展中有何借鉴？是否还可以从中感悟到什么？如今，世界已经进入生态发展时代，其发展究竟该是怎样的？梅州的文史研究者与社科各界人员，要与政府的政策研究室、参事室等机构一样，回顾和检讨梅州历史时期的发展战略。

反思与检讨发展战略，这将挖掘蕴藏在思想深处的问题。每一次思想解放都是经济社会大发展的前奏，思想和思维模式的创新能够极大地促进经济和社会的发展，"实践是检验真理的唯一标准"的讨论拉开中国改革开放的序幕。梅州发展显然更加需要审视其宏观的发展方略。

反思与检讨发展战略，特别要深入检讨改革开放以来的梅州发展方略，努力借鉴与吸收梅州历史发展的经验与教训。发展战略是实现梅州可持续发展的重要保障。各级领导、社科与政策研究者都应当深入检讨改革开放40多年来梅州的发展战略，解放思想，转变理念，树立绿色崛起的产业和生态发展新理念。

区域发展有其特定的环境条件，制定发展战略需寻找合适的发展路径，要确立时代与地理的发展坐标：一是思考处在历史发展的哪个时代？二是思考处在怎样的发展空间。审视发展战略要置其于特定的时空背景中。如果将梅州放在整个广东和整个中国的全局中去审视，便会发现，其发展存在着很多不足。

一是与时代不同步。改革开放根本上是激发生产积极性和自主性，却将希望和眼光投向区域之"外"，想要耕山，其手段却依旧传统；工业化大发展时期却在努力强调其农业的做大做强；城市化大发展时期却在极力强调小城镇的建设，不将工业园区安设在城区以推动城市扩展，而是在远离大城市的山区另建新城镇。经常有人强调所谓的时代限制，却不明白发展也必须要符合时代的，是由时代推动的，时代有其约束力，也有其推动力。历史就是一条河流，走在时代长河中你也必须有合适的位置，否则就会被甩到岸边，或者因其他障碍而停滞不前。

二是与前任不传承。每一届政府似乎都有其独特的发展思路却缺乏必要的继承。"三个希望"重在"外""山""路"；"四个梅州"从做大做强农业转向工业发展，以为"无工不富"，本质上并未将农业赋予现代性而未走出传统，自然就难于看到希望；城市改造是区域发展的重要推动力，但改造需要有其长期一贯的目标与方向，梅城从"江北改造"转移到"新城建设"，这完全是另起炉灶的独立式发展。习近平总书记2015年1月12日在中央党校县委书记研修班学员座谈会上就曾告诫说：

> 对定下来的工作部署，要一抓到底、善始善终，坚决防止走过场、一阵风……一个县里，规划几年一变，蓝图几年一画，干不成什么事。要有"功成不必在我"的境界，一张好的蓝图，只要是科学的、切合实际的、符合人民愿望的，就要像接力赛一样，一棒一棒接着干下去。①

发展战略是区域发展的根本，需要深思熟虑，需要全民参与，既需要专家参与、领导策划，还需要经过人大和民意审议，要保持与党和国家的一致，"是科学的、切合实际的、符合人民愿望的"，也需要在具体实践中长期坚持，需要强大的毅力和定性，切忌自由性和随意性。这就需要一代代的接力传承。历史总是现在连接着过去和未来，要接纳过去，开创未来，不能断裂。

---

① 习近平：《做焦裕禄式的县委书记》，《习近平谈治国理政》（第二卷），北京：外文出版社，2017年，第146页。

035

值得指出的是，发展规划和建设策划不仅有领导参与，有人大代表、政协委员的参与，甚至还有市民的参与。发展战略规划需广而告之，发展战略却是需要非常民主地制定与执行的。

发展战略也是随着时代发展的，所谓计划不如变化快，中国的革命与建设日新月异，许多时候快到让人目眩，让外人惊异。这就意味着发展战略有时可能跟不上时代发展速度，但总体方向上绝不能不科学、不正确。比如，珠三角某些区域的发展常因其速度太快而让人感叹道路太狭窄，但这路面在设计时其实已经非常超前了。

发展战略不仅要科学规划，要持续坚持，还要有纠错机制。整体规划且长期坚持可能是更加容易的，科学规划却总要与纠错机制相伴。任何所谓的"科学规划"都难免存在认识上的不足，实际上还难免夹杂某些不正确的理念。很多年前，某些人在比较梅州与东莞发展时说："宁可污染也比贫穷好。"今天看来，"贫穷"不好，"污染"更不应当，都不是好东西，需要给予很好的治理，两者的治理手段与方法却完全不同。当梅州城市中轴线被纠偏回归到梅江的时候，梅城似乎就有了纠错的勇气。如今，未来格局的统一、整体和宏观规划或许才能让梅州的发展回归正轨。

四、树立发展的自立精神

人总是要有点精神的，一个地区同样如此。俗话说：烂泥扶不上墙，所强调的就是缺乏足够的自立精神。区域社会的发展，首先要发展人的精神，在于人的全面发展，也在于政府精气神的提升。

1. 动力内生

2015年10月20日至21日，时任广东省委书记胡春华来梅州调研并检查"三大抓手"推进情况时强调：

梅州要认真学习贯彻习近平总书记关于苏区老区发展的重要指示精神，继续扭住"三大抓手"，提升产业发展水平，增强内生发展动力，加快原中央苏区振兴发展，确保与全省同步实现全面小康目标。①

"内生"，首先要知道"内"，然后才有"生"。俗话说：巧妇难为无米之炊。首先要检查家底，要知道家里都有哪些资源，然后才能调配好食材下锅。要根据梅州的自有资源状况，因地制宜。有发展的自知之明，是

① 王宗强、刘龙胜、徐林、岳宗：《加快原中央苏区振兴发展——胡春华来梅州调研并检查"三大抓手"推进情况》，《梅州日报》，2015年10月22日，第1版。

发展和努力利用外来资源的前提，只有寻找和发现梅州自有的资源，才能够进行有效和高效的调配，最终实现"彰显后发优势，实现绿色崛起"。

1993 年，梅花被评为梅州市市花，寓意梅州人性格似梅。2010 年 3 月25 日，梅州市五届人大十次会议确定"梅州人精神"为"梅花香自苦寒来"，即吃苦精神，"花香"寓意成功。梅州人总在强调学习"斗寒傲雪，红梅开大地，实现复兴"的梅花精神。① 其实，"苦寒"强调的重点是自身生长条件与环境的恶劣，强调坚韧不拔的吃苦精神。比吃苦更重要的是发现自我，认识自我，然后才能真正走好发展道路。

就如同"国家历史文化名城"一样，梅州还是全域红色苏区，这是梅州的又一个崇高的荣誉，常被认为是国家给予红色老区的倾斜发展政策。其实，红色苏区的意义更在于其外在的启示：革命年代的精神能够在建设时代里传承和发展。在新的建设时代里，需要传承勇于革命的精神，弘扬艰苦创业的精神和勇于打拼的优良传统，需要发扬因地制宜和一切为了人民群众的工作作风。

2. 寻找自我

许多人抱怨梅州八山一水一分田的发展条件。其实，发展条件总是与干事创业的精神相统一的：在积极的心态下，青山绿水就是金山银山；在消极的情绪下，就是穷山恶水，就是闭塞无助。山水本来就是客观存在的，绝不是故步自封和不思进取的借口。

马斯洛需要层次理论说明，欲望产生动机，进而带来发展和变化，让坏学生变好的最佳办法常常是改变其生活与学习环境，转变机构工作作风的最好办法常常就是将原有人员转岗。你能想到的才是你所能得到的，解放思想才能形成干事创业的方向与动力，实现社会发展。强调内生发展动力，最大的动力源就是来自内部的干事创业精神，来自独立自主的自强自尊精神。

要充分调研，发现和利用好梅州的内部资源。梅州要有战略自信，不仅要重视"被扶贫"，接纳他人的帮助，更应当考虑自己有哪些地方会被人"需要"，能够与人"分享"；不仅"有需要"，更应当"被需要"。从精神理念层面看，"青山绿水就是金山银山"就是强调充分自信，这是被人需要，也是可以被人分享的。"宜业宜居宜游"的城市也要被人分享。梅州不仅需要粤港澳大湾区和汕头等邻近地区，也应当自信可以帮助其他地区。自立自强是共商共建共赢的前提。

① 梁臻：《只留清气满乾坤》，《梅州日报》，2020 年 2 月 26 日，第 9 版。

3. 创业脱贫

区域发展特别要重视区域进取精神。区域政府和个人其实是一样的，首先要自尊自爱，自立自强，然后区域发展才能真正实现。曾听过一些做贫困县和贫困地区居民"好幸福"之类的话，试问这与不思上进的贫困户有何区别？作为贫困地区，可能需要外力扶助，却不是"等靠要"似的伸手乞讨，特别需要有"撸起袖子加油干"的精神，要有"幸福是自我奋斗出来的"创业精神。其实，扶贫应先扶地方领导干部的精神，如果他们不是总强调"贫困"，而是身先士卒加油干，撸起袖子加油干，这种榜样的力量是无穷的。

发展就是要实现国富民强，就是要让民众富足，包括物质和精神的富足。读书的重要性在于能够增加干事创业的机会选择，低学历者往往被迫谋生，常被出身不好的负面情绪所左右，"等靠要"的依附心态往往非常强烈。高学历者则更加独立自强，干事创业心态强烈，奋发向上，相信撸起袖子加油干，幸福是奋斗出来的，也相信幸福是能够奋斗出来的，自己的幸福是能够创造的，充满了对未来的希望、信心和憧憬。因此，扶贫先扶志，扶志先扶教育。

4. 精神脱贫

政府和社会自然有责任去帮助贫困地区，中国政府的努力已经彻底改变了中国的贫穷面貌。扶贫更需要个人努力，需要个人转变心态。无论如何，"扶"只是帮助，帮助本来是"救急不救贫"的，"急"是特定时刻，"贫"却是存在状态。事实上，有些"城市贫民"并非真正的物质赤贫，而是精神贫困。因此，脱贫首先在于精神的自我脱贫，需要培育干事创业的积极心态。没有撸起袖子加油干的努力怎么可能走向幸福安康？思想要解放，绝不能故步自封；欲望却要适度，绝不能无限膨胀。

笔者曾特意上网查找有关梅州精神的讨论，看到一篇博客文章《梅州：精神匮乏的城市》①。笔者可能没作者那么悲观，却也真切地期望梅州进一步培育干事创业的"梅花精神"。梅州发展首先需要当地政府和民众坚韧不拔的进取精神，然后才能自立自强。让我们重温王安石的诗歌《梅花》：

> 墙角数枝梅，凌寒独自开。
> 遥知不是雪，为有暗香来。

---

① "梅州时空"客家钟辰的个人空间，http：//www.mzsky.cc/?12169。

第三节　历史视野中的梅州生态理念与民众心态

任何政策及其实施都必须争取最广泛的认同和认可，即争取更高的民意支持度。政策的出台必须考虑和深入调研民众心态，必须做到足够广泛的民主，这样才能真正不忘初心，牢记使命。

设立生态发展区就是为了民众的美好生活，其设立必须深入了解调研区内民众的思考与主张，必须以习近平新时代中国特色社会主义理论引导民众，结合梅州等生态发展区实际，厘清民众思路，实现思想解放，为生态发展提供精神动力。

梅州历史悠久，其传统文化丰富多彩，从农业文明到工业文明时代，积累了耕山治水的大量经验，早已形成了山水资源开发与利用的独特模式，这是重要的历史借鉴与理论思考。长期以来，生态发展往往被视为外来概念，人们以为梅州还没达到这个阶段，但其发展模式与路径却已经与此前完全不同。

039

一、时代变迁与发展模式

生态发展区都经历过从农耕文明到工业文明的时代变迁，农耕文明时代曾经造成过生态的破坏，工业文明的引进更是带来了一系列的生态问题。前事不忘，后事之师，品听历史发展的脚步声，感受其中的奥秘，找寻生态发展区一脉相承的发展理路，这是使命，是历史责任。

1. 农业文明时代里的农耕开发与生产力的局限

宋代时期的梅州，这里被称为"盗薮"，闽赣地区的许多民众在农闲时期来往于潮州湘子桥挑盐回江西贩卖，官府则不断打击走私，"官"与"盗"在此崇山峻岭中捉迷藏。大量贩卖私盐人员或因躲避官府的查缉而不得不滞留于此，或者出于自愿于此耕而家焉，成为客家先民。这里的山山水水显露着未经开发的"素颜"。黄钊《石窟一征》载：

虔盐弗善，汀故不产盐，二州民多盗贩广南盐以射利。每岁秋冬，田事才毕，恒数十百为群，持甲兵旗鼓，往来虔、汀、漳、潮、循、梅、惠、广八州之地。所至劫人谷帛，掠人妇女，与巡捕吏卒斗格，至杀伤吏

辛，则起为盗，依阻险要，捕不能得，或赦其罪招之，岁月浸淫滋多。①

明清时期，随着客家地区人口的增长，其土地垦殖开发也不断拓展，甚至因过度开垦而致水土流失。② 到乾隆年间，人口的"爆炸式"增长导致大量客家人口外迁台湾和内地省份，另有许多人移民海外，以罗芳伯为代表的海外移民甚至已经形成了海外客家社会，梅州侨乡特色及其基础条件已经初步形成。所有这些外出的民众，无不希望在外找到属于自己的一份工作以维持基本生活，祈望着能够有属于自己的那一份耕地。无论如何，梅州从此成为人才和人力的输出地，出外打工成为本地民众最主要的谋生路径。

到了晚清时期，以张弼士为代表的海外华侨资本家，积极呼吁清政府重视开发山地资源，利用好山水资源，提出了耕山垦殖的发展建议。这是他对于南洋开发的总结，对于晚清时代经济发展的历史经验总结。其发展模式仍然以传统种植业、采矿业和传统水利为主，却强调要采用商人资本运作，去实现近代资本式的耕山致富，以解决民众走投无路的窘境。这是生产关系和上层建筑的变革追求，是追求社会制度的创新，显示出传统政治社会体制严重约束生产力发展的困境，体现出近代中国走出旧社会和旧制度的强烈愿望。民族民主革命的时代，建设性的制度创新自然是难以和平实现的，只有通过革命手段才能推翻，新制度必须通过大革命才能得以建立。

2. 近代工业文明的渗入与开发模式的创新

经过几十年艰难革命，中国历史选择了社会主义，选择了中国共产党。中华人民共和国成立之后，全新的道路和伟大的建设推动着中国经济社会的大发展，近代工业文明成果得以被逐渐应用和推广，如即使在一些偏僻山区也能创建小水电。

改革开放后，家庭联产承包责任制进一步解放了生产力。各地都在不断探索着自己的发展途径，以经济建设为中心，致富成为核心目标，无论是种植，还是养殖，或者是发展手工业和家庭副业，都因为人力资源与生产要素的有效与高效结合，推动着经济社会的大发展。

传统社会由于落后生产力的严重约束，水到不了山顶而显得相当无奈。在新的历史时期里，只靠人力和动物力量耕山的时代已经一去不返了；近现代工业文明逐渐涌入生产和生活中，山水资源的开发与利用模式

---

① （清）黄香铁：《石窟一征（点注本）》，（2007）蕉新准印字第07号，2007年，第78页。
② 肖文评：《明末清初粤东北的山林开发与环境保护——以大埔县〈湖寮田山记〉研究为中心》，《古今农业》2005年第1期，第86－93页。

也不断拓展，逐步形成了一些体现特定历史时代内涵的山水开发模式。

一是种植园经济的发展。现代经济首先不是小农经济，不是单家独户小规模的生产，必然要讲求规模效应。庄园制经济讲求种养植的规模和专业性，强调良好的技术支撑，而不是天生天养的靠天吃饭。

二是山地的另类开发与使用。生产要追求土地产出的高价值，重视其投入成本和产出价值。山地并非只有种养植一种使用价值，而是可以随着科技发达和生产力的发展，形成不同的用途：从"三高"农业的常规性山地农业开发，发展到开辟乡村旅游产业园、工厂和工业园区，这是新时代里的另类耕山模式。

乡村旅游是新时代里重要的耕山模式。丰富多彩的地形地貌，优越的人文环境，独特的客家村落、围屋，这些都成为重要的旅游资源优势。一花一世界，山水总关情，生活在平原地区的朋友看到微信圈里的梅州风景时常常发出由衷的感叹：这是哪里呀？如今，全域旅游观念已经形成，多样性的自然和独特的人文，将成为得天独厚的优势旅游资源。

3. 工业与生态文明时代里的"区位劣势"与走出困境的愿望

不同时代具有不同的生产条件，山水资源的开发与利用模式也必然不同。在传统年代里，河流是重要的交通要道，水路通则财运通，故俗语曰：水带财。水客就是传统社会里的快递员。

曾几何时，原先水路条件下的对外开放已经优势不再，山区对外环境逐步显得闭塞。显然，梅州山区人民有着强烈的对外发展的愿望，其走出围龙屋闯荡天下的传统文化在新的时代里遭遇到了重大的挑战。

生态发展区大都地处于南岭山区，山区地理和地形环境是成为生态区的前提和基础。无论是"三个希望""四个梅州"，还是"绿色崛起"战略，再到而今的"生态优先，绿色发展"战略，都囿于"区位劣势"这一固有思维，梅州不能快速有效发展之根源、制约梅州加快外经贸发展的瓶颈往往都被归咎于"区位劣势"。

而今，在"绿水青山就是金山银山"的时代口号下，生态发展区必然要解放思想，形成新的发展理念。首先，从观念到实践，都要转变"恶水穷山"为"绿水青山"；其次，接受并转变其"区位劣势"的心理定位，不仅不要泄气，还要积极将其转化为发展新优势。

做好"山水文章"是当今的时代主题，更是生态发展区的基本课题。要努力探讨将绿水青山资源转化为财富的具体措施，实现真正的绿色崛起。要将原先认定是制约发展的条件，转变为推动发展的基础条件，进而实现其从劣势到优势的转型，这是时代赋予的根本任务。

二、山水经济与生态保护

历史上，国内外都有大量耕山治水的实践经验与理论探讨，可成为新时代经济社会发展的重要借鉴。回顾历史发展，许多发展路径其实存在着不足，需要给予纠正和检讨。这里仅列举几个案例，以之探讨过去的发展路径和实践。

1. 小水电对生态的破坏与清洁能源的更新利用

靠山吃山，靠水吃水，一方水土养一方人，人与环境是统一的。从经济社会的视角看，发展要因地制宜，要凭借和依托本土资源和条件。但是，随着时代的发展，有些资源往往不再成为资源，或者要发生资源应用的转型才能被更合理地利用，山区小水电便是其中典型之一。

过去，许多河流因其水流落差之大而被开发为水电站。小水电容易解决山村缺电问题，也被视为极好的清洁能源，在人力物力匮乏的年代里受到高度的重视有其必然性。随着水路交通向陆路交通的转变，水电站的开发更是成为山水资源开发利用的重要模式。

小水电曾经带给山区民众以光明，也曾经推动了一些山林区的经济社会进步。但出人意料的是，小水电的开发破坏了原生态，带来了某些物种的消失和环境的污染。江西省寻乌县东江源的一条小河，因其山地落差大，不过几公里便建了四座小水电站。据长者回忆，过去河里很多鳗鱼、桂花鱼等，因河被截流而回不去产卵，小水电站建成后便灭绝了。梅江某些流域被截流后，其下游河床沙化严重，当地居民也一时难以适应。

经济社会的发展都有其成本，甚至要付出一定的代价，在某些特定年代里本无可厚非。只有经过较长时间的实践，特别是随着科技的发展和社会物质财富的增长，重新审视来时路，便会意识到其中的不足。以今天的眼光去批判历史遗留问题，常被认为是"站着说话不腰疼"。

小水电已失去其生存的时代条件，有些林场如今因改制而加大小水电建设，这显然是不可取的。前车之鉴不能不重视。例如，高陂水利枢纽之建设便建立了鱼儿回流通道，这是总结时代经验后之进步。值得重视的是，自1850年以来，在全球各类能源消费中，水力作为能源其利用占比其实长期处于相对的低位，而不是一直在提升的，且总体上并不是很高。如图1-1所示。[①]

---

① 杜祥琬等：《生态文明建设与能源生产消费革命》，北京：科学出版社，2017年，第5页。

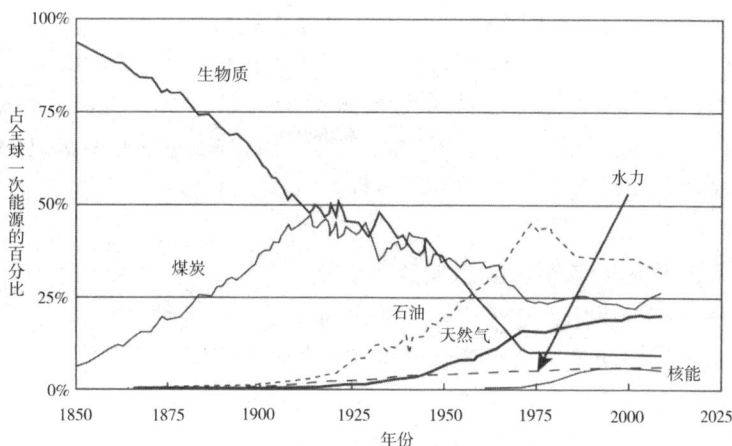

图 1-1 1850—2010 年全球不同能源种类使用比例的变化

进入生态文明新时代，电力建设仍然是生态发展区的重要项目。光伏发电已经被认定是适应当今时代的好选择：可利用空置的屋顶；利用太阳能清洁资源；光伏发电就地消化，这就减少了集中化的电厂生产，减少了因长距离输送电的损耗，减少了对生态环境的破坏。因此，国家积极引导，大力发展光伏发电，同时给予补贴以鼓励发展。

据《每日经济新闻》2018 年 11 月 6 日报道，根据 2016 年 12 月发布的《太阳能发展"十三五"规划》，到 2020 年底，中国光伏发电装机容量指标为 105GW、光热发电装机容量指标为 5GW。截至 2018 年 9 月，中国光伏发电累积装机量已经达到 165GW，远超"十三五"规划的目标。2018 年 11 月 2 日上午，国家能源局召开关于太阳能发展"十三五"规划中期评估成果座谈会，商讨"十三五"光伏发电、光热发电等领域发展规划目标的调整。此次会议主要表达了四点内容：2022 年前光伏都有补贴，补贴退坡不会一刀切；"十三五"光伏目标要提高，可以比 210GW 更积极一些；加快研究制定并出台明年政策；认可户用光伏指标单独管理。随后，参会的企业人士提出将光伏发电装机容量指标上调至 250~270GW 的目标。

由于财政压力，梅州光伏发电并未得到地方政府的补贴，只有国家补贴。但是，国家补贴实际上就成为本地招商引资最大的吸引力，利用越多，便越响应国家号召，其招商引资力度也越大。从生态发展的角度看，争取上级政府的补贴其实就是地方政府对于光伏发电的扶持。发展、利用与电相关的新能源，这也是生态发展所面临的重要课题。如新能源汽车及其输电桩的布局也值得未雨绸缪，给予足够的超前重视。

2. 山区传统种植的困境及撂荒地的现代转型

因其投入成本与价值回收需要合理平衡，山区的开发与利用因此形成了各种模式。比如，林下经济虽然被认定是功在千秋、利在子孙的大好事，却因投入大、回收周期长而不受欢迎，因而更热衷于小水电的开发。因为考虑其回本速度与回收价值，各种开发模式不断涌现，生态压力则在所难免。

种养殖业是生态发展区山地利用的重要模式，必须深入思考与探讨。现代经济具有规模化、专业化和科学化的特征，山区种植和养殖业必须符合特定的时代内涵。耕山经济必须实现其资源利用模式的现代转型。

首先，小块山地的种植和撂荒。农村人不种田，城里人不打工，在传统农业社会，这是要受到批判的社会痼疾。但是，"洗脚上田不种田"却值得深思。许多外出打工的农民已经不再种植，乡下人也开始了买小菜过日子，更别说买米买粮了。曾经乡下小路旁都在开垦种植，如今似乎都已经撂荒了。有些人痛心疾首：附城都已经没人耕田了，更别说山坑田已经撂荒了。其实，山坑田撂荒何尝不是好事！山坑田一是耕地面积小而零散，二是单位产量低，三是劳力消耗大，四是容易污染环境，如化肥、农药的污染等。总的来说，山坑田的零碎耕作并不划算，撂荒显然不值得可惜，反而是值得提倡的返耕还林。规模化、专业化、商品化生产才是农业现代化之根本方向。[①]

其次，"旅游＋耕山"的复合增值。雁鸣湖、雁南飞这些曾经的山地，如今已经是观光农业种植基地，从山地转化成"旅游＋种植"。南寿峰则依托山地开发药材种植，与城市药材铺结合，生产传统中草药，同时发展观光旅游，"观光旅游＋中草药生产"的效果显然要远远强于普通种植。这些都是生产力大发展的结果，更是现代新型生产方式。它已经脱离过去以家庭为单位的小生产，是商品生产、农场生产、规模生产、依托现代科学的专业化生产，早已经实现了张弼士当年的梦想。

---

① 南非开普敦大学副教授雷切尔·温贝格（Rachel Wynberg）和南非斯泰伦博斯大学研究员劳拉·佩雷拉（Laura Pereira）在"对话"网发文表示："由于资金、技术等方面的限制，以及气候和环境变化因素的影响，除集约化农业生产外，发展中国家还需要发展其他农业生产方式。这些生产方式应既能应对气候变化，确保粮食安全，又能保障农民收入。因此，人们需要重视生态农业，开发生态农业技术，关注那些外部投入低、以小型农场为重点的农业生产方式。"姚晓丹：《小规模农业有助生态农业发展》，《中国社会科学报》，2018年9月7日，第3版。这种小农场生产方式或许亦可供生态发展区借鉴和反思。如今，"土地确权"和"集约化生产"等已经在农村试行，且卓有成效，种粮专业户、家庭农场、农业合作社等新的生产形式大量出现，小农思维也逐渐淡出。笔者在梅州各县区和全国许多地区的调研中，都已经感受到了可喜的变化。

再次，依托林区发展服务业。现代生产力足以大规模移山造山，引水上山等根本不像传统农耕文明时代那般艰辛，因地制宜地加以利用也就更加容易了。现代山地发展养老产业，建设康养小镇，都是因地制宜开发山地资源、让青山绿水真正成为金山银山的重要模式。

最后，山地形态的多样性，客家山村历史悠久，优美的民间故事、独特的民间工艺等都是当代文化创意产业的重要资源，是现代开发的好题材。如丰顺的韩江景区，依托韩愈的故事进行开发；南粤古驿道开发等，都是历史和现实的结合，有着丰富的文化内涵，其产业开发则是乡村基础设施建设。

3. 小城镇产业特色化和产业园区的思考

新型城市和城镇化建设方案早已公布实施，生态发展区应当根据其规划，建设新型小城镇。小城镇应当依托当地条件，发展拳头产业和特色产品，而不是求大求全，像大都市一样全面开花。这样更利于环保，减少污染，减轻社会压力。不同地区条件不同，"一村一品，一镇一业"的布局就相当有必要。建设特色小镇将会是以后生态发展区的基本方向，而不是各项产业都集中于一个园区，这是与乡村振兴战略相一致的。

生态发展区的工业园区建设与珠三角地区完全不同。当年珠三角的工业园区看似建在山区，但因其大发展而很快连成片，从而不再偏僻，在生态发展区则绝不会同样如此。生态发展区地处山村，本就属于劳动力输出地。近来，乡下年轻人愈发追求大城市的繁华，当地企业往往更不容易获得本地劳力。工业园区设在远离城市的乡村，在大山里搞工业，不仅环保建设投入大，周期长，其城居条件也同样难以保障。

在城市化发展和人口往城市转移的进程中，离城远的本质是离家远，不方便照顾家庭。在国际化大都市里，几十公里似乎是近在眼前，但生活在小城市镇里的人们，不仅因其公共交通不发达，待遇收入也相对较低，其生活圈子也相对较小，这些都会使其对园区有近在咫尺却远在天边的感觉。无论如何，家与业应当一体化发展，绝不能分开在两头。

小城镇既要有其独特的产业，也应当是宜居家园。有良好的交通、宽敞的大马路，还有良好的基础设施。小城镇上生活的人们专业知识具有相对一致性。这是与小镇专业化一致的人口集中，专业化、规模化的种植、养殖业，或者其他产业，必然要集中其相对应的产业人才。

现代种植业、养殖业与现代工业一样离不开物流中心。产品和产业发展都需要物流中心，用长远眼光去做好物流中心的布局是很有必要的。

4. 山水开发利用的基本原则

思路决定出路，生态发展区转变发展思路、走生态发展之路，在实践

层面应首先做好全面的发展规划，其保护、利用与开发应当注意一些基本原则。

一是保护和利用兼顾的绿色化、生态化发展，不能污染和破坏，也不能过度索取，任何时候都不能竭泽而渔，甚至还要放水养鱼。自然环境要永远保持健康，不能索取无度，只能细水长流，这是永恒的理念。

二是因地制宜的特色化和特产化发展，所谓"一村一品，一镇一业"。现代社会化大生产需要细致而适度的分工，也需要一方水土养一方物产，形成一方文化。

三是现代化发展，包括规模化、专业化、科学化，绝不能继续依靠自给自足的分散型小农经济，而是应进行市场化的商品生产。

四是开放型经济。社会化大生产必然要求社会化大分工，必然要求相应的合作与分工，这就决定了各项产业之间、不同地区之间应开放合作，共商共建共享。打开山门迎客来，梅州开放经济建设仍然任重道远。

三、生态发展与民众心态

建设生态发展区首先要求其建设主体能够更好地理解设立生态发展区的意义，理解自身应如何更加有效地帮助建设，这就要深入调研民众关于生态发展区的心态，要深刻剖析民众的生态理念。有论者强调：

> 要努力将生态文明理念内化成为一种精神素质，只有内在精神真正改变了，才能外化为"生态的"行为。但大众心态和行为方式的真正改变是一个长期涵化过程，可能需要几代人的持续努力，任重而道远。①

你所不能理解的，就是你所不能得到的。生态理念要为广大人民群众有效地内化，这是实现生态发展模式的重要前提。

1. 生态发展大多是相邻区域的指向

梅州人总爱调侃潮汕人自己不重视生态和环保，却总在指摘韩江上游的生态环保。事实上，韩江下游的潮汕地区总是目不转睛地盯着上游的梅州如何保护生态，因为这是关系其生存与发展的根本。生态着实严重影响着潮汕人的生活，对此给予更深的关注是必然的。

有些人调侃说，因为潮汕人以环境污染为发展代价，所以许多人到相邻的丰顺县去购房，进而推高了当地的房价。潮汕人是否在丰顺县抢购并

---

① 吴楠、明海英：《生态文明建设进入发展新时期》，《中国社会科学报》，2019 年 9 月 11 日，第 1 版。

推高其房价，这不得而知，但这些调侃则表明梅州人对于本地生态的自信和自豪。

潮汕本地污染确实已经相当严重。潮汕地区流传着一则关于练江污染的冷笑话：练江江风难闻，江鱼不能吃，据说上级领导来检查练江环保，坐船到练江后被熏得头晕，吃进肚子里的饭全吐出来了，这是一种夸大的自我嘲讽。练江发源于广东省普宁市大南山五峰尖西南麓杨梅坪的白水礤，大小支流17条，流域面积1 346.6平方公里。2017年1月10日广东省人民政府办公厅秘书处印发的《广东省生态文明建设"十三五"规划》将练江流域作为综合治理的重点地区。潮汕地区已对其加强治理，具体实施"强管""常管""严管"等措施。[①] 2018年5月15日下午，广东省人大常委会委员、省人大环资委主任委员苏一凡带领调研组，到汕头市潮阳区海门湾桥闸调研重点跨市域河流污染整治工作。笔者于同年8月中旬到揭阳调研时，当地民众仍然认为其治理工作任重道远。

2. 生态发展与生态发展区乃"外来概念"

生态文明是生产力发展到一定阶段上的历史产物。中国"五位一体"理念的提出，就是在原有的"三位一体"和"四位一体"基础上加上了生态文明建设，体现了历史发展的进程。

广东生态文明时代乃珠三角核心区历史发展的结果，其他地区则相应地属于"被带入"。广东经济发展格局是根据各地的自然条件和生产力状况进行划分的，珠三角因其实力不容小觑，自然就成了发展核心区，工业文明和生态文明的问题也由其引起，话语权必然也归属于这些地区。

粤东西北地区人均收入不尽如人意，被认为是"还需要更加努力的城市"。有些学者根据当地工业发展状况判断梅州这些生态发展区还没有进入工业文明时代，此观点虽然值得商榷和探讨，但恰好说明：这些没有进入工业化的地区本身是必然不会提出"后工业化时代"或者"反工业化时代"的主张和观点来的。有些地区如梅州，基本上就被认定是还未进入工业文明时代，却要被进入生态文明时代的地区。

诚然，生态发展区的定位不是一时冲动的结果，也不是某些人的主观认定，而是有其特定的历史背景，是时代发展的必然。生态文明早已成为共识，成为工业文明之后普遍认定的新形态。对于梅州等生态发展区来说，所谓的生态"理念"及其"问题"其实更多的是外来的，是被定义的，一是上级政府的定位，二是相邻区域的关注。这显然只是梅州本地视

① 余丹：《汕头着力治理练江污染，解决流域农村环境问题》，《南方日报》，2017年5月18日。

角，缺乏区域协调发展的整体视野，也未能从广东全局的高度去统筹。

当生态被概念化和外来化之后，强调生态发展便难免被片面理解，似乎强调环保便难免抵制开发利用，进而产生受约束和阻碍发展的顾虑，更新生态发展理念显然是迫切需要的。

3. 梅州绿色发展指数受到了高度的肯定

多年来，梅州政府和民众还是相当重视生态保护的。梅州历届领导班子都非常重视生态保护，坚持走可持续发展道路，实现经济社会协调发展。加强防患梅江河水污染和工业污染的整治工作，稳步推进生态公益林体系建设，实施"生态梅州"战略，启动和开展"洁净家园·绿满梅州"大行动，扎实推进森林围城、绿色通道、林场改造、森林公园、自然保护区、生态环境保护等绿色工程建设，梅城启动"十万亩群山森林围城"工程，将城区周围 10 万亩群山规划为重点生态保护区，重视"三废"处理。韩江完全不受污染，这与梅州生产力不发达且特别重视其生态保护紧密相关。但是，所有这些生态工程似乎都被视为只是烧钱的行动，而未能被视为发展的基础和前提，更难于上升到"绿水青山就是金山银山"的高度。

在大多数人眼里，梅州的生态环境问题其实并不严重。对于梅州来说，生态似乎是与生俱来的，就如空气一样，本来就如此，因而不会感到什么特别。只有当他们外出比较之后才会有所触动，有所思考。古人说："入芝兰之室，久而不闻其香，即与之化矣……如入鲍鱼之肆，久而不闻其臭，亦与之化矣。"

广东省 2016 年度绿色发展指数计算结果出炉，梅州在全省 21 个地级中位列第二。在列入绿色发展指数计算的 6 个分类指数中，梅州在资源利用指数、环境治理指数、环境质量指数三个方面处于全省 21 个地级市的前两位，增长质量指数、绿色生活指数则处于全省的中游位置。①

4. 设立生态发展区是否将造成当地开发与发展的迟滞

长期以来，区位劣势被认为是严重影响梅州发展的基本因素，生态地位的定位则似乎将进一步强化其发展劣势。其实，生态发展区的重要任务是保障生态平衡，实现良好的生态。生态保护与本地发展之间绝不是对立的，绝不能让当地百姓感受不到发展，感受不到未来。要坚持发展为第一要务，其发展不能停滞。如果生态保障的实行让这里得不到发展，这种发展路径和模式显然是要进一步商榷的。

生态发展区的设立形成了生态保护与产业开发之间的对立。一提生态

---

① 罗诚浩：《梅州"绿色发展指数"位列全省第二》，《梅州日报》，2018 年 7 月 9 日，第 1 版。

便是保护，在生态保护与产业发展之间似乎总是难以形成平衡。在许多人看来，所谓生态发展是很难做到的，生态发展区的设立因此被认为提高了发展的门槛。生态发展区"不搞大开发，共抓大保护"的理念，似乎促进了开发与保护的对立，进而迟滞了发展。这种理解显然是偏颇的。

生态发展区的设立需要实现地区之间的利益平衡。生态发展区强调整个生态，是区域间共商共建共赢的发展，有些人认为这是被动发展，有更多的顾忌。但是，生态发展区保障全社会共同的生存与发展，如果不思考和兼顾区域协调发展，其定位也就没有了意义。

其实，生态发展区的定位绝不是不要发展，而是强调区域功能分工，在分工中实现区域协调发展，共同实现高质量发展。生态发展就是要充分利用好区域内的自然资源，包括山水气植被等，兼顾相关区域，共商共建，协调发展。不同地区需要不同分工和合作，也需要进行区域协调，需要中央和省里的统筹兼顾。

过去 GDP 增长标准驱使政府官员努力工作，各种比赛没完没了，可比赛究竟为老百姓带来了什么，有时真的很难说出来。生态发展区的设立绝不能变成一场比赛，而是要从老百姓的幸福和可持续发展的角度做出实实在在的工作，从而赢得百姓的良好口碑。

许多比赛和评比的指数，既不要不以为意，也不要太以为意。因为这些指数，或者偏重绿色，或者偏重生态，常常不是将发展当作核心。如果将发展当作核心，排在全省末位的梅州如何能够排到前列去？如果还未进入工业化时代的梅州都已经没有了"绿色"，那该是多么可怕的事！2016年在深圳召开的中国发展论坛中，有学者便指出，梅州根本上还未进入工业化时代。需要记住的是，发展才是硬道理，发展才能真正解决问题，才能解决真正的问题。在发展中解决问题，这是科学发展的前提和基础，是真正发展的开始。诚然，后发地区在发展的同时要继续保持绿色，需要有担负更多责任和使命的意识，需要积极坚持"五个新发展理念"。

无论如何，发展仍然是第一要务，大力推动发展的同时，理论要走在前头。梅州可以争取上级政府的重视，设立并努力打造一个高规格的生态发展专题论坛，既集中智库、官员和民众的智慧，凝聚梅州生态发展力量，还要吸引外界的眼光。如果梅州有一个"世界经济论坛"或者类似博鳌论坛的发展研讨会，于梅州的经济社会发展将会产生非比寻常的拉动意义。世界客商大会的继续保留就是省委、省政府对梅州发展的积极支持。

第四节 培育梅州生态发展新理念

面对新生事物难免不理解，但有必要对其进行深入解剖和揭示，这有助于人们觉悟和奋进，刷新人们的精神面貌。生态发展区应当重视更新财产和致富理念，大力培育社会正能量，形成发展的精神推动力。梅州的发展需要开辟新的发展模式，要更新其生态发展的精神动力，培育发展新思路：发展乃第一要务，坚持生态优先道路，放稳发展心态，细水长流才能真正保持生态的可持续性，实现发展模式的生态转型。

一、坚持发展为第一要务

中国特色社会主义进入新时代，中国社会生产力水平总体上显著提高，社会主要矛盾已经转化为人民日益增长的美好生活需要和不平衡不充分的发展之间的矛盾。必须认识到，中国仍处于并将长期处于社会主义初级阶段的基本国情没有变，中国是世界最大发展中国家的国际地位没有变。人民对美好生活的向往必定需要发展，执政兴国的第一要务是发展。中国的事情还是需要在发展中解决。发展首先要理解当前发展标准的内涵。对于生态发展区来说，其现状决定了仍然要以发展为解决一切问题的基础和关键。

1. 发展和高质量发展乃新时代的高要求

中国共产党一直以来强调要推动生产力的发展，强调解放生产力，以推动更快更好的发展，夯实社会主义的物质基础。中共十九大报告强调"发展是解决我国一切问题的基础和关键"，"必须坚定不移把发展作为党执政兴国的第一要务"。中共党章指出：

我国社会主义建设的根本任务，是进一步解放生产力，发展生产力，逐步实现社会主义现代化，并且为此而改革生产关系和上层建筑中不适应生产力发展的方面和环节……发展是我们党执政兴国的第一要务。[①]

"发展不平衡和不充分"是当前发展必须面对和着力解决的根本性问题。中共十九大报告中多次突出强调发展的现阶段基本特征：

---

① 《中国共产党章程》，北京：人民出版社，2017年，第7-8页。

中国特色社会主义进入新时代，我国社会主要矛盾已经转化为人民日益增长的美好生活需要和不平衡不充分的发展之间的矛盾……更加突出的问题是发展不平衡不充分，这已经成为满足人民日益增长的美好生活需要的主要制约因素。①

我们要在继续推动发展的基础上，着力解决好发展不平衡不充分问题……②

"由高速增长阶段转向高质量发展阶段"，这是新时代经济发展的基本特征。新时代要"贯彻新发展理念，建设现代化经济体系"。十九大报告指出：

我国经济已由高速增长阶段转向高质量发展阶段，正处在转变发展方式、优化经济结构、转换增长动力的攻关期，建设现代化经济体系是跨越关口的迫切要求和我国发展的战略目标。③

总之，坚持发展为第一要务，新时代发展要着力解决"不平衡不充分问题"，经济发展要更加重视"高质量"而不是"高速增长"。所有这些都给我们很好的指导与启示。

2. "不平衡不充分"发展仍然是梅州的基本市情

香港论坛是以城市及区域为研究和服务对象，重在提出新思路、新举措的国际性高端学术会议，从2011年起每年定期在香港举行。梅州从第二届开始参加，2012年、2013年、2014年均入选"最具幸福感城市"。2015年12月9日，由中国城市竞争力研究会主办的第五届香港论坛"新常态下城市发展机遇与挑战"、第五届"让城市更优秀"颁奖典礼在香港会展中心举行。梅州与深圳、惠州、青岛、信阳等22个城市获颁"让城市更优秀"奖，同时，梅州市凭借宜居宜业的环境、厚重的客家文化底蕴、优美的生态环境、最具安全感的社会环境等再次入选"最具幸福感城市"。④ 良好的生态环境成为其超高幸福指数的基本条件之一，显示出民众的满意度。

---

① 习近平：《决胜全面建成小康社会　夺取新时代中国特色社会主义伟大胜利——在中国共产党第十九次全国代表大会上的报告》，北京：人民出版社，2017年，第11页。

② 习近平：《决胜全面建成小康社会　夺取新时代中国特色社会主义伟大胜利——在中国共产党第十九次全国代表大会上的报告》，北京：人民出版社，2017年，第11页。

③ 习近平《决胜全面建成小康社会　夺取新时代中国特色社会主义伟大胜利——在中国共产党第十九次全国代表大会上的报告》，北京：人民出版社，2017年，第30页。

④ 李念军：《梅州连续四年入选"最具幸福感城市"》，《梅州日报》，2015年12月10日，第9版。

梅州市被尊为"世界客都",是国家历史文化名城、中国优秀旅游城市、国家园林城市、国家卫生城市,其美称和荣誉实在太多了:文化之乡、华侨之乡、足球之乡、客家之乡、山歌之乡、金柚之乡、客家菜之乡、单丛茶之乡、富硒之乡、长寿之乡等。梅州还获评为"中国十佳优质生活城市",是首批国家生态文明先行示范区,是文化和旅游部公布的第二批国家全域旅游示范区创建单位。在2018年上半年广东省群众安全感和公安工作满意度第三方评价成绩中,梅州获综合考评全省第一名。梅州市各县也都有许多类似的荣誉,如蕉岭县和大埔县已经正式被国家选中建设国家智慧城市。2018年12月15日至16日,在广西壮族自治区南宁市召开的中国生态文明论坛年会上,梅州获得"2018美丽山水城市"殊荣……所有这些名号都是如此地响亮和耀眼。

广东是经济强省,GDP总量连续32年全国第一,据广东省统计局数据显示,广东省2017年平均水平值是81 716元,深圳、佛山、东莞、中山、珠海等被赞"功劳大",而另外10个城市人均GDP则远远低于全国平均值(59 505元),甚至还不如中西部某些地区:汕尾和梅州被认为是"拖后腿的"。

表1-1　2017年广东省人均GDP最低的10个城市排名

地区	人均GDP（元）	广东省倒数排名
韶关	45 262	10
汕头	42 134	9
潮州	40 592	8
清远	39 025	7
湛江	38 829	6
揭阳	35 304	5
云浮	33 861	4
河源	30 903	3
汕尾	28 169	2
梅州	25 817	1

其实,这些排名倒数的地区都有其各自的自豪之处,可无论怎么"吹",仅GDP这一点即可让本地人汗颜不止,也让外地人瞧不起,真正地被"一票否决"了。生态发展区的美好被GDP一票否决了,可谓同病

相怜，殊途同归。人有千好常不会被感知，而有一点不足就会被彻底否定。一个人如此，一个地区同样如此。

以经济增长作为评判一切的标准，就是另一种现象。梅州许多地方至今仍然如此。以"钱"为人才和成功的唯一评判标准，这体现出许多梅州乡村在发展理念上的滞后性。

3. 转变梅州发展理念

GDP 评价标准带来的负面影响已经引起了官方的重视，受到了一些质疑，"公众满意程度"已经被当作考核官员履职的重要指标。广东省出台生态文明建设考核指标，各市党政领导班子综合考核评价标准：资源利用 30 分；生态环境保护 40 分；年度评价结果 20 分；公众满意程度 10 分；生态环境事件则是扣分项。广东省绿色发展指标体系包括：资源利用（权数 =29.3%），环境治理（权数 = 16.5%），环境质量（权数 = 19.3%），生态保护（权数 = 16.5%），增长质量（权数 = 9.2%），绿色生活（权数 =9.2%），公众满意度。[①] "公众满意度"与各地市党委和政府政绩的挂钩，其目的是引导公职人员重视发展质量，减少伴随发展的生态破坏。标准的转向有助于提升百姓地位，提升生态理念，转变发展理念。

对于梅州和生态发展区来说，"贫穷"似乎已经成其标签了，已经严重影响到民众的内在情感了，评比高分在经济不发展面前已失去了光彩。梅州的根本问题被归结为工业的不发达和经济的不发展。向往美好生活的强烈诉求，决定了其发展的迫切性和严峻性。在官员的理念中，"发展是第一要务"，工业经济自然是其中心；在民众看来，自己的钱袋子总不够饱满；在专家眼里，这里的经济数字是如此可怜。民众、官员、专家都把快速的工业发展作为最迫切的事。

生态发展区在与珠三角核心区的强烈对比中更加显示出现代发展的急迫性。事实上，当人类社会进入工业文明时代，生态发展区的工业发展却仍然是非常落后的。然而，并非当地要有大工业才算是走进工业和生态文明时代。所谓工业和生态文明时代，是指各地都在享受工业和生态文明，享受着工业和生态产品，感受着时代精神。珠三角核心区已经走进了生态文明时代，生态发展区同样已经走进生态文明时代，所有人都生活在工业、生态文明时代。这是明显而强烈的"不平衡不充分"发展。

梅州之发展甚至已经被认定是落后于全国性平均水平了，则其扶贫攻坚必定要有全国的力度，否则其全国性的目标难以实现。珠三角核心区与

---

① 蒋臻、吴夏韵、陈鹏：《"公众满意度"纳入广东生态文明建设目标考核》，《南方都市报》，2018 年 6 月 6 日。

生态发展区之间不平衡发展是如此之大，许多所谓走在全国前列可能都是针对核心区而言，或许并不适合于生态发展区，所以应当有所区别，应当因地制宜。梅州要围绕生态发展区的定位，积极寻找相关的政策支撑，争取政策支持，努力争取中央各部委与广东省委、省政府的政策支持，如果没有政府相关部门的政策上的支持和倾斜，其发展限制将更多、更大。比如有关教育和产业发展，以及利用梅州"红色"资源优势等，更是需要政策支持。

二、放稳发展心态

有个关于告诫人们要"知足"的故事：一个穷人因善良获得了上帝的赞许，指导他到山中找到了金子，过上了幸福生活。但他不满足，总想更多，于是脑子想歪了，想索取更多时，山中金子枯竭了。这种不知足的故事有许多版本，所谓"人心不足蛇吞象"，贪婪最终会毁了自己。故事似乎只关乎人们生活的道德伦理，但从人与自然的角度同样可以得到许多警示。保护生态不等于不发展，不等于不要幸福生活，不等于不再向自然索取，人类终究还是生活并依赖大自然的，这就需要懂得从自然中适度、合理取得。

1. 取之有度，知足常乐

对于自然生态环境千万别"人心不足"，别过分索取，生态世界绝非取之不竭、用之不尽的，人类只能通过自律和自我节欲，才能实现人与自然的和谐共处，才能实现天人合一。俗话说"知足常乐"，传统中国文化历来劝人安守本分，但人要知足是很不容易的。

人心不足，而自然有限。人要依赖自然生活，便只可适度索取而不能索取太多。要知足，自然才能真正涵养和孕育人类。得寸进尺、纵容物欲必将自取其咎。杀鸡取卵、竭泽而渔等做法都是不合适的，细水才能长流，"放水养鱼"才能"年年有鱼"，人类的供应才能得以长期满足。"存天理，灭人欲"这话曾经受到太多的批评了，但这在"不知足"社会里，它难道不是值得深思的吗？事实上，人与自然的关系已经完全不同：

> 人类与自然万物的关系，并非就是一种资源利用的关系，而是属于同一个生命共同体，人与自然万物之间存在着相互联系、相互依存的循环关系。①

---

① 高洪波：《抱抱地球　热爱生命》，《人民政协报》，2020年6月6日，第6版。

生态发展区强调"不搞大开发，共抓大保护"的环保与生态理念，其产业发展需要注意规模，要注意产业发展的生态承受能力，不能无限扩展其生产和消费。其承载的产业与人口都是有限的，需要对此进行把控。比如四川九寨沟良好的生态风景和北京故宫的人文历史都吸引了众多游客，单位时间内就需要限制游客数量。生态发展区亦有其生态承受力，空气、土壤、水流都有其净化能力限度。

生态发展区的人口与草原养殖业一样，需要靠天吃饭，这就需要限制人口增长。如今许多生态地区如海南岛五指山地区、法国留尼汪山区等地都在限制人口的快速和过多的增长，以免给生态造成过度压力。事实上，生态区人口必不能快速增长，其生活也必然是缓慢的、悠然自得的状态。生态发展区里高质量发展、高品质生活或许都不可能是快节奏的。

2. 敬畏自然，坚守正道

"生态"就是生命的状态，所有生命都有其特定的生存时节和生存环境。人类社会与自然世界都有其自我运行之道，违规越道必将遭到淘汰出局。因应自然，顺其自然，绝不能伤天害理、损人利己，这才是自我适应的生存之道，也是自然得以存续之道。

人类社会凭借高科技已经有能力变换空间和季节，但生物生存状态必将因其空间和季节的变换而发生变化，导致生存环境变换，其无序的变动必将带来生态系统的混乱，也改变了物种和人类的生存状态，进而产生灭亡危险。论者指出：

> 有人曾说过：现代社会出现的诸多问题，与其说是"生态失衡"，倒不如说是"心态失衡"。的确如此，自从人类进入工业社会后，人类的许多行为都是急功近利、杀鸡取卵的短期行为，正是在这种"失衡的心态"下，导致了"失衡生态"和"失衡的地球"。如何正确处理人类与大自然的关系？如何正确摆正人类在大自然中的位置等一系列问题，从未像今天这样紧迫地摆在我们面前。大自然是我们的主人？奴隶？伙伴？面对这些问题，人类不得不开始深思。①

生态发展不等同于不开发，而是不适合大开发，开发要讲究其中的度，其重要意义在于别让生态系统发生快速的改变，要让生态系统能够得到有效恢复。因此，发展虽然急迫，但切忌浮躁，切忌总爱走捷径的心

---

① 张文驹、任文伟编著：《对生命的敬畏——新世纪的大话题》，呼和浩特：内蒙古科学技术出版社，2000年，第4页。

态，切忌因"心态失衡"导致"生态失衡"。

从历史学家的视角看，发展中国家常常会在发展问题上"过于性急"①，"后发地区"又何尝不是如此。有时候，发展需要"放缓"，但"放缓"不是指不努力，也不是指不争取更快，而是要在快速与质量之间达到边际效应，宁愿保护生态也不追求过度开发的快速发展。在此意义上，所谓"缓"其实就是指"稳"，生态系统之稳定性及其脆弱性，决定了变化和发展的"稳定性"。

3. 以情怀和境界拥抱高质量增长

生态发展区建设发展不可能一蹴而就，绝不能拔苗助长，心急没有用，心态必须平和，也要能够感受到希望和未来，有策划，有行动。只有良好的心态才可能真正抓住发展的根本方向。

领导干部要能够真正行动起来，领导当地百姓创造富裕生活。既要理解发展的急迫，也要保持"功成不必在我"的精神境界和"功成必定有我"的历史担当，绝不能秀自己的政绩而不顾客观实际。做官要做出情怀和境界来，情怀和境界绝不在于其成就大小，其努力过程即情怀，即境界。

生态发展区的发展要求走出一条适合自己的发展道路，强调自我生活的幸福感。"由高速增长阶段转向高质量发展阶段"，这不仅是发达地区的事，后发地区更要重视，以实现其后发优势。其后发的真正意义就在于其"高质量"。

许多人都强调，生态良好的生态发展区，如果交通方便，会有更多的人更愿意住在这里。梅州多年来获评幸福指数较高的地区，老百姓在谈到生态和生活时有满足感和幸福感是肯定的。

4. 一些常见的不良发展理念

从发展理念的角度去看，有固守传统的，有渴望发展的，也有浮躁不安的，在发展进程中，也形成了几种不良的发展理念。

敢：敢教日月换新天。这是过去经常说的一句话，也导致发展模式野蛮、粗放，对自然生态的破坏性很大，甚至形成竭泽而渔的局面。

急：日新月异是对于发展的另一种憧憬。"时间就是金钱，效率就是生命"的深圳经验在移植到别的地方时难免出现拔苗助长的情况。对许多地区来说，"心急吃不得热豆腐"，发展在很多情况下需要足够多时间的沉淀，基础才能坚实、牢固。高质量的发展绝不能急于求成。

---

① ［美］埃德温·赖肖尔著，卞崇道译：《近代日本新观》，北京：生活·读书·新知三联书店，1992年，第83页。

保：一种封闭的发展，强调自己的一亩三分地，其他不管不顾。全不知世界已经进入全球村时代，经济社会已经高度紧密而无法单独分离，共商共建共享才能实现真正的繁荣。

靠：这是一些依赖上级和外援的理念。招商引资和外来帮助当然是非常重要的，但发展之根本在自我，所有的外援都必定是在自我发展的基础上发生作用的。只有在自我努力之时，获得外力的拉动或推动，然后才能够形成更大的前进动力。

怨：怨天尤人，抱怨穷山恶水，将问题推给了外在的客观环境。

无论如何，发展需要新理念，许多发达国家和地区的资源禀赋甚至不如发展中国家和地区，其发达之实现首先在其民众发展理念和心态的现代化，进而努力奋斗才能最终实现。有些资源禀赋好的地区则往往因其心态和见识的不足而难以真正发展。建立产业体系，实现绿色发展，都要充分重视并改造民众生态理念，放稳发展心态。

三、坚定去除区位劣势心态

梅州要发展，要振兴，就要坚定信念挖穷根。所谓"穷"，不仅指生活不富裕、家徒四壁，从根本上说，所谓穷就是身处困境却毫无办法、手足无措。客家人谚语：吃唔（不）穷，着唔（不）穷，冇划冇算一世穷。这是强调一个人要居安思危，按计划过日子。一个家庭，一个城市，一个地区，同样如此。区域发展如果缺乏足够的策划和规划，过一天算一天，"行到哪算哪"，绝不是科学发展观。因此，要树立发展新理念，以巧干和实干走出困境。实实在在地干，撸起袖子加油干。

2019 年 5 月 27 日至 6 月 1 日，中共梅州市委统战部组织本市党外代表人士赴浙江省诸暨市、安吉县、德清县等地学习、考察、调研，借鉴浙江省在实施乡村振兴战略方面的先进经验。在浙江考察调研期间，大家感受着浙江省经济社会的发展，徜徉于浙江美丽乡村，感叹浙江发展的良好区位优势。有同志指出：

湖州市安吉县的两山创客小镇位于安吉凤凰山下、杭长高速南出口东侧一公里处，其区位优势明显、生态环境优美，距离杭州 51 公里、苏州 170 公里、上海 207 公里，位于长三角经济圈的几何中心。

一路上来，比较着浙江乡村所谓的区位优势，梅州发展的区位劣势则为同志们耿耿于怀，强调梅州发展缺乏足够的区位优势。显然，区位无优

势长期以来已被看成束缚梅州发展的最根本因素。

其实，所谓的区位优势，指的是占有地利，此乃影响一个地区发展的客观条件，这毫无疑问是非常重要的，不可不重视。事实上，区位问题是区域协调发展问题。一个地区必须融入整体发展中去，而不是独立于整体之外，这就有必要实行开放发展。但其是否为约束发展的根本性因素，这就值得商榷了。

中国先哲早已说过：天时不如地利，地利不如人和。所谓天时，在国家和地区发展中其实就是政策优惠问题，能够在更加宽松的政策条件下进行工作。天时大多是共同的，也有些是不同的，许多时候这会成为发展的重要优势，因此要积极争取必要的政策支持，这其实就是争取更好的天时，争取一种特定的优势发展条件，比如特区、苏区等就是如此。

所谓区位优势，其实就是地利问题。想想改革开放之初，浙江、江苏许多地方的发展，比如义乌小商品城、华西村等，都是在能人的带领下，创新性发展出来的。我们参观的这些乡村也并不是躺着发展的，而是在能人带领下撸起袖子干出来的。

外在条件不能够成为地区不发展的借口。天时、地利其实都不如人和。天时、地利只能成为我们发现和分析问题的前提，要知己知彼，就必须了解天时地利，这样才能真正地自知、知他。人贵有自知之明，不熟悉时代和实际就不可能找到正确的努力方向，更不可能取得更大的实际成效。

区位其实是固定的，工作任务必定是在现有条件下进行的，绝不能因面对有限的客观条件而怨天尤人，更不能因此不努力工作，否则情况只会越来越糟糕。正视现实，接受现实，然后能够改变现实。人的能动性创造本身就是要根据自身区位条件去发展。古人言："临渊羡鱼，不如退而结网。"脚踏实地地寻找办法才是解决问题的明智之举。有同志也指出：

> 先天的自然条件和区位优势是很难改变的，如何借势用势，真正从自身客观条件出发，吸收可以模仿借鉴的好做法，走适合自己的路子才是调研的目的和意义。

显然，所谓区位之优劣是在心理上形成的。一个地区的发展首先要去除这种心魔。先哲王阳明曾强调："破山中贼易，破心中贼难。"其实，"破心中贼难"，破"山中贼"也不易，但要过得了内心这重关，也就是思想上要能够转过弯来，这绝不是轻易能够做到的。有道是："你所不理解的，也就是你所不能得到的。"

正是在这种意义上，梅州的发展以及实施乡村振兴战略都需要彻底的思想解放，去除区位劣势的思维定式。要彻底清除不适应新时代的种种思想，特别是其思维模式的影响，绝不能因所谓的区位劣势而悲观沮丧，而要正视自身之不足，勇立潮头，真正树立敢于创造的精神，发挥主观能动性，"大学习、大调研、大改进"，找到适合自己的发展路径，融入广东和全国的整体发展中。

首先，要明确自身所处的区位，明确自身的比较优势。实施乡村振兴战略要真正体现开放发展的理念，要有区域协调发展的理念。梅州地处北部生态发展区，在广东及粤东的生产发展中有特定的功能属性。但是，梅州绝不是要建设成为一个桃花源式的地区，实施乡村振兴战略绝不是建设现代"桃花源"，因为"桃花源"根本就是封闭的。只有建设一个"大家走得进来，又走得出去"的富裕乡村，既宜居还宜游，这才是真正的现代乡村。没有开放性、开放性不足都不会有现代乡村振兴。浙江许多新乡村从前亦是外人罕至的地方，如今却是乡村旅游的好去处。

其次，重视区域协调发展，这是时代的要求。梅州要成为广东和粤东发展的重要区域，既要强调其"绿水青山就是金山银山"的独特生态地位，还要厘清家底，要注意结合本地的区域特色，重视区域传统和独特资源，明确产业发展方向。一方水土养一方人，一方水土也必然有其一方资源、文化。挖掘本土才、文化和物质等资源是本土建设的基本要求。区域协调发展强调的就是要先盘活存量经济，对闲置资源再利用。要真正突破环境的封闭性，目前来看，电商可能是一条重要的路；而从根本上则要实现"大交通"等硬件基础设施建设，将区内外市场连结为一个整体的统一大市场，将所有的人、财、物都融入市场中，真正实现市场经济。

总之，坚定地克服区位劣势心态，勇敢地打开发展新思路，然后才能真正找到发展新路径，实现梅州的发展和乡村的伟大振兴。亚里士多德说：

我们认为，像伯里克利那样的人，就是一个明智的人。他能明察什么事对自己和人们是善的。像这样的人才是关于治理家庭、治理城邦之人。①

每个人与区域社会之所以贫穷或富裕，都应当首先向内反省而不是向

①　苗力田主编：《亚里士多德全集》（第八卷），北京：中国人民大学出版社，1994年，第125页。

外追寻，更不应当自怨自艾。要做个明智之人，采取明智之举。每个人与地区的发展都是不容易的，千万别以为他人都能轻松成就，只有自己才创业艰辛，面临重重困难、千辛万苦。每个地区的发展都要努力争取外力支持，更要自力更生，艰苦奋斗。没有这种内在的奋斗精神，所有的计划、规划以及所谓的"努力"都是虚空的。要知道："幸福都是奋斗出来的。"

四、实现生态优先理念从他律到自律的转型

生态发展既受制于自然，又受制于时代，且受制于相邻地区的发展，这样看来，生态发展完全是他律性的，而非源于自律。生态发展区需要在思想和心态转型的基础上，更新一些发展理念。站立的角度和立场不同，你就会看到不一样的前景。

1. 实现生态发展更应当成为内在要求

生态发展区建设首先应当明确自我，树立以我为主的发展理念。要有强烈的建设主体意识，形成自我奋斗的信念和斗志。任何地区的发展都与个人成长是一样的，首先要有目标意识，然后要自我奋斗，才能真正实现自我发展。虽要争取改善外部环境，但内部的自我努力任何时候都是最为根本的。当地政府要"抓学习，勇担当，勤作为，重实践"，"大学习，深调研，真落实"。当地民众更要有主人翁的精神，实践科学发展观，建设美好家园，过上美好生活。要过上怎样的生活，怎样过上幸福美好生活，这既需要自我的理想信念，也要有实实在在的行动付出。梅州经济社会之落后有其外在的客观因素，但根本上还是内在的主观原因。就如日本资源缺乏却是世界最发达地区之一，而许多资源富裕地区却仍然属于落后地区一样，影响任何一个地区发展的因素主要是主体的努力程度，首先要明确自身的定位，其次要有强大的执行力。

生态发展区的发展要发挥其主体作用。任何个人与地区都一样，主体不进取是不可能取得进步和发展的。世界上任何一个地区的发展，都是当地人民经过艰辛的拼搏奋斗出来的，绝不是天上掉下来的。区域协调和统筹兼顾中可能会注意到这个地区，但需要当地领导干部具体落实，带领当地百姓拼搏奋斗，筚路蓝缕，披荆斩棘，然后才能过上幸福生活。生态发展区要实现更快更好的发展，这里的人们应当乘乡村振兴的时代东风，努力发展基础设施，提高幸福指数，实现自我奋斗下的幸福。

生态发展区的发展要明确生态功能定位，更要明确其主体核心产业。产业兴旺是一个地区生活富裕的基础，也是最真实的发展。梅州幸福指数高，似乎很合适成为"后花园"，但"后花园"之定位主要应当是自我消

费，而不是那种等待他人有钱有闲之时来此游玩的花园。建立在依赖游客消费前提下的发展模式最多只能是一个区域的副业，绝不能是其主业。瑞士是在山里建立的国家，可谁都知道瑞士表、瑞士军刀，这些拳头产品自然是其发展的重要条件。选择合适的产业，做大做强，不仅当地政府和官员需要重视，上级政府更应统筹兼顾。

生态不仅是客观的存在，还是可形成财富的资源，可以之建立新型经济业态。比如，乡村旅游、文化创意等产业的兴起，"绿水青山是金山银山，传统文化遗存同样也是金山银山"，古旧民宅可被转化为财富的金矿。2018 年 7 月 30 日，央视财经《经济半小时》报道：浙江省松阳县出台《加强传统村落保护　打造松阳古村落品牌》，其老屋拯救、古村落活化开发的政策实施可作很好的借鉴。

保护生态是需要成本和代价的。一是发展可能在转型中放慢脚步，因其一举一动都有更多的考虑，难免受此牵制。二是治理受到破坏的生态必然要付出更大的代价，所谓先发展后治理的理论在此完全不可行。北方沙漠地区治沙造林工作能够让百姓因此富起来，生活更加幸福，这也是要大量的人力和物力投入和支持的。共商共建共享，首先是要问谁共享，然后才能共商和共建，得益者皆应为此有所付出。

转变生态发展理念需要将其从外来的他律转化为内在的自律，从阻碍观转化为资源观，这是由外入内、由劣转优的思想解放过程，必定需要时间。第一步要保护良好生态，第二步要将良好生态转化为资源，第三步则要将资源转型为财富，第四步便是将财富的获得升华为幸福感，这是目前面临的根本问题和其解决进程。

2. 生态发展区应实现现代发展与生态保障的内在平衡

中共十九大报告提出以"产业兴旺、生态宜居、乡风文明、治理有效、生活富裕"为总要求的乡村振兴战略，首先改善产业，根本上是改善生活。显然，发展仍然是现今第一要务，其关键是要实事求是、因地制宜，在生态文明时代里发展，必然要求生态优先。

习近平总书记多次论述强调：人民对美好生活的向往，就是我们的奋斗目标。生态发展区民众的美好生活必须在发展中才能保障。幸福是奋斗出来的，对于生态发展区的民众来说，奋斗还需讲求模式，不能蛮干，也不能心急。既要保障良好生态，也要保障美好生活，良好生态和美好生活是统一的，绝不能对立。

生态发展区的发展有其特定的限制条件。作为特定的生态保障区，担负着特定的责任与使命，生态保障是基本红线、底线，显示其作为上级政

府和外部社会对此地区的认识与期望，也应当内化为生态发展区内各级政府和民众的共同认识。绿水青山的保障与发展必然要从外部要求转化为内部自律，坚定其"绿水青山就是金山银山"的自觉。芸芸众生需要敬畏生命，敬畏自然，实现天人合一。

打造美丽梅州，实现生态文明下的经济与社会发展要重视其资源优势，通过创新、协调实现现代绿色发展。生态要资源化，资源要财富化，实现绿色崛起；人才和山水生态皆要资源化，实现其产业化带来的经济发展。为此，生态保护与产业发展之间难免存在一些需要深入厘清的知识误区。

首先，生态发展并非简单限制工业生产。工业指数已被许多"专家"与"民众"当作最高的指标，从而左右了他们的幸福感。一提发展便强调建立产业，而产业则被定义为工业而否定农业。生态发展区则常常被认定，这里不能成为工业发展区。显然，这是本能地将工业与污染结合在一起。

其实，发展不等同于工业化，生态发展也并不排斥工业，只是要选择合适的；生态发展也不只是讲农业，农业也有不合适的，无论工业还是农业，都要求其充满了"现代性"，属于真正的"现代产业"。无论如何，生态发展区都不能成为发展的落后地区，也不能成为被现代产业遗忘的地区。

现代化包含了工业化，但工业化并不就是发展的全部，不能简单地强调工业化，以为没有工业便没有发展。诚然，不强调工业绝不等于可以没有"现代产业"，还要因地制宜加速发展"现代产业"——可能是工业，也可能是农业、服务业等，无论哪种产业，根本上都必须是"现代化的"。现代产业绝不是小农经济，绝不是传统的农耕经济，而是科学化、专业化和规模化的社会化大生产，是围绕市场的生产，对农业发展来说，甚至还担负着稳定国民经济的功能，有着特殊且重要的地位和影响。

笔者在瑞金调研时，几位老板都在强调工业的重要性，他们特别强调说：瑞金的工业发展不行。其实，发展并不等同于工业化。有位老板说：我们瑞金离海其实不远。有人立即回应说：梅州离海更近了！其实，生态发展不是离海远近的问题，核心区和沿海经济带同样有其生态要求，生态发展区因处于河流的上游山区而有其特定的产业形态。

3. 天下为公，转"占有"为"使用"

诚然，人民对美好生活的向往是无可厚非的，如何追求则是需要思考与探讨的。大多时候，获得而占有是最基本的幸福，这在物质匮乏的年代显得特别突出，但这显然是一种低层次的幸福感，如何能够将幸福提升为一种情怀和境界，这需要物质与精神文明的共同努力。

工业资本主义初生之时，鼓励充分竞争和努力工作的资本主义制度极大地推动了社会生产力的发展，生产积极性得以被充分挖掘出来，工业革命则让生产力喷发式增长。但是，欧洲传统历来强调其财产"私有"神圣，财富的增长并未让所有人共享，并未为每个生产者带来幸福生活，工人运动于是产生，社会主义运动因此兴起。空想社会主义者极力主张和劝导财产的公有并切身实行之。1848年，《共产党宣言》的发表宣告社会主义从空想走向科学。《共产党宣言》所强调的核心就在于"联合"与"共产"。"联合"是指生产力已经超越了国界，工人阶级需要不分国界团结起来去共同争取全人类的解放；"共产"是指共同生产，共享成果，这是宣言的核心主旨。强调财产的社会性，这是对空想社会主义的继承与发展，用今天的话说就是"共享"。从"共产"走向"共享"，这是一个伟大的进步，是发展观念在新时代的表述。近代财产公有和"共产"理念与欧洲传统及资本主义显然是相对立的，因而在欧洲难以立足。

传统中国私有概念很弱，公有理念则非常强烈。几千年来一直激励中国人的信念是：

大道之行也，天下为公。选贤与能，讲信修睦。故人不独亲其亲，不独子其子，使老有所终，壮有所用，幼有所长，鳏寡孤独废疾者皆有所养，男有分，女有归。货恶其弃于地也，不必藏于己；力恶其不出于身也，不必为己。是故谋闭而不兴，盗窃乱贼而不作，故外户而不闭。是谓大同。（《礼记·礼运篇》）

"普天之下，莫非王土；率土之滨，莫非王臣"，公有成为传统中国文化底蕴，这种"大同"和"公有"理念也是社会主义能够很好地在中国扎根的文化土壤。

值得注意的是，新民主主义革命特别重视农民对于土地权利的诉求，强调"耕者有其田"理念的实践，"打土豪，分田地"成为其所坚持的政治实践，但所谓"分"，并非如西欧传统意义上的将财产"私有化"，两者看起来相似，实则完全不同。

生态文明时代更应当树立使用理念。比如，房子是拿来住的，而不是拿来炒的。住的根本在于其使用，炒的根本在于其占有。共享社会财富，及身为止，生不带来，死不带去，赤条条来去无牵挂。俗语曰：儿孙自有儿孙福，莫为儿孙做马牛。所有这些中国传统文化格言都教导后人，物非

我有却为我用，物尽其用即为最美。生态是公共的，绝不能简单地加以分割，共有共享的意识和制度的建立也成为必然。如今中国的许多问题，如房地产发展等，甚至有些城里人强调要回乡下拿地建房子，其根本上还在于占有而不是使用，占有是无穷的，使用则是有限的，你占有几百、几千亿的资源，真正使用的也不过是其中小部分，正所谓"任凭弱水三千，我只取一瓢饮"。

生态文明需要民众和社会都进入"现代"，而不能滞留于传统，这就要努力进行精神建设。实际上，民风民俗等都必须因地制宜，比如传统农村殡葬与现代城市殡葬之习俗必定是要实现现代更替的，有些人却总是沿用传统农村的那一套。就经济社会发展来看，首先，要大力弘扬自力更生、艰苦奋斗的精神，以主人翁的心态去建设家园，努力克服依赖、依附心态，当然也不要忽视现代家园的外部环境，要变封闭为开放，实现内外相维，共商共建共享。实现"区域一体化"也是推动发展的重要力量。其次，要大力弘扬现代产业精神，以美好生态宜居理念建设家园，变生态"他律"为"自律"，努力克服传统"穷山恶水"和"畏山畏水"的建设理念，努力克服"区位劣势"之封闭环境，树立现代耕山治水理念。平原与山区发展有其功能、特色之区分，应视山水为资源，并将之努力转化为产业和财富。精神和理念之现代更新仍然任重道远。扶贫先扶智，这是重要的扶贫经验。"扶智"旨在教育。一方民性之陋习常常成为阻碍一方发展的重要力量，通过发展教育，克服区域社会故步自封的陋习才能最终实现思想解放。

发展的根本就是要树立天下为公的分享理念。什么是好？有人说，子女双全就是好。其实好有许多解读。具体问题还需要具体分析。真的好必须是适合自我的，鞋是否适合还需要自己的脚去试。真的好必须适合梅州人和自然、社会环境，照搬别地经验与做法都是会出问题的。真的好还必须能共享，正所谓"大家好才是真的好"。"五大"新发展理念强调"共享"，就是强调要"大家好"。没有"分享"就没有真正的喜悦，就没有真正的发展；没有"分享"就意味着人生的孤立与寂寞，意味着与他人的疏离和对立。真正的"分享"是指大家各自为主，各自努力，在实现思想自由、精神独立的基础上，维护社会的秩序与和谐。正如古代皇帝，占有整个世界却没有分享肯定是没有意义的，也会失去真正的乐趣，只有当他将他的人生融入广大百姓的生活，"敬天保民"，其人生格局才会高大，其个人生活才显得更加融洽和快乐，而不是寂寞难耐。

第二章　构建开放共享型产业经济生态

历史上所有国家和地区的发展都源于自立自强、努力奋斗，主观上的进取理念与客观条件的有效结合乃是改变生存与发展状态的先导性因素，撸起袖子加油干是区域发展的根本条件。

梅州要注意区域协调发展格局，要强烈重视周边经济体（国际大都会、城市群）的吸引力和经济带动性，要明白自我条件与客观环境，根据相应的资源条件，激发和增强内生发展动力，形成其经济社会发展的自循环。企业与政府都要进行自我定位并寻找到属于自己的（企业的和区域的）经济社会发展路径，积极参与相关经济体，寻求共建、共赢和发展。要打造既有持续内生动力，又能很好融入区域和周边发展的自主经济体。

本章的核心关键词是"开放共享"。作为生态发展区，梅州已经进入生态发展的新时代，它不是封闭的农耕时代，而是开放的生态时代。生态发展区历来有边缘和偏僻的区域特征，但绝不能因此成为不发展的理由。在"一核一带一区"的发展格局中，生态发展区绝不能被建设成为失去自我的"依赖性世界"。[①]

本章第一节"借鉴历史，构建崇商重企的工商业生态"，从中西方工商业发展史看，梅州在近代以来有着较强的"崇商重企"传统。第二节"建设内外相通的开放经济与社会"，主张梅州绝不能成为封闭的"桃花源"，而应当牵手近邻如潮汕等地区，融入广东整体发展中，形成地缘互补发展态势。第三节"梅州外向型经济的传统与未来发展路径"，探讨梅州经济"内向—外向—封闭"的历史变迁，及其突破时代局限的发展路径。第四节"建设资源共享的生态产业及其联动机制"，强调要明确自身资源的优势及合适的产业化发展道路。

---

① 有论者认为：1880 年时，全球体系由两部分合成，一部分是已开发的、具有主宰性的、富有的；另一部分是落后的、依附的、贫穷的，被认为是"依附性世界"，其共同特色是大众的贫穷。见 艾瑞克·霍布斯鲍姆著，贾士蘅译：《帝国的年代：1875—1914》，北京：中信出版社，2017 年，第 18 页。"依附性"绝不仅仅体现于经济贫穷，而是全方位的落后和受制约，且对此毫无办法。

第一节　借鉴历史，构建崇商重企的工商业生态

在中外历史上，工商业意识对于国家和社会经济的发展有着极为深刻的影响。重商主义在世界近代历史以及中国近代社会经济的转型中都曾经发生过重要影响。以史为鉴，"崇商重企"乃社会经济发展之重要动力，近代客家华侨商人在近代中国奠定了崇高的历史地位，当代梅州及客家社会更应当树立"崇商重企"理念，以构建新时代的工商业生态。

一、中国历代政府的抑商传统与政策

在古代中国，工商业大多时候都被视为不能创造价值甚至是徒费物力、财力的，因而不予提倡，甚至给予明确的禁止和取缔。重农抑商成为传统中国历代社会的基本政策。

1. 重农抑商的中国传统

古代中国是典型的农业社会，人们重视土地的产出而鄙视商业，手工业也不发达，只有一些手工作坊或者小矿场而已。重农抑商是中国古代各王朝的首选，崇商重企只是局部区域或者某个特定时间的例外。但这些例外的现象值得认真探讨。

耕战和中央集权是春秋战国时期的基本趋势，李悝变法、商鞅变法都实施奖励耕战政策，以农为本，以工商为末。从此后，重农抑商成为中国历代王朝最基本的经济政策。但是，商人在国家社会、经济和政治生活中起过重要的作用，典型的商人如弦高、陶朱公（范蠡）等。

秦始皇统一六国后，建立了大一统的政治与经济。他废除分封制，实行郡县制，同时还以原秦国的度、量、衡为单位标准，统一了货币和度量衡，但他坚持奖励耕战政策，继续歧视并强烈打击商人势力。《史记·秦始皇本纪》载："皇帝之功，勤劳本事。上农除末，黔首是富。普天之下，抟心揖志。"秦始皇三十三年（公元前214年），"发诸亡人、赘婿、贾人，略取陆梁地"，"贾人"与"诸亡人"与罪犯相等，以其充军对外作战。

汉承秦制。汉朝延续了秦朝的"贱商"传统，抑商成为汉初君臣的共识。西汉初年，为了恢复长期战乱造成的民生凋敝，汉高祖"乃令贾人不得衣丝乘车，重租税以困辱之"。商人及其子孙不得做官，商人要加倍缴纳人口税。汉武帝推行盐铁酒专卖等国家垄断政策，强烈打击富商大贾的势力，还实行算缗告缗政策，通过向商人征收财产税，进一步发展了汉初以来的抑商政策，使算缗告缗成为一场大规模的抑商运动。

重农抑商是历代经济的政策基调，但也存在一些"异端"思想。司马迁在《史记·货殖列传》中记载了春秋末期至秦汉的大货殖家，如范蠡、子贡、白圭、猗顿、卓氏等。《太史公自序》曰："布衣匹夫之人，不害于政，不妨百姓，取之于时而息财富，智者有采焉。作《货殖列传》。"他通过历史总结而否定了"重本（农）抑末（商）"政策。

司马迁在《史记·货殖列传》中认为："农不出则乏其食，工不出则乏其事，商不出则三宝绝，虞不出则财匮少。"他强调农工商各业各有其存在的合理性。但他又说："夫用贫求富，农不如工，工不如商，刺绣文不如倚市门，此言末业，贫者之资也。"从事农业的利润最少，也是不可能有暴利的，但商业却常常能取得极大的利润，可能是由贫到富的快捷通道。但是，对于国家来说，农业则是政权稳定和社会发展的基础。因此，国家和政府必须很好地平衡各行各业之间的利润，绝不能失去平衡。

中外闻名的"丝绸之路"，是连接中国与欧洲的商业贸易通道，形成于公元前2世纪与公元1世纪之间，是东西方之间经济、政治、文化交流的主要道路。这是中外通商和交通的重要道路，被誉为"丝绸之路"或"瓷器之路""皮毛之路""玉石之路""珠宝之路""香料之路"，等等，中外商贸往来日趋频繁，主要外销商品是丝绸和瓷器，但"丝绸之路"的发展却没能改变中国历代政府的"贱商"政策，直到鸦片战争前，工商业始终未受到政府的重视。

商人是中国历史文化中不可缺少的一部分，在老百姓生活中不可或缺，"士、农、工、商"四阶层之划分体现了社会的实际需要，也是古代身份特权社会的实际状况，商人阶层排在最后只是体现了对商人身份的轻贱。更重要的是，在古代文化中，与商人相关的用词和理念似乎都不是好的，正如论者所指出：

> 提起中国的商人阶层，自然会让人想到许多贬义的词语，如"无商不奸"、"奸诈之徒"、"不义小人"、"重利轻别离"等等，以至于外国学者得出商人是"遭到最强烈的嫉妒和误解的人"这样的感慨。①

在这种商人理念的指导下，读书自然是最神圣的，"两耳不闻窗外事，一心只读圣贤书"，而"学成文武艺，货与帝王家"，读书做官成为人生的

---

① 周大鸣、秦红增：《中国文化精神》，广州：广东人民出版社，2007年，第224页。

最高理想，整天难于着家的商人在古代自然是最不被人所认可的。

中国古代的重农抑商在 20 世纪是个重要的话题，许多学者都作过探讨。熊得山在其所著《中国社会史研究》第四章"中国史上的重农轻商"中，便以专章作了深入的探讨。① 他的结论是：

> 由秦汉以来以至现在，都是地主阶级迭掌政权，这由上述的事实可以证明，既是地主阶级掌握政权，他必然是重农（轻）商，这殆如因果律似的。当然不是说由秦汉以来，就没有商人阶级存在，是说商人阶级对于大地主立在隶属地位的，再由政治上的反证，我们也可明白，如果秦汉以来占社会重心的属于商人阶级，其政治上必然是适应于商人阶级无疑，然据上述看来，每代都是轻商贱商，每代都是重农尊孔，而谓商人阶级占社会重心的，岂有这种矛盾现象？②

作者以阶级分析法，探讨了中国古代的工商业情况，强调中国古代由地主而不是商人阶级掌权，重农轻商便成了历史的必然。

2. 否定工商的明清政府

明清时期实行严格的朝贡贸易，实质上是一种官方垄断的对外贸易，明清政府还实行海禁，不允许民众出海经商。"郑和下西洋"，庞大的舰队出洋去却并非为了经济的发展，而是为了执行特殊的政治任务。显然，古代中国政府的经济职能基本局限于"藉田"之类的劝农措施，如兴修水利、保证农时。

明朝时期，西欧已经开始进入大航海时代，逐渐走向了全球贸易。随着欧洲传教士和商人的大量东来，在西南太平洋逐渐形成了一个局部的世界性统一市场，东南沿海人民欲进入此市场中，但受到政府的压制，以至于只能以海盗的面目出现。嘉靖年间的倭寇，实则是政府禁止中国民间对外商贸发展所造成的社会动乱。隆庆开放之后，大量民众开始出海，海外华侨社会迅速形成，华侨成为开发东南亚的重要力量。

清朝政府坚持重农抑商的政策，非常重视农业而达到盛世，在工商业方面却基本上无所作为。明清时期资本主义的"缓慢发展"已经成为"共识"，是一种写进了教科书的"公论"。其实，这是极大地误解资本主义概

---

① 熊得山：《中国社会史研究》（"民国丛书"第 5 编第 61 册），上海：昆仑书店，1929 年，第 116－151 页。

② 熊得山：《中国社会史研究》（"民国丛书"第 5 编第 61 册），上海：昆仑书店，1929 年，第 151 页。

念的结果。"主义"是理想和主张，是客观见之于主观的，有着强烈的主观性。资本主义（Capitalism）的根本内容就是财产私有制，是指资本主导社会经济和政治，这是社会发展的一种模式。

在中国古代史中，所谓"资本主义萌芽的缓慢发展"，其基本内涵是："初步发展的手工作坊和工场受到封建国家的直接控制和政策限制，不能按市场需要自由发展，始终处于微利状态和较小的发展规模。"[①] 只讨论手工作坊和工场"初步发展"的生存状态，以为这就是"资本主义"的"萌芽"和"缓慢发展"，显然已经抽掉了"资本主义"所谓"主义"的本质内涵，其讨论也就失去了实质意义。

清代皇帝历来重农和劝农，主观上完全没有"资本"概念，更没有"主义"以及关于"资本"的政策内容。事实上，他们不会主动促进工商业，也不将工商业发展当回事，甚至认为海外贸易等工商业有碍其政权。

1792年，马戛尔尼使团携带着英王乔治三世致乾隆皇帝的表文来华，得知其通商等要求后，乾隆发布谕旨表明态度：

现在译出英吉利表文内，有恳请派人留京居住一节，虽以照料买卖、学习教化为辞，但伊等贸易，远在澳门，即留人在京岂能照料数千里外。至于天朝礼法，与该国风俗迥不相同……异言异服逗留京城，既非天朝体制，于该国亦殊属无谓。或其心怀窥测，其事断不可行。[②]

接着他又特别致英王敕书，对英国要求予以回绝。乾隆对于英国提出的7条要求，更是逐条批驳，其中特别强调：

天朝物产丰盈，无所不有，原不藉外夷货物以通有无。[③]

嘉庆、道光等朝继续坚持乾隆的外贸政策。1816年，嘉庆皇帝召问广东巡抚孙玉庭："英国是否富强？"孙答："彼国大于西洋诸国，因此是强国。至于富嘛，是由于中国富才富。富不如中国。"嘉庆问："何以见得？"孙说："英国从中国买进茶叶，然后转手卖给其他小国，这不说明彼富由

---

① 朱绍侯、张海鹏、齐涛主编：《中国古代史》（下册），福州：福建人民出版社，2004年，第343页。

② 秦国经、高换婷：《乾隆皇帝与马戛尔尼：英国首次遣使访华实录》，北京：紫禁城出版社，1998年，第144页。

③ 秦国经、高换婷：《乾隆皇帝与马戛尔尼：英国首次遣使访华实录》，北京：紫禁城出版社，1998年，第148页。

于中国富吗？如果我禁止茶叶出洋，则英国会穷得无法活命。"① 正是基于这种认识，嘉庆更不把英国的阿美士德使团当回事，使团万里迢迢而来，却连皇帝一面未见即被驱赶回国。② 嘉庆上谕说："天朝富有四海，岂需尔小国些微货物哉？"直到鸦片战争前，道光皇帝说："天朝天丰财阜，国课充盈，本不藉各国夷船区区货物以资赋税。"③

清政府虽不在乎欧美商人的到来，因民间商贸往来，却不得不在广州开设十三行，以集中管理对外贸易活动。十三行的存在是清政府对工商业主观认识的最好体现。

二、工商立国理念从西方传入中国

工商业的发展正是欧美大国崛起的重要而基本的手段与途径。随着西风东渐的深入，工商业的重要性也受到了许多中国人的重视，甚至被认为是中国救亡图存的基本手段，兴起了商战救国的热潮。

1. 工商立国的近代西方

从西方世界来看，重商使近代西欧出现了好几个大国、强国，近代日不落帝国的兴起和衰落与其工商业社会的发展状况直接相关。地理大发现揭开了世界一体化发展的序幕，葡萄牙、西班牙、荷兰、英国、法国等西欧列强在向外殖民扩张中，形成了西欧列强主导的世界市场。

西班牙和葡萄牙是 16 世纪世界上最强大的商业殖民帝国，是近代世界首先兴起的日不落帝国，靠的不仅仅是抢劫，还有其商业上的努力。哥伦布等探险家们前往世界各地的基本目标概括起来就是两点：一是寻找传教士，二是寻找黄金。他们通过贸易和对殖民地的掠夺，集中了世界上大多数的黄金。但是，他们重视海外贸易却不重视内部贸易和创业，不重视建立国内的企业经济体系，将海外抢来的和赚来的钱，或者用之于宗教事务，或者用于生活上的挥霍浪费，其国内经济没能形成发展态势，工业落后，国力不振，其财政也难以为继。

荷兰通过革命从西班牙获得独立。尼德兰革命的根本原因在于尼德兰地区与西班牙之间，不仅是宗教信仰上的对立，还在于两个地区之间经济类型的巨大对立。荷兰地区是当时最重要的经济领头羊，在近代金融、商业等经济中都与西班牙完全不兼容。荷兰人的商业信用体系，比如近代证

---

① 徐庆全：《出卖中国——不平等条约签订秘史》，北京：光明日报出版社，1996 年，第59 页。

② 郭福祥、左远波：《中国皇帝与洋人》，北京：时事出版社，2002 年，第 279 - 282 页。

③ 蔡美彪等：《中国通史》（第 10 卷），北京：人民出版社，1996 年，412 页。

券市场首先出现在荷兰，直接影响了近现代世界。1602 年，荷兰成立联合东印度公司，到 17 世纪中期，荷兰发展成为航海和贸易强国，被誉为"海上马车夫"。荷兰建立了全球商业霸权，其贸易额占到全世界总贸易额的一半，其商船数目超过欧洲所有国家商船数目总和。

英国成为"日不落帝国"，不仅仅由于海外殖民，事实上，内因才是起决定作用的，英国成为世界强国同样是因为国内的工商业之发达。英国通过殖民扩张取得了一定的原始积累，他们同时还高度重视在生产上的投入和创新，首先开始了工业革命，在国内形成了发展近代工业生产的制度体系，比如专利制度等，政府努力呵护工业生产，因而形成了举国重视创业的形势，成为"世界工厂"。论者认为：

> 西方经过重商主义阶段实现了工业革命，摆脱了传统的农本经济，从而对固守农本的其他国家取得了决定性的优势。这个优势是新涌现的工业世界对农耕世界的优势。①

工业革命开始了生产社会化的进程，开始了机器生产。在大规模的生产中，产量无限地放大了，其生产能力已非传统的农耕时代可以比拟，于是，市场和消费能力甚至成为比生产更加重要的一环。为了打开市场，无论企业还是政府，都努力去开拓。1792 年，英国财政赤字已达 2 亿英镑，但为了开拓中国市场，英国政府竟然拿出 7 万英镑，支持马戛尔尼使团出使中国。为了打开中国市场，竟然派出远征军，发动侵略中国的鸦片战争。

正是因为崇商重企，以资本和市场为导向的西欧社会得以迅速发展，近代西欧的"商业革命"和"工业革命"是西欧经济社会发展的根本动力。政治革命与工业革命相互促进，政治革命为其商业和企业的发达形成了政治上的制度保障，工业革命又推动其政治革命的进一步发展。西欧社会的崇商重企，推动了世界历史的发展，促成了全球化时代的到来，是全球一体化发展的重要动力。

近代西欧对世界的"创伤"也是巨大的，殖民地掠夺和奴隶贸易都是负面的，这也体现出工商业发展需要一定的运行规则，需要制度加以约束，否则，不同的工商主体之间的无序竞争必然给世界带来灾难。近代西欧各国无不通过建立海上霸权来保护外贸，而霸权的衰落也导致其工商业

---

① 吴于廑、齐世荣主编：《世界史·近代史编》（上卷），北京：高等教育出版社，2011 年，前言第 17 页。

地位的衰落。

马克思在《共产党宣言》中分析了资产阶级的特性，首先而且重点指出其将全世界卷入资本主义世界市场，"按照自己的面貌为自己创造出一个世界"。那么，资产阶级的面貌是什么？马克思强调：

不断扩大产品销路的需要，驱使资产阶级奔走于全球各地。它必须到处落户，到处开发，到处建立联系。[1]

资产阶级，由于开拓了世界市场，使一切国家的生产和消费都成为世界性的了。……过去那种地方的和民族的自给自足和闭关自守状态，被各民族的各方面的互相往来和各方面的互相依赖所代替了。[2]

使农民的民族从属于资产阶级的民族，使东方从属于西方。[3]

显然，资产阶级的历史地位在于其开拓全球市场，推动全球历史的发展，在于其通过工商经济的大发展而使世界一体化成为不可阻挡的历史趋势。

2. 商战救国的近代中国

传统中国政府抑制和打击工商业的政策，对中国的发展产生了持久而强烈的不良影响。直到晚清，中国才突破"轻商"和"抑商"的传统而兴起了"重商"思想，进而形成社会思潮。商业成为推动中国经济社会近代化的重要动力，也被赋予了"救国"的重任。此时，商业已经包含着近代国民经济体系除农业之外的领域，包括整个实业领域。[4]

明末清初的第一次西学东渐，耶稣会传教士来华传播基督教教义，同时也将近代西方学术传入中国，中国接受了近代科学技术知识。随着雍正禁教和罗马教廷传教政策的改变，西学东渐的进程被打断了，中国仍然保留着旧的传统。鸦片战争后开始的第二次西学东渐，跟随着英国坚船利炮而来的商人，让清政府充分认识到西欧人的重商行动和思想，清廷上上下下都以为，英国人来华就是为了通商而已。而通商在他们看来只是小事

---

① 马克思、恩格斯著，中共中央马克思恩格斯列宁斯大林著作编译局编译：《共产党宣言》，北京；人民出版社，2014年，第31页。

② 马克思、恩格斯著，中共中央马克思恩格斯列宁斯大林著作编译局编译：《共产党宣言》，北京；人民出版社，2014年，第31页。

③ 马克思、恩格斯著，中共中央马克思恩格斯列宁斯大林著作编译局编译：《共产党宣言》，北京；人民出版社，2014年，第32页。

④ 韩小林、魏明枢等：《粤东客家群体与近代中国》，广州：广东人民出版社，2014年，第129－130页。

072

情，鸦片战争前林则徐仍然坚持"轻商"传统，说："我中原数万里版舆，百产丰盈，并不藉资夷货。"

咸丰十年十二月初三日（1861年1月13日），恭亲王奕䜣等奏请设立总理各国事务衙门（简称"总理衙门""总署""译署"）："京师请设立总理各国事务衙门以专责成也。"① 其"专责"之意在于综理外务，实乃近代民族国家之外交部，体现出中国向近代民族国家的转型。但是，初十日谕内阁："京师设立总理各国通商事务衙门，著即派恭亲王奕䜣、大学士桂良、户部左侍郎文祥管理，并着礼部颁给'钦命总理各国通商事务关防'②"，特意加上"通商"二字，显示出对于"总理各国事务"的不认同。经辩论，到同治元年二月（1862年3月）清廷才批准成立总理各国通商事务衙门。在总理衙门成立过程中，面对列强的侵略，清廷内部对列强与中国的关系作了重新的认识和评价。

其一，清廷最高当局以为总理衙门只是临时设立以打理与列强的商业纠纷而已，商业显然未受到足够的重视，清廷以为"商"不会影响国祚。

其二，以曾国藩为代表的洋务要员们则提出了"商战"的主张。同治元年（1862），他在致湖南巡抚毛鸿宾函中说：

> 至秦用商鞅以耕战二字为国，法令如毛，国祚不永；今之西洋以商战二字为国，法令更密于牛毛，断无能久之理。③

这是近代最早提出"商战"一词，与"耕战"相对应。虽然曾国藩无论"耕战""商战"皆不认可，但"商战"一词一经提出便传开了，以为此乃时代特征的概括。光绪四年（1878），御史李璠奏折中概括为"商鞅以耕战，泰西以商战"④，更加明确了两个时代的主题。列强之间的冲突及其对中国的侵略，确立了"战"的时代内涵，其不同在于："耕战"是传统农耕时代里的特征，有耕才能形成稳定的内部社会；"商战"则是资本时代里的特征，有商才能富，才能强，然后能够保证国家的存在与发展壮大，"商战"之实质就是以霸权保障国家的强大。

在"商战"思想的指导下，曾国藩等洋务要员开始主持和主导了洋务

---

① 中国史学会主编：《洋务运动》（第1册），上海：上海人民出版社，2000年，第6页。

② 中国史学会主编：《洋务运动》（第1册），上海：上海人民出版社，2000年，第10页。

③ 《曾文正公书札》（卷十七），第44页。转引自王尔敏：《中国近代思想史论》，北京：社会科学文献出版社，2003年，第202页。

④ 中国史学会主编：《洋务运动》（第1册），上海：上海人民出版社，2000年，第165页。

运动。随着洋务运动的发展，产生了一批著名的近代商人、资本家，如胡雪岩、盛宣怀。一部分买办商人在条约口岸中出现，如唐廷枢、郑观应等。与此同时，在东南亚等西方殖民地中产生了一批华侨商人，如张弼士、张榕轩等。这一代中国商人，"初则学商战于外人，继则与外人商战，欲挽利权以塞漏厄"①。

随着近代工商业的发展，工商业在国民经济中的比重逐渐增加，"重商"开始取代传统的"轻商""贱商"。随着列强入侵的深入，商战已经成为对付列强的基本认识。商和战的结合愈益受到重视，"商战"思想逐渐汇聚而成为一股重要的社会思潮。买办商人出身的郑观应在《盛世危言》一书中以"商战"为题予以专论，成为"商战"论的大家。论者认为："中国近代商务思想醒觉之先知，郑氏当为首要前驱。"②

甲午战争后，清政府内部在对战争的反思中，提出铁路等乃"国防工业"，应当给予优先发展，进而对近代工商业建设有了更多的关注，特别是在创办近代工商业之时已经充分认识到民族资本家的地位而强调"商办"。就在这种背景下，商人势力在中国政治、经济和社会等领域中全面增强。到了20世纪初清政府实施新政时期，随着清政府工商业政策的近代化，清政府成立了专门管理近代工商业的机构——商部和农工商部，成立了管理近代工商业的重要机构——邮传部，商人和商业在中国社会政治与经济生活中受到了高度的重视，盛宣怀、张謇和客家著名侨商张弼士等许多大商人都进入了清政府的高层。

从此，中国社会初步在理念层面得以进入工商业时代，进入市场经济时代，工商业日益成为中国最重要的经济领域；逐渐地，偏僻的乡村也都能够认识到工商业的重要性。与此同时，中国涌现出一批深信并努力践行"实业救国"的民族工商业家。言夏选取了影响近代中国的十位商人，以其为"国商"；③傅国涌则遴选了"代表了中国前所未有的新式工业和精神面貌的民营企业家"中的六位，视其为"大商人"。④ 在当今重商时代，近代中国产生的企业家及其精神，值得深入挖掘和弘扬。

三、崇商重企的创业理念已经成为时代浪潮

改革开放以来，伴随着社会主义市场经济的建立与中国经济的崛起，

---

① 郑观应：《覆考察商务大臣张弼士侍郎》，夏东元编：《郑观应集》（下册），上海：上海人民出版社，1988年，第620页。

② 王尔敏：《中国近代思想史论》，北京：社会科学文献出版社，2003年，第204页。

③ 言夏：《国商：影响近代中国的十位商人》，北京：当代中国出版社，2008年。

④ 傅国涌：《大商人：影响中国的近代实业家们》，北京：中信出版社，2008年。

自主创业已受到了高度的重视。2014 年 9 月，李克强总理在夏季达沃斯论坛上提出掀起"大众创业""草根创业"的新浪潮，形成"万众创新""人人创新"的新势态，"大众创业、万众创新"被写进 2015 年《政府工作报告》。崇商创业已经成为当代中国的基本理念。

1. 鼓励创业的当代崇企思潮

"贱商""抑商"是传统中国历代政府提倡的政策导向，由此形成了深厚的小农经济及其文化传统。在这种文化氛围中，人们以市场为中心进行创业的意识薄弱。对农民而言，生产自然是分散的，也不是为市场而生产。他们缺乏市场观念，感受不到市场的存在，也就不可能进行商品生产。因此，在当下农村，培育农民的市场意识和观念，崇商重企，然后才能消灭小农意识，形成新的市场经济。

改革开放 30 多年后，随着经济的发展，大量企业随之产生。按照 2013 年底国家统计，中国有 1 500 多万家企业，其中 1 100 多万家企业是小型和微型企业。加上个体工商户，小微型企业占到企业总数的 94%。[①]在这种经济背景下，中国形成了尊重实业的氛围，形成了崇拜企业家的社会思潮：

目前中国社会呈现出一种与日俱增的趋势：企业家崇拜。近年来，随着私企影响力日增和政府鼓励创业，中国社会对成功企业家的兴趣亦日趋浓厚。

商人并非一直受到中国社会推崇。他们曾遭受鄙视，中国甚至有"无商不奸"的俗语。改革开放后，最初从商的人往往是那些找不到其他工作的。彼时，人们还认为企业家们"大腹便便"、"满嘴金牙"。

此后，中国民众对他们的印象彻底改变，且越来越正面。4 月份的调查显示，约 40% 受访者认为企业家具有领导才能。37% 说企业家有远见，36% 觉得他们勤劳。当当网图书业务部门负责人表示，去年该公司的企业家类书籍销量较前年激增 50%。今年上半年，增长 20%。[②]

做实事乃社会发展的根本，"实学"和"实业"才是社会发展的基础。

---

① 高建初：《我国中小企业的生存状况与发展趋势》，中国衡器网，http：//www. weighment. com/newsletter/year2014/m6/2196. asp。

② Alice Yan 撰，王会聪译：《港媒：中国兴起"企业家崇拜"》，《报刊文摘》，2015 年 7 月 15 日，第 2 版。《中国兴起的"企业家崇拜"正在鼓励更多人创业》，（香港）《南华早报》，2015 年 7 月 13 日。

现代社会的发展需要整个社会实实在在的付出，"实学"需要教育的发展，"实业"则需要企业家的努力。"实业"创造真实的财富，"实学"产生真才，"实业"和"实学"才有未来，从事"实业"和"实学"者才是未来中国社会里的主角。

尽管中国社会至今仍存在大量的草根企业家，他们因为赶上了好时代，通过自己的努力而发家致富了，但他们确实需要转型升级了。随着改革开放后受过更多教育的新一代企业家的兴起，中国的企业家值得期待。中国兴起的"企业家崇拜"正在鼓励着更多人创业，"大众创业，万众创新"的时代已经来临。

毛泽东说，"人民，只有人民，才是创造世界历史的动力"①，"群众是真正的英雄"②。他历来重视人民群众的无限创造力。历代民众对于工商业的追求虽自觉性不强，却是非常自然的。他们的行动表明，政府不仅要强力主导实业的发达，而且要充分重视老百姓的创业精神，放松限制，大力激励，这才是真正重视人民群众创造历史的精神，才是伟大中国强大起来的根本力量。

19世纪中期，美国来华传教士卫三畏在其名著《中国总论》中，曾谈到太平天国运动失败的原因："当时中国很多人狂热地支持这一场政治革命是不符合逻辑的，因为太平天国革命的口号是片面的，中国的问题在于下层民众，而不在于政府，改变统治者仅仅是改朝换代。"大一统政治下的传统中国缺乏现代民主精神，更多的是"家长制"。当代中国的伟大复兴，民众的创新和创业是十分重要的。

2. 崇商重企时代已经来临

社会存在决定社会意识，思想总是反映人类社会的客观生活，"崇商重企"理念也是源自生活。无论东方还是西方，商和企都是必然需要存在的，是人类文明生活的基本内容。

从东方的情况看，"由于大陆民族的生存对农业的依赖，中国传统的价值观念仍有明显的重农轻商的倾向，认为'力田为生之本也'（《汉书文帝纪》），'工商众则国贫'（《荀子·富国》）"③。但是，"工商业文化作为农耕经济的补充在中国古代也曾有一定程度的发展"④。

---

① 毛泽东：《论联合政府》，《毛泽东选集》（第三卷），北京：人民出版社，1991年，第1031页。

② 毛泽东：《"农村调查"的序言和跋》，《毛泽东选集》（第三卷），北京：人民出版社，1991年，第790页。

③ 徐行言主编：《中西文化比较》，北京：北京大学出版社，2004年，第43页。

④ 徐行言主编：《中西文化比较》，北京：北京大学出版社，2004年，第43页。

从西方的情况看，古希腊、古罗马因其自然环境和条件，"可以说以橄榄油、葡萄酒的制造和制陶、纺织业为基础产业，不断通过海上的贸易和殖民向外开拓和发展，这些希腊式的经济结构正是对早期爱琴海文明的直接继承"①。而"希腊化世界的罗马帝国不仅全面继承了希腊文明的经济模式，而且将它扩散到欧洲大陆中西部的广大地区和不列颠群岛，从而为近代西方工商业文明的崛起奠定了坚实的基础"②。

工商企业在农耕经济中是作为补充存在的，但在工业文明中却是实实在在的主体。农业革命后进入农耕时代，存在农耕文明；工业革命后则进入工业时代，存在工业文明，这都是明确的历史发展和演变。既然要从农耕时代迈向工业时代，则工商企业的存在和发展也是必然的，树立崇商重企的理念，积极参与工商企业的经济发展，这才是现代生产和生活的基本内容，需要给予足够的重视。

探讨崇商重企理念并非为了评判生活和生产方式的高低，而是为了认识一个社会，认识一个时代，通过了解时代变迁而理解历史发展的大势，避免因循守旧，解放思想，与时俱进。崇商重企是一个时代生产和生活的基本理念，我们已经来到了这个时代，便需要给予更好的理解，有效地融入其中。

山东济宁市市长梅永红选择辞官转而加盟华大基因，出任深圳国家基因库 CEO（负责人），③ 这起辞职事件被舆论热议，《第一财经日报》发表社论认为："一是因为梅永红的厅官身份，二是因为这位市长离任前，发了一番薪水太低的感慨。"社论还指出：

近两年内，官员离职数量比之过往的确增多。梳理原因，或是因为这样两个背景：一是中央从严治吏、严厉反腐；二是市场的吸引力在上升。

从全局角度说，社会精英无论在体制内外，都可以为社会作出贡献，这并无疑问。但是，如果体制被固化，只能进而无法出，或体制内人士都不愿走出，则体制容易走向僵化。一个社会的进步，需要不同领域的人才共同发力。毕竟，今天更稀缺的，是敢于打破体制束缚的企业家精神。

更多官员若愿意走出"官衙"，我们不妨将之理解为一种进步。这是

---

① 徐行言主编：《中西文化比较》，北京：北京大学出版社，2004 年，第 47 页。
② 徐行言主编：《中西文化比较》，北京：北京大学出版社，2004 年，第 48 页。
③ 马芳：《济宁"辞职市长"梅永红加盟华大基因》，《南方日报》，2015 年 9 月 10 日，第 A11 版。

社会人力资源的重新分配，也意味着有更多的自由与空间提供给各种社会力量。①

"日本企业之父"涩泽荣一创建了株式会社这种日本现代企业制度，一生参与创办了包括东京证券交易所在内的超过 500 家企业，奠定了日本实业经营的思想基础。他当年辞官经商之模式，难道会在如今的中国重现？在感叹"市长辞职何时不是新闻"之时，有人则认为"不妨理解为一种进步"。②无论如何，官员辞职去搞技术、从事实业和实学在当下的中国是极为难得且具有重要的风向标意义。这一方面表明工商企业的创业和发展已经受到了充分的重视，另一方面则是公务员离职现象增多，或许昭示中国的崇商重企时代确实已经来临。

四、走向崇商重企的梅州社会

地处东南沿海山区的梅州，重视耕读是其社会的基础，但在历史上，也不乏工商业的发展。作为全国重点侨乡，梅州有着浓厚的华侨氛围，因而较早形成其重商风气，从"耕读经济"走向"商品经济""侨乡经济"。

1. "耕读经济"：唐朝—明朝

唐朝时期，梅县水车瓷成为海上丝绸之路上的重要商品，成为中国重要的出口商品。论者甚至因此认为，梅州是古代海上丝绸之路上的重要起点。③宋朝时期，梅州开始产生海外移民。但是，唐宋时期的梅州地广人稀，人们生活相对较易，于是人们以读书为本，从事科举。故宋人（方渐）"尝谓梅人无植产，特以为生者，读书一事耳。可见州士之喜读书自宋已然"④。

直到明初，梅州有了较大的发展，但仍然是闽赣客家地区人口的重要迁入地。来自闽赣的这些人，初来时或者经商，或者佣工，或者垦荒。显然，这些人并非身份高贵，他们都崇尚耕读传家。五华县大田镇张氏的开基始祖张洪恩，生于元末甲辰岁（1364），由福建省武平县徙居长乐县（今五华县）。张洪恩最初欲继父志读书出仕，但因战乱而以商贩为生，然

① 《市长辞职何时不是新闻》，《第一财经日报》，2015 年 9 月 8 日"社论"。
② 《市长辞职：不妨理解为一种进步》，《报刊文摘》，2015 年 9 月 11 日，第 2 版。
③ 刘向明、吴小奎：《梅州是海上丝绸之路的重要起点》，《梅州日报》，2015 年 1 月 21 日，第 8 版。
④ （清）温仲和纂：《光绪嘉应州志》（卷八），台北：成文出版社，1968 年，第 125 页。

后来到五华经商，认为这里比较好谋生，"好田地去处"较多，因而决定在五华做"生理"，然后入赘徐家，继承其祖业，"此后不事商贾，专以耕牧为营业"，而其后代"男督以耕读，女训以纺织"，其人生追求的目标是"读者成名，耕者成家"。① 显然，明初客家已经有了较大的发展，虽不排斥商业，商业却不是社会所崇尚的人生追求，只属于下层民众不得已而从事的营生而已。

明朝时期，梅州已逐渐成为人人向往的"乐土"，与此同时，其民间贸易也开始急剧发展，海外移民现象显著增多。明朝中后期，由于政府的垄断，民间的海外贸易往往只能以武装海盗的面目出现，如被称为"岭东三饶寇"的饶平县人张琏、大埔县人萧晚（雪峰）和程乡县（今梅县）人林朝曦，等等，他们既被称为"山寇"，与"海盗"关系紧密，本来都是农民，② 而寇、盗、商三者常常是同一的，"市通则寇转而为商，市禁则商转而为寇"③。

2. 商品经济理念的强化

清前期梅州的经商意识更加深厚了。清前期，大埔士子都有关于商人的劝诫诗，由此可以推知当时经商风气之浓厚。晚清著名外交家何如璋的族兄何探源，生于清嘉庆二十二年（1817），道光二十三年（1843）癸卯中举人。咸丰九年（1859）己未登进士，授翰林院庶吉士，同治元年（1862）任韩山书院主讲，他曾有诗《走川生——惩民生之逐末也》，诗曰：

走川生，走何处？不是吴越即晋豫。昔恃刀尺今权衡，本薄利厚甘长征。戈戟如山等儿戏，大狱曾兴广福寺。昔贪利厚行险为今苦，利薄舍此将安归。罂粟花红遍山泽，家家世业成长策。剖胎先自混鱼珠，出箧那能分燕石。聚如蝇营走兔狡，梦梦此生索温饱。体孱力弱无一钱，欲返乡国嗟流连，窃恐化作松楸烟。讵无获利手悖入出难，持久或有捆载还。田宅

　　① 《张氏（五华）大田洪恩公源流·始祖洪恩公暨徐太夫人行状》，转引自张福如：《明初社会生活的客家图景——以张洪恩张慎父子行状的叙述为例》，《嘉应学院学报》2015年第4期，第1-2页。

　　② 戴裔煊：《明代嘉隆间的倭寇海盗与中国资本主义的萌芽》，北京：中国社会科学出版社，1982年，第18页

　　③ 许孚远：《疏通海禁疏》，转引自杨国桢：《十七世纪海峡两岸贸易的大商人——商人Hambuan文书试探》，《中国史研究》2003年第2期，第169页。

转瞬他人有，可怜为商不列四民内，未不可得本先害。①

何诗虽为"惩民生之逐末"，但显然是因当地经商风气逐渐浓厚的反映。后来，何如璋家族经商者颇多，生意越做越大。"廪贡生"陈兆荣则有《劝息械斗歌》，同样反映了当地浓厚的经商风气，诗曰：

劝尔农家子，孝弟勤力田。劝尔商与贾，重义轻银钱。在乡能正俗，在国斯称贤。君子树坊表，小人从变迁。由兹斗风息，永享升平年。②

产生于19世纪末20世纪初的光绪《嘉应州志》，对侨与商的记载颇多，体现出对于时代变迁的敏感和自觉。主编温仲和认为，清前期梅州商人已经发展得很好，他在复黄遵宪信中说：

昨奉手教……又谓乾隆中叶以前，无以商业致富者，亦恐不然（阙里吴开仁公经商汉口，闻过山带二十余万），但当时内地经商无若今番客之局面，然以其时产业言之，则当时十万抵今之百万也。李直简公名椅，人物有传，二何太史之侄。二何太史之田不下于直简公，闻父老说其子孙某某卖田，以写契为苦，用刊板誊之，至今松口犹有此说。③

显然，由于传统抑商政策等原因，民间商人的存在常常遭到忽视，以致缺少对他们的历史记载。但温仲和举例说明了清前期梅州商业之盛。事实上，乾隆时期的罗芳伯和嘉庆朝的谢清高，都是青史留名的梅州商人。其中，罗芳伯在坤甸的创业则是客家华侨社会形成的重要标志。

3. 晚清侨乡经济的形成与发展

鸦片战争后，清政府开放海禁，出洋过番去谋生的梅州人更多了，取得成功者也增多了，著名华侨商人张弼士便以《史记·货殖列传》为借鉴缔造了商业王国。随着清政府华侨政策的转变，华侨与故乡的联系逐渐紧

---

① 何探源：《走川生——惩民生之逐末也》，潮州市地方志办公室编印：《古瀛志乘丛编·（清·乾隆）大埔县志》附（清·同治）张鸿恩纂修《大埔县志》卷十八"艺文下""诗艺文续志"第4页，"潮内资出准字第190号"，2013年，第48页。

② 陈兆荣：《劝息械斗歌》，潮州市地方志办公室编印：《古瀛志乘丛编·（清·乾隆）大埔县志》附（清·同治）张鸿恩纂修《大埔县志》卷十八"艺文下""诗艺文续志"第7页，"潮内资出准字第190号"，2013年，第49页。

③ 温仲和：《求在我斋集》，见郭真义：《晚清粤东客籍诗人群体研究》，北京：当代中国出版社，2004年，第176页。

密，梅州逐渐成为中国重点华侨之乡。许多华侨先在家乡做着小生意，等有了一定累积之后才走出家乡而致富，比如著名的梅县华侨张榕轩在出国谋生之前便是在松口墟做着小生意。梅州华侨在海外努力创业，对故乡的影响也逐渐深入，梅州的商业意识愈发浓厚。

20世纪初年，张弼士向清政府提出了设立商部以领导中国商人与列强进行"商战"的主张，提出中国要通过"招商"以设立公司，以大力发展农、工、商业，这实际上就是生产市场化和企业化。这些主张大多被正在开始转向重商以发展经济的清政府所采纳。张弼士和张榕轩等客家华侨还是晚清著名的"招商"能手，他们因深受清政府的重视而被赋予招商以发展中国经济的重任，由于其招商工作是如此出色而屡受清政府的嘉奖。

以耕谋生和以读谋生（指从事科举业，或者教书，或者参与科举后当官），这是梅州人在传统社会的基本出路。明清以后，特别是乾隆之后，梅州社会逐渐从"耕读经济"走向了"侨乡经济"，依靠华侨出外打工，梅州已经以东南亚等地为"外府"，华侨在海外打工和经营小生意所赚之钱，成为近代梅州最重要的经济收入。在此进程中，崇商重企理念逐渐形成，创办近代工商企业的梅州人在中国社会的影响逐渐增强，奠定了客商在近代中国的社会地位和历史影响。

就如两地的学风相通一样，梅州与潮汕崇商风气也是相通的。嘉应州之学风，大多推及唐朝韩愈之刺潮劝学：

> 昌黎韩文公刺潮，置乡校，延赵进士为师，出己俸收赢余，以给学生厨食。其时，风声所树，兴学劝善，民风丕变，故苏文忠谓："自是潮之士皆笃于文行，延及其齐民至今，号称易治。嘉应，本潮属也，古为程乡，义化之风濡染，尤切先儒。"陈白沙《学记》谓："程乡风俗，善多而恶少，其由来久矣。我国家文教覃敷，百余年来，仁义之所渐靡，礼乐之所陶淑，沦肌浃髓，无间幽遐。嘉虽僻壤，犹是声教之区，乌在不足微道，一同风之盛哉。"[1]

张弼士不仅被视为客商典范，还被视作潮商代表，[2] 成为两地共同的典型人物。但就今天的情况看，一般认为，梅州人更加重视做官，重视官场；而潮汕人的商业意识更加浓厚，做生意的人更多且生意做得更好，还

---

[1]　程志远等整理：《乾隆嘉应州志》（上册），广州：广东省中山图书馆古籍部，1991年，第44页。

[2]　林济：《潮商》，武汉：华中科技大学出版社，2001年。

因其商业能力而被誉为"东方犹太人"。在历史借鉴中，在横向的比较中，梅州应当更加重视崇商重企意识，进而构建适合梅州的产业生态。

第二节　建设内外相通的开放经济与社会

生态发展区乃"一核一带一区"格局的重要组成部分，绝不能被单独拆分开来，其建设主体必定是当地政府与民众，且需要实现发展三大格局的"共商、共建、共享"，形成开放共享的现代经济社会。

生态发展区绝不是"桃花源"型的世界，而是经过现代化转型的桃花源式的生活方式与生态环境；生态发展区需要控制一定的人口容量和消费量，控制人类对自然环境的掠夺以保障其可持续发展。建设生态发展区要积极树立内外相通、以我为主的对外产业意识，无论开放还是合作，都要形成并保持区域的独立主体特征。

生态发展区的发展需要共商共建共享的良好外部环境，构建开放共享的经济社会是其内在应有之义。生态发展区有其独立功能定位，但绝不是封闭的，其存在与发展需要良好的外部辅助条件，但绝不能成为依附和依赖型的社会。

一、生态发展区与"桃花源"之区别

生态发展区的所有发展都不能建立在"桃花源"理念上，发展区绝不是封闭的世界，不可能建立在自给自足的只有农业经济的基础上。生态发展区是生态文明时代的产物，需具有内外良好的经济与社会对流与循环。

1. 桃花源乃农耕时代的产物

土地平旷，屋舍俨然，有良田美池桑竹之属。阡陌交通，鸡犬相闻。其中往来种作，男女衣着，悉如外人。黄发垂髫，并怡然自乐。（晋·陶渊明《桃花源记》）

在历来广为传诵的陶渊明式桃花源里，社会秩序俨然，人民生活富足，祥和逸乐，体现了古代小国寡民的传统农耕文明气派，显失当代生态文明社会内涵。无论是喜欢繁华大都市的年轻人，还是老年人，都难安心于此等传统世界中。桃花源里内部世界之保持，显然源于其完全属于一个没有外部的封闭世界：

自云先世避秦时乱，率妻子邑人来此绝境，不复出焉，遂与外人间隔。问今是何世，乃不知有汉，无论魏晋。（晋·陶渊明《桃花源记》）

"桃花源"的形成原因是"避秦时乱"；其所处乃"绝境"，即人迹难以到达而内外不相通的世界；最大的问题是"不知有汉，无论魏晋"，也就是根本不知道时代变迁，其实质就是封闭而没有发展与进步。陶渊明叙述桃花源之寓意是为了表达其与世无争而无忧无虑的美好意愿，但其现状根本就是有意或无意地固守过去，完全停留于传统农耕时代里，根本不是生活在当代。

生态发展区看似小国寡民，犹如世外桃源，是"天人合一"的生态世界，在根本上却应是富有现代文明气息的人间仙境。生态发展区已是现代化的"社会"，已经走进了现代工业文明、生态文明时代。

诚然，桃花源本就是农耕时代的理想社会，此乃其所处时代的最高情怀，笔者并不苛责古人，但一个时代必有一个时代的境界，绝不能继续"人心不古""今不如古"的传统理念。生态发展区的构建与发展要让人（社会）与自然一起走出传统，进入现代。生态发展区绝不能停留在传统而没有未来。任何传统的保存如非遗等都不是为了停留于过去和现在，而是有着强烈的未来预期。

2. 生态发展区是个内外相通的统一世界

"桃花源"因其封闭而成无污染的生态世界，或谓"渔人"之来可视为污染，又谓，因其"路绝"而恢复其生态世界。良好生态的保护乃因其"与外人间隔"？毫无疑问，封闭必然"单纯"，却难以发展。

改革开放之初，邓小平说："打开窗户，难免飞进几个苍蝇"，却仍坚持"打开窗户"而不怕"飞进几个苍蝇"。同理，保护良好生态并非断绝内外相通，内外不通的封闭世界很难实现其现代发展。

全球化发展已经将世界各地紧密连接为全球村。一条河流的上下游，或者同处一条大山脉的相邻地区，其经济社会和文化有着强烈的相似性，其现代分工必将突破封闭，将相互紧密关联而难于区分。生态发展区既要坚决突破自我封闭，也要千方百计突破外来围堵，构建内外世界的共享性发展。

生态发展区的内部与外部世界紧密关联，其外部世界有其对于生态发展区提出自我要求的权利，生态发展区同样有对于区外世界提出自我要求的权利。事实上，生态发展区内外部世界应当是互相依存的统一整体。内外相通，和谐共处，共商共建，开放共享，这才是生态发展区应有之义。

生态发展区的设立就是要与外部相应区域形成相应的功能分区。建设生态发展区、北部生态保障区，这是梅州等广东北部山区的基本定位，其基本含义的关键词就是"保"，意即保障全省的安居生活，保障全省的绿色发展，等等。珠三角核心区、沿海经济带需要广东北部山区保障其发展的外部生态环境，这是追求内部发展与外部生态的内外统一。生态发展区本身的存在正是以其他区域功能的存在为前提的，开始设立的根源在其外部，而不是由于其内部自觉的结果。

生态发展区同样应当有着良好生态发展的自律，但仅仅强调"保"生态显然是不够的，还要"保"内部民众的生活，应当追求保持生态与实现发展之统一。保护不等同于不开发，不等同于回到原始生态，这是"天人合一"的区域，是人与自然的和谐统一，是宜居家园。

与此同时，生态发展区还应当有着构建良好外部环境的自觉。区域经济社会的现代发展必定是开放型的，现代经济是开放的市场经济，社会主义市场经济必然是开放性经济。生态发展区要构建其内部产业的"外需"市场，开放必须成为生态区内部经济社会发展的基本特征，其发展不可能封闭起来。"不识庐山真面目，只缘身在此山中"，开放还有助于生态发展区更好地认识自我，有助于强化生态发展道路的自我认知。

历史上，开放对中国人印象是如此深刻。近代中国因闭关自守而落后挨打，40年的改革开放让中国发生天翻地覆的变化。陈志武教授强调，改革开放让中国乘上了全球一体化发展的经济规则体系的春风，认为晚清政府即使开放也没有全球体系。如今，"创新""协调""绿色""开放""共享"已经成为科学发展新理念。打开家门迎客来，共享美好生态、生活，"一体化"发展已经成为全球主流，"独占"和"封闭"必然难以走出困境。

二、融入广东整体发展及城市化进程

梅州是广东后发地区，其"区位"显然不具有先天优势，但无论"优势""劣势"，总要发展，其所谓的优劣便不能被强调，而是成为问题的先导——区域发展必先有自知之明，并对此提出合理的建设措施和对策。

1. 在坚持新发展理念中融入粤港澳大湾区建设

广东经济发达，发展却极不均衡。珠三角非常富裕，北部山区经济却长期落后。经济的不平衡发展格局成为广东多年来努力探索和解决的大问题。中共十九大报告强调要"贯彻新发展理念，建设现代化经济体系"，其中突出强调要"实施区域协调发展战略"：

实施区域协调发展战略。加大力度支持革命老区、民族地区、边疆地区、贫困地区加快发展……创新引领率先实现东部地区优化发展，建立更加有效的区域协调发展新机制。以城市群为主体构建大中小城市和小城镇协调发展的城镇格局，加快农业转移人口市民化……以共抓大保护、不搞大开发为导向推动长江经济带发展。①

粤东北的梅州是广东经济最不发达的地区，是广东的"革命老区""边疆地区"和"贫困地区"。梅州是全国五个之一、广东唯一全域均属原中央苏区的地级市。显然，梅州属于"加大力度支持"的重要对象。对于梅州来说，发展仍然是第一要务。中共十九大报告强调：

发展是解决我国一切问题的基础和关键，发展必须是科学发展，必须坚定不移贯彻创新、协调、绿色、开放、共享的发展理念。必须坚持和完善我国社会主义基本经济制度和分配制度，毫不动摇巩固和发展公有制经济，毫不动摇鼓励、支持、引导非公有制经济发展，使市场在资源配置中起决定性作用，更好发挥政府作用，推动新型工业化、信息化、城镇化、农业现代化同步发展，主动参与和推动经济全球化进程，发展更高层次的开放型经济，不断壮大我国经济实力和综合国力。②

085

十九大报告关于"坚持新发展理念"的论断，应当成为指引梅州发展的基本思想，必须以此为指导，积极探索适合梅州经济发展的道路和手段。对于梅州来说，必须清晰地认知自我，必须积极发挥"政府"和"市场"两方面的作用，合理认知"公有制"和"非公有制"在发展进程中的地位和影响，积极融入和优化区域发展格局，积极推进新型城镇化，努力探索"以城市群为主体构建大中小城市和小城镇协调发展的城镇格局"。

不同地区经济和产业有其相应的经济传统和自然条件，面对激烈的市场竞争，为实现共同的经济利益而形成了经济共同体或经济合作团体。经济体意味着各行业、部门和产品的相互依存，各产业之间的相互依赖，其内部也常常采取统一的货币与财政政策，既能减少内部障碍，也能共同面对困难与问题，实现共同发展。开放发展是不同经济体相互依存的必然。

① 习近平：《决胜全面建成小康社会 夺取新时代中国特色社会主义伟大胜利——在中国共产党第十九次全国代表大会上的报告》，北京：人民出版社，2017年。第32－33页。
② 习近平：《决胜全面建成小康社会 夺取新时代中国特色社会主义伟大胜利——在中国共产党第十九次全国代表大会上的报告》，北京：人民出版社，2017年。第21－22页。

经济体具有强烈的吸引力，对周边区域能够形成强烈的带动作用。由七国集团（G7＋1）到 G20（二十国集团）的演化，便体现了新兴经济体与发达经济体之间合作的加强和当今世界各国家之间相互依赖的不断加深和强化。各个国家内部也经常根据其区域发展而形成相应的区域经济体，比如粤港澳大湾区、环渤海经济带、长江三角洲经济区，等等。

粤港澳大湾区（9＋2）包括香港、澳门和广东省广州市、深圳市、珠海市、佛山市、惠州市、东莞市、中山市、江门市、肇庆市，总面积 5.6 万平方公里，2017 年末总人口约 7 000 万人，是我国开放程度最高、经济活力最强的区域之一，建设粤港澳大湾区是新时代推动形成全面开放新格局的新尝试，具有对周边地区强烈的辐射作用，粤、桂两省的邻近地区都积极谋求融入大湾区发展。

2019 年，中央先后印发《粤港澳大湾区发展规划纲要》和《关于支持深圳建设中国特色社会主义先行示范区的意见》，广东省被赋予新的历史使命，迎来新的发展机遇。2020 年 1 月 14 日，广东省省长马兴瑞在广东省第十三届人大三次会议上作省政府工作报告时表示，广东正迎来"双区叠加"的重大历史机遇：

> 深入推进粤港澳大湾区建设，支持深圳建设先行示范区和广州实现老城市新活力，加快构建"一核一带一区"区域发展新格局。充分释放"双区驱动效应"，发挥广州、深圳双核联动、比翼双飞的作用，牵引带动"一核一带一区"在各自跑道上赛龙夺锦，形成优势互补、高质量发展的区域经济格局。

"一核一带一区"的发展格局和"双区""双核"支点的辐射效应，对于粤东西北的发展必定具有强烈推动作用。对于十九大提出的"城市群"，广东曾经推动广佛全域同城化、广清一体化以及广佛肇、深莞惠、珠中江三大都市圈建设，支持汕头、湛江建设省域副中心城市。2020 年广东提出"双核＋双副中心"四轮驱动发展。城市及其集群都是相对独立而重要的经济体，对经济与社会发展具有非常明显的带动作用，必须有效利用其辐射和带动作用。

根据广东省住房和城乡建设厅、广东省发展和改革委员会关于印发《广东省新型城镇化规划（2016—2020 年）》的通知，梅州定位为 50 万～100 万人中等城市，与汕头、潮州和揭阳市共同形成粤东城市群，梅州主城区作为地区性主中心，纳入区域性主中心汕头主城区。结合国家海峡西岸城市群规划，加快建设粤东城市群，推进汕潮揭同城化发展，形成多中心、网络化的都市区格局；促进梅州市融入汕潮揭城市群，培育辐射带动粤东北、赣东南和闽西南地区的重要增长极。这是梅州作为区域协调发展的基本定位。

2. 积极推进梅州的新型城市化建设

城市的出现是人类文明的重要标志。城市是人类的聚居与商贸中心，包括"城"和"市"两大部分。城市化（城镇化）则是指以农业为主的传统乡村社会逐渐向以工业等非农产业为主的城市社会的转变过程。城市化是工业革命的产物，它带来了人口和资源向城市的集中，其影响深远，极大地改变了人类社会的生产和生活方式。

城市化已经成为区域发展的重要手段与途径。梅州的城市化及其发展是梅州发展道路上的根本问题，是其未来发展的总体性问题。根据梅州的区域特征及其城市等级与定位，梅州城市化发展有必要在梳理历史发展进程的基础上，进一步厘清其发展路径。

（1）城市等级及其资源配置。

中国改革开放以后，大量农民工流向城市，加快了城市化（城镇化）进程。据《2012中国新型城市化报告》，2012年中国城市化率突破50%，中国城镇人口首次超过农村人口。2014年，广东省为推动落实《国家新型城镇化规划（2014—2020年）》，制定了《广东省新型城镇化规划（2014—2020年）》，作为广东省城镇化健康发展的宏观性、战略性、基础性规划。据此，梅州被纳入粤东城镇群，其新型城镇化的空间布局等具体情况是：

粤东城镇群建成多中心网络化都市区。城镇群范围包括汕头、潮州、揭阳和梅州四市。四市将促进区域城镇发展从分散低效向集约高效转型，加快汕潮揭同城化发展，形成多中心、网络化的都市区格局，促进与梅州的区域协作，培育辐射带动粤东北、赣东南和闽西南地区的重要增长极。

根据《广东省新型城镇化规划（2014—2020年）》，梅州是附属于"区域中心城市"汕头的"地方中心城市"，是城区人口50万～100万的中等城市。因历史及地理原因，粤东城市群的发展有梯次，汕头、潮州、揭阳三市"同城化发展"，梅州则是在此基础上实行"区域协作"。

梅州是广东北部六大山区市之一，属于生态发展区。梅州城区人口不足50万，其生活和产业服务业并不发达，发展资源配置也只能局限在本城

市、本地区。梅州曾经强调"希望在外",以为华侨是其"三大希望"之一,祈望发挥"华侨之乡"的优势,带来能促进发展的"国际性资源"。毫无疑问,侨资曾经为梅州作出过重大贡献,但进入梅州的侨资显然更多属于公益性质,而非投资性资本。

(2)产业发展要依托城市化。

城市是人口密集、工商业发达的地方。传统城市起源有因"城"而"市"和因"市"而"城"两种类型。城市化初期首先要重视产业布局与城市发展之关系。中国的城市化常被概括为"珠江三角洲模式""浙江温州模式""苏南模式""东北模式"四种模式,强调实现城市化的不同工业化路径。梅州的城市化同样需要有效地实现人口与产业的有效集聚。

梅州曾经建立工业园,但工业园的设立显然受困于城市配套设施。比如,许多领导都强调畲江工业园最大的问题是"留不住工人",许多人都在呼吁大力建设配套的幼儿园、学校及生活设施,其根本原因即在于工业园离城区稍远,产业发展没有城市背景。于是,建设了梅畲快速干线,企望以此缩短园区与城区的距离。

位于粤东北山区的梅州产业园与城市化有其自己的发展规律,但其现代产业一定要紧紧依托原有城区,产业要以城市为其发展背景,两者相统一和协调。珠三角等地因其政治与经济中心地位,设立独立的工业园区,然后便有产业进驻,从而实现以产业带动城市化。梅州是绝不可能如此来吸引人口和产业的。珠三角产业转移或许可以看作是一种"大城市扩散",但即使是珠三角产业转移,同样需要紧紧依托原有城市,需要依靠原有城区的基础设施。

2018年3月7日,习近平总书记参加十三届全国人大一次会议广东代表团的审议,要求广东进一步解放思想、改革创新,以新的更大作为,开创广东工作的新局面,在构建推动经济高质量发展体制机制、建设现代化经济体系、形成全面开放新格局和营造共建共治共享社会治理格局上走在全国前列。这在很大程度上是面对部分发达的广东地区而言,广东仍然存在大片发展不充分的地区,两者发展不平衡,其发展理念显然也是有着极大区别的。

相对于珠三角而言,粤东整体上看都可能算不上发达,梅州则是重点的待发展地区,这些地区如何发展,或许需要减少珠三角发展的"定势"思维,而需要一些"逆势"思想,然后才能够有所得。比如,同样是建立产业园区,在珠三角和梅州便是完全不同的结果。整个珠三角建立产业园区,相对来说不用担心劳力和人才,在梅州却必须要更好地依托城市,不可能随便选择一个山区，以为这些地方征地更方便，成本更小，殊不知其发展成本会更大，无论是环保还是城市基础设施建设都是如此。梅州的产业园更加依赖城市的基础条件，否则园区建好了也找不到足够的工人，人才就更不用说了。

后发地区常叨念其所谓的后发优势，却常常忘记自身的劣势。后发地区最突出的劣势大概就是非常容易为先发地区带偏，以为先发者的今天就是后发者的明天。后发地区常常强调前车之鉴和前人经验，却在照抄照搬他人发展路径中不知不觉失去了自我。同样的政策在不同的环境显然会有不同的效果。不注意因地制宜，自我定位不准确，这是后发地区极其容易形成的思维定式。

（3）实现梅州新型城市化。

城市化在特定时期能够有效推动当地经济与社会的发展。法兰西第二帝国的拿破仑三世便通过城市改造，通过基础设施建设带来了一定程度上的经济繁荣，改善了民生，也改善了当地的卫生等城市文明。虽然旧巴黎城的改造常受诟病，但许多城市形象工程在特定时期显然也是极其有效的。

梅州的城市化建设有过辉煌，梅城"一江两岸"曾经成为城市建设典范，受到了省委、省政府及社会各界的高度赞赏。梅城之发展也有困扰，典型的就是新城建设与旧城改造，其中产生过不少的分歧。比如，如何重新焕发旧城区青春？新城区建设如何与旧城区协调统一？如何体现与协调梅州全国历史文化名城和"世界客都"的文化元素？

梅州已经确立其"宜居、宜业、宜游"的城市化发展路径。要选择"好"的城市化道路，一是大家好才是真的好，二是最适合自己的才是最好的。梅州城市化道路其实已经由《广东省新型城镇化规划（2014—2020年）》确定了，"一核一带一区"发展战略格局也明确了其城市化规模及路径。一般认为，300万~500万为偏舒适型宜居城市，500万~1000万为偏事业型宜居城市，梅州显然是更小的城市。也有人认为，城区人口超过2000万时，会发生较严重的城市病。所谓城市病，是指城市因人口集中、交通拥堵、资源短缺、环境恶化、规划布局不合理等造成的社会问题。显然，无论城市大小，城市病其实都是存在的。

城市化是多维的概念，不同的学科有不同的定义。无论如何，新型城市化要实现产业、人口、土地、社会、农村"五位一体"发展，在生态文明时代，城市化要实现城市生态发展，就要探讨并尊重城乡文明的发展生态。城市化质量指标应分为城市现代化和城乡一体化两大体系。

三、推进粤东韩江流域的区域协调发展

开放，首先是心态的开放，是内部对外部的认同，也是外部对内部的认同。开放型经济社会并非一般所说的出口型的外向型经济，而是内外相维共商共建共享的经济。中共十九大报告中指出：

> 必须坚持和完善我国社会主义基本经济制度和分配制度，毫不动摇巩固和发展公有制经济，毫不动摇鼓励、支持、引导非公有制经济发展，使市场在资源配置中起决定性作用，更好发挥政府作用，推动新型工业化、信息化、城镇化、农业现代化同步发展，主动参与和推动经济全球化进程，发展更高层次的开放型经济，不断壮大我国经济实力和综合国力。[1]

"开放型经济"大多时候会被认定属于国内外经济关系之中，在国内不同行政区域之间其实也存在着资源和市场等利益的平衡，也就存在着封闭或开放发展的问题，需要思考其开放型经济的构建，共商共建共享，形成相对平衡的经济社会格局。生态发展区需要创建与外界相连的渠道和途径，以实现与外界的良好沟通。

粤东的梅州与潮汕地区因韩江而一衣带水，在水路交通时代因上下游关联而在经济与文化等各方面都有着紧密的联系，两地虽有语言和民系等方面的差别却往来不断。随着陆路交通的发展，潮梅关联显然不再如此前紧密。造成这种局面的因素是多方面的，如何形成更加紧密的一体化发展局面已经迫在眉睫，需要给予深入探索。

1. 潮梅既相邻又相依

从历史上看，梅州的大埔、丰顺、梅县、蕉岭、平远等地曾经长期归属于潮州府，直到1733年才将梅县、蕉岭和平远拆开，与原属惠州府的五华、兴宁合并设立嘉应州（今梅州）。大埔、丰顺则直到中华人民共和国成立才脱离潮属而归于梅州行政建置。

从交通上看，潮汕曾经长期作为韩江流域的重要出海港，是近代华侨重要的出国港口。在水运时代，梅州的大量货物就是顺水流而下到潮汕地区的，而韩江、梅江和五华河也成为潮汕通往广州、北上内陆的重要通道。当年丁日昌去海口做官便是沿着这条通道走的，沿河风光引起了往来者们的无限诗意。

---

[1] 习近平：《决胜全面建成小康社会 夺取新时代中国特色社会主义伟大胜利——在中国共产党第十九次全国代表大会上的报告》，北京：人民出版社，2017年，第21–22页。

潮梅地区曾经联系得非常紧密，海外华侨聚集区的民间组织曾经设立惠潮嘉会馆，即惠州、潮州、梅州三个地区有其天然的区域关联，也有其行政区的统一性，民间交往也自然以地缘与政区为一体。虽然，潮汕和客家是广东两大族群，其在语言和文化上的差别非常大，其交往却是相当频密。

潮汕与梅州客家地区的地缘文化之间形成了非常紧密的联系，潮梅间在饮食等文化理念上同样紧密关联和相通。《广东省新型城镇化规划（2014—2020年）将汕头设定为粤东区域中心，潮州、揭阳和梅州则成为次中心，显示其内在的紧密关联。毫无疑问，粤东潮梅同饮一江水，上游与下游间的关联是天然的，是难以隔断的。

地缘相邻的潮梅之间必须相互依赖，其关联性不能被忽略，历史上如此，随着时代的发展，其相邻间必将更加相互依靠，其发展必将是相互的。任何一方的发展而忽略另一方都是不可能的，邻里之间的发展必须是高度同步的。事实上，邻里之间若未能紧密相依，是不可能实现同步发展的，更何来所谓的开放发展？舍近求远必然不是合理的办法。

2. 潮梅两地不再相向而行

志合者不以山海为远。然而，不知从何时开始，潮梅间却似乎产生了一条天然的屏障，各自为政，各自生产，各自生活，两地间似乎不再相关。

随着近代交流条件的改善，特别是随着陆路交通取代水路之后，潮汕的平原与梅州的大山之间却产生了越来越严重的差别与隔阂，地处广东偏东一隅的潮汕与梅州，一边是平原，另一边却是大山，连接两地的路径却似乎消失。潮梅两地都将眼光投向了珠三角，相互间的直接交往却似乎不再如以往那般紧密。

从行政区划的角度看，甚至在潮汕内部就已经一分再分，有了潮州、汕头、揭阳、汕尾这些区分，其间的隔阂便已经让人难以想象其为一家，内部的行政区隔阂显然是极大的，许多问题因其行政分隔而产生。其内部人们的文化心态变小了，缺乏足够的心胸、视野和眼界，社会治理格局也不可能高，对于资本经济的统一市场化发展显然是不利的。

韩江、梅州也已经被拦截成不同的河段，设立了多座水电站，水路运输已经几乎没有了。陆路交通，曾经主要依靠在山间蜿蜒的206国道，从梅州到汕头需要半天时间，地处山间的梅州后来努力建设了一条设计时速100公里的高速路；晚清时便被寄予希望联系两地的铁路也终于建成，广梅汕铁路延伸到梅州城；再后来便是高铁从新建成的梅县西站出发。

　　无论如何，梅州想很好地借助潮汕，加速交通建设，以便让梅州更加开放，更好地融入世界，但似乎多有不得已而"借道"的意味。潮汕交通一体化的发达，梅州却似乎只是其往外延伸的一支"手柄"。本来汕头港离梅州也就是100多公里的路程，但其出海货物曾经长期依赖珠三角的广州、深圳等地。两地经济生活交往似乎没有太大的关联，起码与民众的期望还有一段距离。

　　从历史上看，梅州与潮汕有着强烈的地缘关联，饶宗颐先生特别强调：潮学研究不能忽略了韩江上游的客家，历史上这些地区也属于潮汕，体现了强烈的"大潮汕"意识。就今天的情况看，饶先生的这种意识并未受到普遍认同，潮汕与梅州的分界仍然极为强烈，似乎梅州与潮汕的历史人物也是有着强烈的分界的，其语言文化上的差别似乎也被放大了。前两年汕头一位学者写了潮汕历史人物传记后，再写梅州的历史人物，然后大家觉得潮汕人来写梅州相当难得，以为是外人写梅州，完全没有潮梅一家亲的意识。

　　3. 潮梅间的一体化与区域协调发展

　　创新、协调、绿色、开放、共享五大新发展理念，"协调"是其中之一。中共广东省委十二届三次全会强调：持之以恒推动区域协调发展，进一步明晰区域发展定位，完善推动区域协调发展的工作举措，形成更加有效的政策体系和制度机制，在更高水平上推动区域协调发展取得新突破。

　　潮梅间的区域定位及其分工合作值得深入调研和思考。汕头是城市发展的粤东区域中心，广东省将梅州纳入这个中心的范畴。梅州是广东省的北部环形生态屏障，其生态保障区的定位显然更多的是相对于潮汕而言的。在其区位功能的定位中，潮梅两地已经有各自的分工，却需要更好的合作机会，需要更加明确的政策，以实现两地更好的协调发展。

　　发展首先强调创新，创新首先在于思想解放，就是要发展理念在前。地区发展必然要先有其规划、定位，随着时代的发展而与时俱进。目前，潮梅间更好的区域联合发展必须从历史出发，要先检讨历史上的政策与措施是否得当，检讨宏观发展战略及其思路。这就有必要联合设立合作发展论坛，聘请专家学者进行必要的论证，听听民间的声音，这是群众路线，也是政府施政思想得以解放的重要途径。

　　潮梅间的合作与同步发展，应当重视两地的共有资源，面对共同的问题。共有资源，最基础的就是共饮一江水。韩江是一条仍然未受到污染的河流，保护其不受污染是两地共同的责任。保护韩江不受污染，除了生活垃圾等问题外，地处韩江上游的梅州在其生态保护问题上更需要高度的重视，必须保护好其青山绿水。按照一些专家的说法，梅州的青山绿水资源价值4万亿元，但如何将其转化为经济价值，显然还不仅仅是梅州的事，甚至还不仅仅是潮梅两地之事，需要潮梅两地共同的重视，也需要广东省在政策等各方面的关注和支持。

习近平总书记在2018年3月4日下午看望参加全国政协十三届一次会议的民盟、致公党、无党派人士、侨联界委员时指出，决胜全面建成小康社会，打赢防范化解重大风险、精准脱贫、污染防治三大攻坚战，有许多重大任务和举措需要合力推进，有许多问题需要深入研究。防范韩江污染则是流域内的重大民生问题，做好这个工作是关系子孙后代的重大问题，亦是优化布局和加快建设现代化基础设施体系的要求。

四、争取"外援"与独立自主的特色发展

珠三角核心区、沿海经济带和生态发展区的规划和划分，实际就是广东经济社会发展体系的划分，三大区的形成是历史和自然的定位，也是约定俗成的外部认定及内部认可。因此，生态发展区是"内""外"的共同追求，其发展便必然要求"内""外"共同的合力去解决。生态发展区构建区域协调的统一国民经济，需要建立紧密的"内""外"联系。

1. 要有积极的对外措施

三大区各有其主体功能，但在不自觉中生态发展区的设置更容易被自我和他人在理念上加以封闭，容易被限制过多、过死而得不到发展，其生态特征本身也具有一定的封闭性。生态发展区绝不能保守而闭塞，既要突破外部围堵，更要突破自我封闭。

生态发展区应当顺应国内外经济发展潮流，把握内在的历史机遇和未来发展趋势，明确本地区的发展优势，明确其在广东经济社会发展体系与格局中的位置与功能定位，要主动应对广东经济发展体系所形成的格局，形成自我发展的合理格局。

生态发展区要搬开挡住家门的"王屋山"和"太行山"，改闭塞环境为开放世界，要走出本地，走向外界，建立与外界的交往与联系。生态发展区要敞开胸怀，以开放的气魄与胸襟拥抱世界，创新资源的保护与利用，实现本地资源利用的最大化。

开放是发展现代产业经济的内在要求，生态发展区要求有一个开放的大市场，内部资源向财富和产业的转化需要利用内外两种市场，要将内部资源开发出适合更多民众消费的产品，建立一个更加广阔的社会主义市场经济体系。

广东一直强调珠三角产业向粤东西北的转移，已有人质疑这种产业转移的合理性。其一，接收多属被淘汰了的落后产能转移，而不是也不可能转移高端产业，这就难于形成本地支柱产业和特色产业，更难于形成高端的高科技产业。其二，不加区别、来者不拒地照单全收和被动接收，这种"吃相"不可避免地凌乱而低效，甚至难免得不偿失，实质上体现出急于发展而缺失远景规划，也没有思考与本地是否相适应的问题。其三，缺失了主体的自尊自立的主动性选择，所有的所谓产业转移都难于形成规模效应，零敲碎打式的所谓"增长"，实质上是工业化时代的"自然经济"，根本上来说是不可能走进现代工业社会的。梅州这样的生态保障区要形成拳头性的支柱产业。

2. 应当要求区域平衡发展的倾斜政策

生态发展区人口众多，其经济发展关系着社会政治的稳定，也影响着珠三角核心区和沿海经济带的持续发展，影响着全省的繁荣发达。生态发展区的建设要自觉维护生态环境，严禁一切破坏环境的行为，共同维护好生态环境，不搞大开发，这不只是其内部政府和民众的事，也是上级政府和外部民众共同的责任。

长期以来，这里是重要的智力、劳力资源供应地，为核心区的发展作出了许多贡献。生态发展区的根本问题仍然是经济社会的发展问题，且其与外部的差距有被进一步拉开的态势。

生态区、核心区和沿海经济带应有相对的平衡，形成对称、平等的经济秩序，绝不能在生产、贸易等领域形成不平等的依赖和依附型关系。比如，生态区只生产初级产品或相关特产和原料，发达区则生产工业制成品，则两者之间将因其价格"剪刀差"而将差距越拉越大。

生态发展区经济发展绝不是只能生产初级产品的地区，亦应有其自主品牌。否则，本已落后的生态发展区将更加落后，而这里有那么多民众在生活，绝不是可以迁走而给以撂荒的地区，也绝不是可以完全返回原始形态的地区，这就决定了加速发展的必然性和紧迫性。

广东生态功能格局的形成不能进一步拉大核心区与生态区之间的经济社会发展距离，不能因为经济与社会的地域差距而产生新的社会问题。区域功能定位绝不能进一步扩大"南北差距"而变成广东的"南北问题"。政府应当采用二次分配手段，以政府有形之手，配合资本、市场无形之手，形成平等经济与社会秩序。要结合乡村振兴战略的实施和扶贫攻坚战从根本上加以策划和解决，抓住时机，实现广东的全面发展正逢其时。

政府应当统筹各区域功能之间的平衡发展，实现全社会的共同发展。

从生态发展角度去构建立一种经济发展新格局，形成一种新的经济秩序，必须形成一种新的平衡，形成相对对称、平等的原则，否则就会在各方面形成差距，不自觉地变成控制与被控制、限制与被限制的关系。各区域只有充分平衡之后才能实现新经济格局和新的经济秩序，实现社会公正和科学发展，才能实现区域协调发展。

发展的不平衡从根本上来说要靠发展来解决。没有发展便难于"共享"，更不可能有"真正的平衡"，共同的贫困绝不可能有"分享"的存在。比如"转移支付"问题，经济发展好时给"一千万"没问题，经济发展不好时给"一百万"也是艰难的。蛋糕的大小决定了分享、分配的模式与心态，经济总量决定了"转移支付"的实现形态和心态。还是那句老话：发展才是硬道理。

3. 需要壮大内生型发展动力

生态发展区追求外部辅助，寻求政府政策平衡，但是要明确区域分工和合作中的自我定位，绝不能因此在区域分工和合作中迷失自我，所谓"分工""合作"就是因为有"你"本身的存在。政策扶持要让这些地区形成其自己的主动性的接收能力，政策倾斜要有相应的集中性规划。因此，本地发展任何时候都应当站在本地的角度去思考，需要明确不同的区域分工和合作中的自我定位，才能实现共商共建共享，实现区域协调发展。外部应当成为本地发展的辅助，要将合适自己的引进来，绝不能"眉毛胡子一把抓。"

生态发展区的发展应当明确资源优势，争取外部助力，更要因地制宜，自力更生，重视本地自然资源保护与开发利用，做好山水气的文章，从人才、江河、山水等资源角度，形成其资源利用与产业之生态关联，形成历史文化与认知心态上的统一，以开放心态构建生态发展区经济和产业，结合打好脱贫攻坚战，建设美丽梅州，形成一个开放共享的社会和经济产业体系。要将本地资源与外部结合起来，共同打造生态发展区的产业体系。

生态发展区需要以我为主的独立人格，其建设的主体是生态发展区的政府和民众。生态发展区绝不能成为依赖和依附型发展。要实现内部产业的发展，使"产业兴旺"，必须建立适合自己内部产业的经济体系。生态发展区要以发展为第一要务，其发展必须建立在自我奋斗的基础上。迷失自我绝不可能实现发展，强大的自我才是发展的真正前提。任何外来的都需要经过内部的消化，然后成为壮大自我的有益的养分。生态发展区的构建需要有明确的自我意识，其发展首先要源于内生性动力。

生态发展区要充分重视外部市场和支持力量，要努力融入广东整体化发展，要积极介入粤东区域一体化发展，绝不能形成依附、依赖型的发展意识与模式。要以自我历史文化、山水资源，建设内外一体的市场，打造特色核心产业体系。旅游业、饮用水、以"人"为中心的资源产业都可以成为其核心、主导产业，以期有效带动一方经济社会的发展。

第三节　梅州外向型经济的传统与未来发展路径

梅州历来就有"八山一水一分田"之称，地势北高南低，兼有台地、丘陵、山地、阶地和平原五大类地貌类型，其中山地、丘陵约占 86.71%，平原、台地等约占 12.39%，河流及水库约占 0.9%。[①]

梅州历史往往从市区所在的梅县开始，从总体历史与文明发展史看，梅州历史其实应当从兴宁开始。兴宁出土了战国编钟。秦征南岭，在岭南设桂林、南海、象三郡，今兴宁、五华皆从属于南海郡之龙川县，县令赵佗在今五华县华城镇设长乐台，此乃梅州区域进入中原王朝之始，或曰以此进入文字时代。古代梅州曾有不同的发展阶段，[②] 也有多种相应的称呼。

一、内向型发展时期：从"盗贼薮""瘴乡"到"泽国""乐土"

梅州曾经很长时期属于"边（疆）""穷"的偏僻地区，属于发展落后的山区。这与其山地与交通环境相关，正是粤之东北"边境"及其山区的地形地貌，其人口和生产力的进步长期受到限制。这里长期属于人口迁入地，人口增长可能时断时续，或曰梅州历史曾发生四次"大断裂"现象，[③] 直到明朝，梅州历史才进入真正稳定发展时期。

1. "盗贼薮"

梅州地扼韩江和东江最上游区域，梅江及其支流在古代属于岭东、岭南地区交通孔道，其地形多山而复杂，地势险要，故秦时已属军事重镇，在古代长期成为"盗贼薮"。

梅州地处赣、闽及江淮到潮汕的过渡地带，是古代粤东和江闽地区通

---

① 罗迎新：《梅州地理》，广州：广东省地图出版社，2001 年。

② 具体的历史发展阶段可参考郭真义主编：《梅州文化通史》，北京：中国文联出版社，2018 年。

③ 张应斌：《粤东老县客家的形成——以梅州为中心》，《嘉应学院学报》2017 年第 3 期，第 10 页。

往珠江流域和江西等岭北地区的重要孔道，是难于逾越的天然屏障。清代知名学者蓝鼎元①《程乡县图记》称：

> 程乡踞郡上游，当江赣入潮之冲，遏闽河捣粤之路，为三省之扼吭，兼六县之车辅，可不谓严邑重地乎。②

梅州地处闽、粤、赣三省交界处，东部与福建省龙岩市和漳州市接壤，南部与潮州市、揭阳市、汕尾市毗邻，西部与河源市接壤，北部与江西省赣州市相连。清末温仲和说：

> 自北徂南，虔赣与汉揭阳县相接，其地皆复岭重冈，层峦峭壁，皆可以揭阳岭统之。③

温仲和简要阐述了梅州"盗贼"史，意味深长地指出："盖以嘉应扼塞险要之地有不仅区区四境者，其形势所关，实在汉揭阳岭表。有志经世者，其留意焉。"④ 寇贼啸聚深山而被称为"盗贼薮"，⑤ 进而成为军事重镇。

2. "瘴乡"

唐宋之时，岭南皆为中原王朝贬官之地。"古之忠良忤权贵者，迁谪必岭表焉。盖以岭表为瘴乡也。如唐昌黎公之贬潮阳，如宋东坡公之谪惠阳，班班可考。"⑥ 其时，梅州和粤东客家县域之建置并不发达，主要有兴宁、长乐、程乡、大埔等，官场失意或迁谪之名宦多贬至梅州，或暂居过梅州，他们对梅州并未留下太好印象，而是多视之为瘴疠之乡、贬谪之乡、避乱和化外之地。⑦

宋杨万里在征途中经过梅州，其《入程乡界》乃被视作梅州未曾开发而仍属处女地的典型：

097

---

① 蓝鼎元（1680—1732），字玉霖，号鹿洲，漳浦县赤岭人。雍正三年分修《大清一统志》，六年授广东普宁知县，十年冬署广州知府。

② （清）温仲和纂：《光绪嘉应州志》（卷四），台北：成文出版社，1968年，第61页。

③ （清）温仲和纂：《光绪嘉应州志》（卷四），台北：成文出版社，1968年，第63页。

④ （清）温仲和纂：《光绪嘉应州志》（卷四），台北：成文出版社，1968年，第65页。

⑤ （清）温仲和纂：《光绪嘉应州志》（卷十五），台北：成文出版社，1968年，第239页。

⑥ 大埔县方志办整理、县人民政府再版：《大埔县志》（明嘉靖三十六年）（第1版），埔新字第018号，2000年，第41页。

⑦ 陈宏文编著：《梅州客家人》，梅州：兴宁风采社，1996年，第15页。

长乐昏岚著地凝，程乡毒雾噗人腥。
吾诗不是《南征集》，只合标题作瘴经。①

建炎二年（1128）十一月抗金名臣李纲被贬谪万安军（今海南万宁），第二年十一月被赦放还北返，他记录了沿路的见闻。泛舟惠循间，山水清绝，心情良好，"于今江浙可忘归"②，"峤南瘴毒地，乃尔气候清"。到了梅州，景致就不再美好了：

深入循梅瘴疠乡，烟云浮动日苍凉。
逾年踏遍峤南土，赖有仙翁肘后方。
邪气岂能干正气，妄心自不胜真心。
治心养气无多术，一点能销瘴毒深。③

其实，岭南皆被认定是蛮荒之地，梅州在"唐宋为瘴疠之乡"，时属岭南"八州恶地"："春、循、梅、新，与死为邻；高、窦、雷、化，说着也怕。""八州恶地"基本是在粤东与粤西，梅州却是其中之最，刘安世去过其中七州，故在梅州以"铁汉"称誉。④ 历史上，梅州似乎曾经人来人往，但驻足逗留而留下良好印记者其实不多。

3. "泽国""乐土"

直到明代，梅州一改旧时之"恶"称，而树立了正面形象。温仲和考证说：

唐宋以其地远恶，迁谪者苦之，故恶之名特著。明以后诸恶既除，故梅之名独显……向之视为畏途者，今且以为乐土，人因第知为梅溪而不知为恶溪矣。⑤

"瘴乡"等恶称或如小儿之"乳名"，如其弱幼之时的"小名"，明代开始以"梅"称则为其"大名"，体现其开始长成而受到重视。梅州境域已经从"瘴乡"发展为"乐土"，更被称为"泽国"：

---

① 杨万里：《诚斋集》（卷17），《四库全书》（第1160册），转引自张应斌：《杨万里梅州诗歌考论》，《南昌大学学报》2003年第6期，第99页。

② 卓佛坤、吴木编：《客家古邑诗文》，广州：华南理工大学出版社，2010年，第27－28页。

③ 卓佛坤、吴木编：《客家古邑诗文》，广州：华南理工大学出版社，2010年，第29页。

④ （清）温仲和纂：《光绪嘉应州志》（卷三十二），台北：成文出版社，1968年，第589页。

⑤ （清）温仲和纂：《光绪嘉应州志》（卷八），台北：成文出版社，1968年，第54－55页。

迨我国家宦游者，独不以瘴乡为嫌，反乐居之。岂其风气渐开，非昔日之岭表耶？夫岭表一也，在昔为瘴乡，在今为泽国。①

当时的大埔县三河驿已经疲于官员迎送，是粤东重要的交通枢纽②和繁华的商埠③。明朝粤东北客家地区的发展，还体现在客家新县的大量建置④，其中梅州有镇平、平远等建置。

二、外向型经济社会的开始与初步发展

进入清朝之后，梅州人口与经济稳定增长。乾嘉之世，梅州似乎已达传统农耕时代之鼎盛期，经济已经不能支撑人口增长，人口开始往外溢出。梅州社会不再封闭，已有繁盛景象，且开始分化。

1. "人文秀区"

康熙三十年（1691），程乡知县刘广聪说：

程之丁口，有新增，而鲜逃避。群黎百姓安于耕凿矣。

康熙中期程乡虽"地瘠民贫"，群黎百姓却依然"安于耕凿"。这与其说是"安"，不如说是深深的无奈。故刘广聪又说：

环程皆山也，无鱼盐海错之利。凡可佃作而理钱镈者，又多断垄、迭阜，其为腴田不多也。⑤

晚清温仲和则说："在国初之时已有人多田少之患……"⑥尽管如此，清中期梅州的发展似乎受到了更普遍的认可，《乾隆嘉应州志》说：

---

① 大埔县方志办整理、县人民政府再版：《大埔县志》（明嘉靖三十六年）（第1版），埔新字第018号，2000年，第41页。

② 大埔县方志办整理、县人民政府再版：《大埔县志》（明嘉靖三十六年）（第1版），埔新字第018号，2000年，第92页。

③ 大埔县方志办整理、县人民政府再版：《大埔县志》（明嘉靖三十六年）（第1版），埔新字第018号，2000年，第29页。

④ 张应斌：《粤东新县客家的形成》，《嘉应学院学报》2016年第4期，第5-11页。

⑤ 程志远等整理，刘广聪编修：《程乡县志》（卷三·版籍志），广州：广东省中山图书馆，1993年，第43页。

⑥ （清）温仲和纂：《光绪嘉应州志》（卷八），台北：成文出版社，1968年，第125页。

……诸峰环抱，众水汇流，诚山水秀区也。①

随着"山水秀区"的到来，梅州社会文化教育发达，备受赞誉，进而被誉为"人文秀区"。《乾隆嘉应州志》云：

士大夫谨约自好，以出入公庭为耻。温饱之家益敦俭素，输赋奉公，不事鞭扑。士喜读书，多舌耕，虽困穷，至老不肯辍业。近年应童子试者，至万有余人。前制府请设州治疏称文风极盛，盖其验也。②

"山水"和"人文""秀区"，标志着梅州人口的增长，经济和文教的发展。与此同时，梅州开始从"土旷"变为"地狭"，读书与其说是兴趣或社会风尚，不如说是一条不得已的谋生路。南宋时梅州百姓能够恃读书"为生"，而"今则谋生愈艰"。③

2. 向外发展

乾隆时，梅州已经不是人口丰殷，而是人口严重过剩了，远远超过了耕地的承受能力，"土瘠民贫""地狭民瘠"已经成为"州之实事"，④ 百姓经济已经困顿之极：

土瘠民贫，农知务本，而合境所产谷不敷一岁之食，藉资上山之永安、长乐、兴宁，上山谷船不至，则价腾踊，故民尝艰食而勤树艺，其畲民尤作苦，崒嵂崎岩，率妇子锄辟种姜、芋、粟之类，以充稻食。⑤

雍正五年（1727），广东巡抚杨文乾奏报：广东普遍缺粮，"……惠、嘉、潮仰给于台湾、外夷之米"⑥。梅州属于"缺粮"之重点区域。除了在家"务本"或者坚持科举道路外，老百姓受无田可耕之苦，逐渐向外谋生：

一是出外教书。"穷秀才"多在国内教私塾，亦有读过书而未有功名

---

① 程志远等整理：《乾隆嘉应州志》（上），广州：广东省中山图书馆古籍部，1991年，第20页。

② （清）温仲和纂：《光绪嘉应州志》（卷八），台北：成文出版社，1968年，第125页。

③ （清）温仲和纂：《光绪嘉应州志》（卷八），台北：成文出版社，1968年，第125页。

④ （清）温仲和纂：《光绪嘉应州志》（卷八），台北：成文出版社，1968年，第125页。

⑤ （清）温仲和纂：《光绪嘉应州志》（卷八），台北：成文出版社，1968年，第125页。

⑥ 龙廷槐：《与王胡中丞言粤东沙坦屯田利弊书》，转自香港珠海书院出版委员会：《广东文徵》（第5册），香港：大同印务有限公司，1978年。

者移民南洋赖以谋生。嘉庆年间，许多梅州"穷士"在南洋教书。

二是出外经商。耕地缺乏，商业意识逐渐得以扩展："由今言之，嘉应之为州，山多田少，人不易得田，故多行贾于四方……"①

三是向外移民。梅州已经不再是人口迁入地，而完全是迁出地了，或者迁移到四川等内地省份，或者迁移到台湾等沿海地区，更有如罗芳伯等移民南洋。

三、"华侨之乡"与世界客都

梅州市属各县曾经长期分属潮州和惠州。雍正十一年（1733），程乡县升格为"嘉应州"，与其所辖的平远、镇平、兴宁、长乐俗称为"嘉应五属"，开始有了独立的行政区划。州之设立与"华侨之乡""世界客都"地位的形成，都是梅州历史影响力不断提升的重要体现。

1. 中国"华侨之乡"

清中期，在南洋甚至已经形成了海外客家人的社群。囿于海外移民法律，梅州本土受华侨的影响相对有限。但是，"过番"俨然是主要的谋生之路，梅州逐渐走出外向型发展新路，形成外向型经济社会。

鸦片战争后，随着人口的增长与经济社会的困顿，温仲和说："以至于今物力不支，民生之日困，固其宜也。"② 于是，"过番"成了最重要而"幸运"的谋生之路，温仲和便认为："所幸海禁已开，倚南洋为外府……"③ 所谓"倚南洋为外府"，就是说，移民南洋已成普遍现象，南洋已经成了华侨"第二故乡"。

黄遵宪强调华侨对梅州的重要地位与影响："海国能医山国贫，万夫荷锸转金轮"④，他解释说：

> 州为山国，土瘠产薄。海道既通，趋南洋谋生者，凡岁以万计，多业采锡，遇窖藏则暴富。近则荷兰之日里，英吉利之北蜡、槟榔屿，法兰西之西贡，皆有积赀至百数十万者。总计南洋华商，客人居十之三。同治年，有叶来在吉隆，与土酋斗争，得其地。卒以无力割据，归之英人。此

---

① （清）温仲和纂：《光绪嘉应州志》（卷七），台北：成文出版社，1968 年，第 121 - 123 页。

② （清）温仲和纂：《光绪嘉应州志》（卷八），台北：成文出版社，1968 年，第 125 页。

③ （清）温仲和纂：《光绪嘉应州志》（卷八），台北：成文出版社，1968 年，第 125 页。

④ （清）黄遵宪著，钱仲联笺注：《人境庐诗草笺注》（下），上海：上海古籍出版社，1981 年，第 817 页。

与坤甸罗大伯事略相类。①

温仲和进而感叹华侨之乡"风俗亦遂渐侈靡，非若昔日之质实勤俭"②。所谓"侈靡"，无非就是强调华侨与侨眷的生活已经变好了，而且已经不似往昔不得温饱。晚清时期，梅州已经成为中国著名的"华侨之乡"，其影响力开始提升到国家层面。

2. 世界客都

在许多智者看来，梅州华侨之乡的形成源于恶劣的自然条件和旧社会落后的制度。梅州八山一水一分田的生存环境是华侨漂洋过番和出外打工的根本推力。如此看来，梅州除了明清时期曾经有过"泽国""乐土"形象外，其余时期似乎都不是养人的好地方。

穷山恶水不仅是韩愈等唐宋谪官对梅州的印象，也是近代以来梅州给人的基本印象。然而，近现代时期，梅州已经深刻地烙上了华侨之乡的印记，其经济社会发展深受华侨影响，显示出较好的生活状态。"华侨是革命之母"，梅州华侨在中国革命史上也占有重要的地位。

中华人民共和国成立之后，粤东潮汕与兴梅、惠州等行政区划及其名称虽几经变化，但大埔和丰顺作为重要的客家县始终与"嘉应五属"结合为一体，形成粤东北统一的客家地区。

梅州是全国重点侨乡，也是港澳台同胞的重要祖籍地。作为华侨之乡，祖籍梅州的海外华侨众多，普遍说有700多万。华侨至今仍然是梅州发展的重要影响力量，并且因其客家和华侨之乡的独特人文而被誉为"世界客都"。③

如今，梅州是粤闽赣边区域性中心城市，是全国生态文明建设试验区④、广东文化旅游特色区，是国家历史文化名城、中国优秀旅游城市、国家园林城市、国家卫生城市、全国双拥模范城、中国自驾游最佳目的地、中国十大最具安全感城市、中国十佳绿色环保标志城市、广东首个宜居城乡示范城市。

---

① （清）黄遵宪著，钱仲联笺注：《人境庐诗草笺注》（下），上海：上海古籍出版社，1981年，第818页。

② （清）温仲和纂：《光绪嘉应州志》（卷八），台北：成文出版社，1968年，第125页。

③ 谭元亨主编：《梅州：世界客都》，广州：华南理工大学出版社，2005年。

④ 张景安：《美丽梅州——梅州市创建国家生态文明先行示范区战略研究》，北京：知识产权出版社，2015年。

四、"互联网＋"新型营销手段可突破相对封闭的现实环境

开放型经济需要形成现代化的产品市场，生态发展区与外界的相通需要构建其相对稳定的产品外销渠道，这是最直接、直观的工作，立竿见影，可操作性也特别强。

近些年来，"电商＋"模式的出现，逐渐蔚然成风，"电商＋农户、农产品"的模式成为本地特产外销的重要途径和手段。目前，"电商＋农特产品"销售模式已经铺开，中央电视台财经频道也做了许多扶贫公益性的广告，帮助一些贫困地区营销农特产品。"电商＋农特产品"是新的开放型经销模式，有助于生态发展区土特产品的外销，是当代生态区开放经济的重要途径，是孕育生态发展区资源、产品等市场的重要条件。

交通的意义首先在于促进外贸业及物流业的发达，大交通建设目的在于加强与外界的交流，因此，"电商＋"模式有效地扩展了信息传播，将信息与销售分成两个不同时段实施的环节，实际上减少了生态地区交通不便利、消费人口不多的情况，解决了交通体系不发达带来的很多问题。值得注意的是，"电商＋"销售模式可能带来不能被忽略的问题，比如，食品安全问题和由此带来的社会诚信生产、诚信销售等问题。

"电商＋医疗""电商＋教育""电商＋农特产品"等，这是一种开放经济模式，是新型的、特殊的开放经济和开放发展。"电商＋"突破了许多地区封闭的自然环境，形成了新型的内外关联，在目前交通条件并不很发达的时代背景下，"电商＋"的销售模式可以有效地促进特产的销售，这是一种可行的、积极的内外关联，也是一种建立开放型经济社会的新型而必要的手段和途径。

2018年3月，在全国两会期间，多位代表委员对于打好脱贫攻坚战和实施乡村振兴战略提出了各自的建议，大多强调要产业扶贫，重点在兴农及农产品销售。兴农要保护耕地，发展专业、系统的农业生产性服务，加快实现产业由低端向中高端迈进，发挥大型龙头企业的引领和带动作用，帮扶产业链上下游中小企业发展，让我国从食品大国向食品强国迈进。精准脱贫必须加强深度贫困地区公益性农产品物流节点基地建设，解决其农产品难"卖"的商贸流通渠道问题。①

生态发展区多属于扶贫攻坚和实施振兴战略的重点地区，以现代科技手段等实现兴农是一条重要途径，但是绝不能仅仅局限于兴农脱贫，生态

---

① 邵海鹏、杜川、乐琰等：《脱贫攻坚战怎么打　产业扶贫是关键》，《第一财经日报》，2018年3月18日。

发展区的脱贫建设绝不能被局限于农业发展的思维定式之中，还应当发展
其他产业，同时争取保险、金融等当代政策保障。

生态发展区还要打通本地区与发达地区的关联，帮助当地民众摆脱封
闭的自然环境，打开他们的视野，提升他们的思想境界，使他们脱离传统
和落后而走进现代社会，实现人的现代化发展。"电商＋"销售模式有效
形成了内部产品的外销市场，建立了内外部的市场关联，实际上也在虚拟
空间中突破了内外的封闭性。梅州生态区应当在"新四大发明"等时代科
技背景下实现与外面世界的另类联动。

2018 年 10 月 26—27 日，在江苏睢宁举行的第六届中国淘宝村高峰论
坛上，阿里研究院发布的《中国淘宝村研究报告（2018 年）》显示，2018
年全国淘宝村数量超 3 200 个，广泛分布在 24 个省（市区）330 多个县
（区、县级市），淘宝村网店年销售额超过 2 200 亿元，在全国农村网络零
售额占比超过 10%，活跃网店数超过 66 万个，带动就业机会数量超过 180
万个，是数字经济助力乡村振兴的中国样本。显然，淘宝村以其"互联
网＋"的电商模式已经成为重要的产业发展途径。

表 2－1　中国淘宝村数量裂变式增长情况表　　（单位：个）

年份	2009	2013	2014	2015	2016	2017	2018
数量	3	20	212	779	1 311	2 118	3 202

"互联网＋"对于贫困山村的生产与生活方式的影响更大，成为打造
新零售、新制造业态的重要手段。江苏睢宁的家具电商成为其支柱产业，
电商成为村民增收第一动力，因为电商而实现了人才振兴、产业兴旺和生
活富裕。目前，全县约三分之一劳动力人口从事电商，2017 年电商销售额
达 216 亿元，农民人均收入增量超过 50% 来自电商。2018 年 12 月 20 日中
央电视台国际频道央视记者宋达的报道《壮阔东方潮　奋进新时代——云
南千年手工艺之乡变身"淘宝村"》，讲述了云南省鹤庆县新华村从一个
"寡妇村"转变为"人人有手艺，家家是工厂，户户开网店"的"淘宝
村"的情况，年轻人从出外打工回村经营村里的传统手工艺，且以电商发
家致富。

目前，中国淘宝村数量裂变式增长，大约 1/5 淘宝村分布在贫困县。
《中国淘宝村研究报告（2018 年）》强调指出：淘宝村蓬勃发展，成为乡
村振兴先行者；淘宝村裂变式扩散、集群化发展；淘宝村促进减贫脱贫。
因此，淘宝村在促进农村产业兴旺、生态宜居、乡风文明、治理有效、生

活富裕等方面的影响是相当积极的，于农村脱贫攻坚和乡村振兴计划有着极其良好的促进作用。对于梅州发展来说，电商与淘宝村的发展有其特殊的重要意义。

五、建立发达的现代交通体系，从根本上突破地理封闭

生态发展区必须在开放共享中实现其区域经济社会的现代转型，要构建本地产品的"外需"市场，"互联网＋"的模式是治标的产品销售模式，可以初步突破本地产品市场的封闭性特征，构建新型"外需"产品市场，打破封闭状态的根本手段则要形成发达的现代交通体系。

当代电商的发展能够在某种程度上解决产品的外部市场，但要从根本上形成内外部的关联关键在构建发达的现代交通体系，交通基础设施建设才是决定性的。大交通的发展与经济市场的发达常常是相统一的，内外部市场的交往需求会推动交通发达，交通发达也会推动市场经济的扩大。

近代梅州是华侨之乡，强调外出务工人员之多而频繁，但真正进入梅州的外来人口其实很少，基本就是回乡的华侨或者是回乡省亲的民工。梅州生态区的开放性绝不能仅仅局限于"三胞"及乡贤。自古至今，内外部人员的频繁流动都是形成发达社会的重要因素，也是其基本特征，内外部人员缺乏流动的封闭社会绝不是一个发达社会。

招商引资、招才引智，加强民心相通，实现内外认同的发展理念，这是形成区域社会开放而不再封闭的内在核心要件。"一带一路"倡议强调政策沟通、设施联通、贸易畅通、资金融通、民心相通，这就是对外交往的开放型社会的"五通"，也应当成为生态发展区联系区外世界的五大要素。当然，海外及区外之间的关联首要的是民心相通。[①]

实现内外人流的快速往来，这是现代社会的必然要求。解除真正局限人的精神与视野心胸的根本措施还是要建立大交通，建立发达的公路、铁路和飞机等对外交通网络。要想真正敞开生态发展区的大门，实现快捷而频繁的人员交往和物产转移，只能大力发展交通，建立强大的交通网络体系。

交通不便极大地限制了梅州的内外交往，交通不发展会让人寸步难行，交通不发达会让人不想移动。梅州过去出外旅游要先坐火车到广州再转其他地方，别说游客来梅州旅游了，就是本地人也很少外出旅游。如今交通得以改善，梅县机场飞机航班增多，梅州人外出旅游方便多了。曾经在广州或北京等地的朋友很多时候难以相信，与专业极其相关的重要学术会议笔

---

① 宋敬武：《"民心相通"是"五通"的基础》，《中国青年报》，2017年5月16日，第8版。

者竟然也没能来参加。其实，这只是因为交通不便而选择回避。

梅州官员常常感叹，梅州只是广东发展大格局中的"水尾田"。从珠三角出发，条条大道通梅州，可每条道路都是经过了许多城市之后才来到梅州，"水尾田"被认为是梅州最大的"区位劣势"。许多市县也曾经认定交通不发达所形成的"区位劣势"，典型的如潮州。论者指出：

> 潮州人自称处于"省尾国脚"，以形容其在整个省城和国家内的边缘位置。厦深高铁开通打破了这种格局。①

由此可以看出，将自我关联外地进而形成依附和依赖型的发展理念显然是普遍存在的，显示出后发地区深深的无奈，这是区域交通不够发达带来的区域局限。珠三角地区投入1元，其产出可能达到3元，梅州这些边远地区却可能收不回1元。一般认为，工业投资肯定高于农业，城市投资肯定高于农村，故边远地区的投资肯定要弱于珠三角核心区。这些情况的形成，交通局限肯定是重要影响因素。

高铁、航空、地铁、城轨、高速公路等现代交通网络大发展大提速，立体交通让出行、交往变得容易，这极大地改变了人们的流动方式、出行方式，也必将有效地打破地域界限，极大地推动旅游和各种产业格局的变动。梅州航线的增加和高铁的发展确实极大地推动了外出旅游业的发展，让外出人员增加。

目前，梅州已经制定并审议通过了《梅州市综合交通运输体系发展中长期规划（2016—2030年）》（下称《规划》），《规划》以构建"珠三角、汕潮揭东进北拓内陆腹地的桥头堡""粤东北门户枢纽城市"和"国家公路运输枢纽城市"为定位，对梅州运输通道、机场、港口、干线铁路、高速公路、普通公路、客货运枢纽等布局进行了研究，从总体上确定了梅州市综合运输体系中长期发展目标和发展模式。根据《规划》，至2030年，梅州将建成"二横二纵干线铁路网络"、"两环十一射四加密"高速公路网络、"两环九射十一联络线"次干线公路网络等综合路网布局，构建能力充分、结构合理、衔接顺畅、层次分明、运行高效、服务优质、绿色发展的现代化综合交通运输体系。诚然，交通等基础设施的发达与完善是实现生态发展的硬件要素，实现交通大会战才是实现其对外联络与开放型经济

① 李亚蝉：《敢问路在何方　大交通时代下的广东旅游变局》，《优游时光》2016年第11期，第12页。

建设的根本解决措施。①

改革开放四十年来，整个广东的交通，特别是从广州出发的现代交通变化可谓翻天覆地，纵横交错的高速公路，连通全省的高铁，飞越天堑的桥梁，广东交通成绩单确实靓丽。② 然而，对梅州来说，修路可能仍然是极其重要的一环，成为从根本上打开梅州封闭环境最为突出的一环，即便高速公路已经在大发展中，高铁也在不断建设中。

第四节　建设资源共享的生态产业及其联动机制

生态发展区的产业绝不仅仅局限于农业，而是符合生态发展的百业兴旺。生态发展区必须合理利用其内部良好的生态资源，挖掘内部资源优势，建立内外相通的产业经济，实现内部生产与外部市场的有机结合。

生态发展区建设绝不仅仅是其内部自己的事，要构建本地资源的外部需要，形成其内外共维的产业体系，形成"共商共建共享"的内在关联，这就要建立生态发展区内外联动的长效机制和发展模式，实现快速的高质量发展。

一、区域资源的共享及其产业产展

清醒地认识区域内部资源与经营条件，立足其内部资源，才能寻求其发展模式、手段与途径。生态发展区的最大特色必然是生态，最大资源必定是其生态资源。实现生态资源的高效、长效收益必然要从资源保护开始着手。

1. 努力盘活本地闲置资源

生态发展区要充分重视本地资源的共享。优客工场创始人兼董事长、共享际创始人兼董事长毛大庆接受《新京报》记者采访时强调：

共享单车是典型的增量共享，创造新的产品并进行流动，这样的共享实际上是简单的对商品所有权的共享，创造了社会价值，但是对现有社会问题的解决程度不深。

更合理的共享应该是存量共享，比如优客工场很多项目是对存量资产

---

① 钟梅滨、胡锦忠、黄绍辉：《我市交通运输体系规划获通过》，《梅州日报》，2018 年 6 月 25 日，第 1 版。

② 石静莹：《广东交通 40 年大变局》，《南方》2018 年第 15 期，第 38 - 39 页。

的盘活,对废弃空间的改造利用并让其焕发生机。我相信未来的共享经济会逐步在存量资源上做文章。①

2017 年 7 月 20 日新华社刊文称:"作为一个新经济模式,共享经济的核心是盘活存量经济,对闲置资源的再利用。"充分用好闲置资源,提高社会资源的利用效率,降低社会运行成本,这才是共享经济之根本。

2013 年 9 月 7 日,习近平主席在哈萨克斯坦纳扎尔巴耶夫大学回答学生问题时指出:"建设生态文明是关系人民福祉、关系民族未来的大计。中国明确把生态环境保护摆在更加突出的位置。我们既要绿水青山,也要金山银山。宁要绿水青山,不要金山银山,而且绿水青山就是金山银山。"梅州是广东的生态发展区,是粤东北的生态屏障,从绿水青山中要金山银山,将绿水青山转变为金山银山,这应当成为梅州经济与社会发展的基本思路。

发展,就是要正确认识自己,要充分注意自身已有条件,扬长避短,努力进取,实现资源的充分和有效利用。梅州是红色苏区,这是一片红色土地。红色,是精神,是动力,是文化,也是重要的社会和文化资源。红色的梅州,应如何实现绿色的崛起?梅州是绿色山区,这是一片未受污染的绿色处女地。绿色,这是手段,是途径,是发展目标,也是未受到破坏的自然资源。绿色还是充满希望的颜色,梅州是充满希望的地方。

良好的生态是梅州的重要特征,这既是现状,也应成为资源,进而还要发展形成产业,如建立养老、文化旅游、体育文化、教育以及会展等产业。曾经有将梅州打造成工业化地区后花园的说法和理念,这也是以良好生态作为其基础和前提。随着乡村振兴及生态理念的发展,全国处处是花园,生态发展区的绿色和空气质量等生态便不是其他地区能比拟的。

2. 梅州的绿水青山就是金山银山

对于生态发展区来说,更好地盘活闲置资源显然是非常重要的,山水资源则是其中需要给予充分重视的。绿水青山是梅州绿色发展的重要资源,所以要开拓新时代的山水资源利用模式,做大做强梅州的饮用水产业,形成产业链,变绿水青山为金山银山。在生态文明时代,必须保持绿水青山,做好山水文章,重视其作为资源向财富的现代转化。

绿水青山就是金山银山,这不仅是指环境一旦受污染就需要大量的治污资金,更是指绿水青山本身就是一个巨大的发展资源。绿水青山,这是

---

① 薛星星:《毛大庆:未来的共享经济是盘活存量资源》,《新京报》,2018 年 11 月 7 日。

人类最佳的生活环境，可以吸引大量的游客，这是发展旅游业的重要资源。除此之外，是否还可以成为其他绿色产业的重要资源？这就要有一个转变的途径，将资源转化为商品，要将之引来资本，形成产业。梅州的"绿色"发展不仅仅是工业不受污染，更应当将绿水青山转化为金山银山。

在传统的农耕时代里，绿水青山就是农耕的基本资源，兴垦山利、水利，这是利用山、水资源的基本思维和发展模式。晚清时期，著名客家侨商张弼士，在他给慈禧太后和光绪皇帝的商务条陈中，就特别提出要耕山——或者种植价值更高的经济作物，或者开发矿产。在后来很长时期里，种植和开矿成为开发和利用绿水青山的重点。显然，山和水在此都不过是一种传统的资源，而不是一种创新资源。

山水资源的开发和利用显然可以做更多的文章。清代广东是个缺粮大省，其粮食问题已经非常严重。在船运时代，米谷这类低值货物的外来运输更加艰辛。梅州地处偏僻闭塞的山区，历来是广东粮食价格最高的地区。[①] 但是，广东却是当时重要的经济大省，这是因为广东历来都有着强烈的市场和商品生产意识，所以市场更加发达，产品价值更高。资本和市场培育得更好，经济作物和产品之价值便更高，山水资源便实现了其利用的创新价值。

在工业文明时代里，农业仍然是国民经济的基础和后盾。但是，仅有农业显然是远远不够的，无"工"不富，国也不可能强。张弼士在其商务条陈中也强调要大力发展工业，即所谓的"工""役"，然后才能实现国家的富强和人民生活的富裕。山和水需要在工业文明时代里实现资源的转型与拓展。

在生态文明时代里，耕山同样应当有许多不同的模式。将山区打造为游人如织的旅游景区，原来的荒山野岭成为现代化的产业集聚区，这就是成功实现山水资源现代转化的新模式。

在市场和商品生产的驱动下，山还是原来的山，水还是原来的水，但山已经不再是农民眼中的山，水也不再是农民眼中的水，而是企业家和商人眼中的山和水了，山和水因而有了变化，这其中充满着"创意"，充满了发展，这是一个伟大的飞跃。形成山、水产业，生产山、水商品，这就要转变山水资源的理念，形成新的山水思维和发展模式。

在生态文明时代，产业升级是资源的提升和创新运用，应深入思考资源的创新和发展，通过资源的转型实现传统产业的转型升级；通过资源的

---

① 陈春声：《市场机制与社会变迁：18世纪广东米价分析》，北京：中国人民大学出版社，2010年，第28页。

创新利用实现未来产业的开创发展。许多资源可能因为放错了地方，或者因为还没有被充分注意到，或者科技未能达到，而无法被有效利用，但并不能因此说没有资源，最可怕而可悲的是一时不觉而损毁资源，比如山水受污染就不再是资源了。无论如何，要创造条件，改善环境，用好老资源，深挖新资源，实现旧资源的新转型，新资源的产业创新，在新的产业升级中实现新资源的利用。

文明是积淀而成的。在生态文明和信息时代，工业发达和农业繁荣都是其必然内涵，更高级的文明中必然包含着前一时代的文明内容，不能说工业时代里农业文明很差，没有农业的支持工业发达必然是空话。生态文明必然有着与其相适应的农业和工业文明，这是肯定的。在梅州的生态文明时代里，其中发达的农业和工业该是怎样的形态？

中共十六大报告强调经济、政治、文化的"三位一体"，十七大强调经济、政治、文化和社会的"四位一体"，十八大则强调经济、政治、文化、社会和生态文明建设的"五位一体"，十八届五中全会又提出了"创新、协调、绿色、开放、共享"的发展理念，其中的"生态文明建设"和"绿色"发展理念正体现了后发展地区的资源优势。梅州是生态良好和文化厚重的红色苏区，其资源优势则需要在开发和利用中实现转型和创新。

3. 获取生态补偿与履行保护责任的自觉

生态发展区首先要强调对生态的保护，这是发展模式的转型之始。万事起头难，发展初期需投入大量成本，而对应的发展速度却是极为缓慢的。因生态将是区内外共同受益，因此区外补偿被认定是必然而必要的。

1972 年，在瑞典斯德哥尔摩召开的联合国人类与环境会议就已经有关于生态补偿的研究，2000 年后中国也开始了对生态补偿的实质性研究，"十一五"发展规划纲要提出了"建立生态补偿机制"。

2010 年 12 月，国务院批准发布《全国主体功能区规划》，将全国国土空间划分为优化开发区、重点开发区、限制开发区中的农产品主产区、限制开发区中的重点生态功能区、禁止开发区五类，并"基本形成适应主体功能区要求的法律、法规和政策，完善利益补偿机制"，强调"中央财政要逐年加大对农产品主产区、重点生态功能区特别是中西部重点生态功能区的转移支付力度，增强基本公共服务和生态环境保护能力"。

国家"十二五"经济社会发展规划纲要提出，构建生态安全屏障，强化各类重点生态功能区的保护与治理，明确了补偿对象、补偿原则、资金来源，并积极探索市场化生态补偿机制。

2015 年 4 月 25 日，《中共中央国务院关于加快推进生态文明建设的意见》进一步提出：到 2020 年"基本形成源头预防、过程控制、责任追究的生态文明体系，在自然资源资产产权和用途管制、生态保护红线、生态补偿、生态环境保护管理体制等关键制度建设取得决定性成果"。强调要建立合理补偿的运行机制，完善财政转移支付制度，加大对重点生态功能区的转移支付力度，建立生态受益地区与保护地区间的横向生态保护补偿机制，通过建立资金补助、产业转移、人才培训、共建园区等多种方式实行补偿。①

　　总之，国家已经形成一系列的生态补偿政策，补偿也被认定是保护生态功能区的重要手段。毫无疑问，来自生态发展区外的补偿是必要的，是生态发展区实现发展转型和更好发展及其为区外发展所作牺牲的回报。论者强调指出：

　　生态补偿政策。坚持共享发展理念和共同富裕目标，制定以地方补偿为主、中央财政补贴的机制。鼓励受益地区与保护地区、流域下游与上游地区，通过资金补偿、对口协作、产业转移、人才培训、共建园区等形式建立补偿关系。加大对农产品主产区和重点生态功能区的财政转移支付力度，使生态产品提供区域和个人得到合理补偿，激励行动者的积极性。②

　　生态补偿是公平公正的体现，也是共商共建和共享的必要机制。补偿机制是强调外在的责任和义务，需要受益者保守诚信和良心，需要受益者在认可后自发地、愉快地履行，需要受益者能够明确感受到其义务是物有所值的，是其受益范围内的，绝不可能在其受益之外。因此，补偿机制的真实履行还受制于受益者发展，其发展快慢往往决定了补偿机制的履行，其不发展或者缓慢发展都会使其义务的履行打折。

　　对于生态发展区来说，生态保护是其必要的责任与使命，更应当明白不仅是为履行对他人义务的保护，因而不仅要有他律，更应当意识到这是自我受益的，因而要有明确的自律。这就要盘活其内部资源，实现其良好的自我发展。发展生态发展区不仅要适应外部世界的发展，还应当主动建立本地产业发展的开放发展机制。这就要利用本地的生态资源，建立与发展内外不分的产业关联，共商共建共享，实质上成为一个彼此不分的内部统一世界。

111

---

① 毛汉英：《序》，乔旭宁、杨德刚、杨永菊等：《流域生态系统服务与生态补偿》，北京：科学出版社，2016 年。

② 周宏春：《习近平要求构建怎样的生态文明体系》，《南方》2018 年第 18 期，第 16－19 页。

保护绿水青山是第一要紧之事。不要以目前简单的所谓产业理念，将绿水青山变成了不能居住和生活的"垃圾场"。当我们还生活在绿水青山中，享受着新鲜空气时，却常常不能察觉它们的宝贵之处，这正是人们极其容易犯的可悲的思维错误。十多年前，在某次政协大会的讨论会中，某县的一位副县长提到东莞和梅州时说：我们更喜欢东莞，尽管人们总是说那里工业污染大，但贫穷的梅州总不会更让人喜欢的。但是，为什么梅州多年来一直被评为"最具幸福感的城市"呢？梅州还获评为"中国十佳优质生活城市"，是首批国家生态文明先行示范区。因为幸福生活需要绿水青山，人们应树立生态保护的充分自觉，仅此而已。

2015年，梅州市政协确定将县域经济作为其调研主课题，在参与此课题调研的过程中，大家皆以环保和绿色为发展理念：如何将绿水青山转变为金山银山？在每一个工业园区，担心的都是在开发过程中怎样才能保护如今的绿色土地。这同样是许多人士的担心，他们强调在招商和发展中应保障梅州的环保和绿色，视之为发展的前提。

二、做大做强饮用水产业

耕山在传统农耕时代里已经是重要的，而在生态文明时代里的耕山需要实现其现代化转型。绿水的产业开发似乎不属于山区，而是完全属于水乡。其实不然，青山其实也蕴含着丰富的绿水资源，唯其山青，其水才绿，这是蓄积之后便可成为做大做强的产业资源，需要给予充分开发和利用。

1. 建立内外相关的饮用水资源产业

利用生态发展区最重要的资源，建立生态发展区与相关区域积极关联的机制，最佳办法就是利用其生态资源，形成内外相关的生态产业。生态发展区里能够与外界共享的，除了外界旅客的旅游消费外，除了一些农殖产品外销，这里的水可以说是最大的资源。要激活现有资源便要相应地创新资源利用机制：

在一些生态环境资源丰富又相对贫困的地区，要通过改革创新，让土地、劳动力、资产、自然风光等要素活起来，让资源变资产、资金变股金、农民变股东，把绿水青山蕴含的生态产品价值转化为金山银山。①

---

① 中共中央宣传部编：《习近平新时代中国特色社会主义思想学习纲要》，北京：学习出版社，人民出版社，2019年，第171页。

中共十九大提出，要坚决打好污染防治攻坚战。为此，经国务院批准，生态环境部联合水利部制订了《全国集中式饮用水水源地环境保护专项行动方案》，要求地方各级人民政府组织做好本辖区饮用水源地环境违法问题排查整治工作，确保饮用水源安全。2018年5月20日，生态环境部组织开展全国集中式饮用水水源地环境保护专项第一轮督查，进一步推动水源地保护攻坚战向纵深发展。"水十条"明确指出，到2020年七大重点流域水质优良（达到或优于Ⅲ类）比例总体达到70%以上，地级及以上城市建成区黑臭水体均控制在10%以内。"十三五"规划纲要用一整章的篇幅强调生态环境的重要性，并首次将地表水质量列为经济社会发展主要指标。水环境问题得到前所未有的关注，水生态治理市场空间将超万亿。

饮用水资源是生态发展区建立其内外相联的重要资源，广东省东江源保护委员会每年要提供给江西省寻乌县、安远县等地不小的一笔补偿金。广东省曾经付出三亿的代价才解决韩江上游福建养猪场的污染源。东江下游包括香港的一些地区与河源市万绿湖之间也建立了饮用水资源保护。作为韩江上源的梅州，同样可以努力建立生态保护机制，实现饮用水产业化。可以如农夫山泉这些公司一样，也可以建立整个流域地区的产业关联机制，成为生态发展区美丽乡村建设的重要一环。

2014年9月5日，根据梅州市政协常委会工作部署，梅州市政协领导带领文史委、社法委的部分委员，对梅江河水质、生态环境保护及古村落保护开发情况进行专题视察，视察组一行乘船视察了梅江河梅城至西阳段水质和生态环境保护情况，进行渔业资源增殖放流。[①] 2015年，梅州市政协经济委发起《关于梅州城区后备水源的开发与利用的界别话题》，就梅州城区后备水源的开发与利用的界别话题进行了广泛而深入的讨论。可见，饮用水问题已经引起了梅州各界的广泛关注。

饮用水资源保护及其产业开发大有前途，也非常有必要，因为开发与利用饮用水资源首先要保障良好生态，然后才能保障提供优质饮用水。绿水孕育青山，建立饮用水产业有助于水质保护，同样有利于山林和耕地。优质水输送到远方人家时，绿水青山不仅继续保留，风景依旧，而绿水青山也真正变成了金山银山。[②]

要开发梅州的绿水青山资源，寻找并形成其产业和产业链。笔者想到了河源的万绿湖，想到了长白山天池，也想到了昆仑山，想到了农夫山

113

---

①　刘奕宏、卢华强：《市政协委员开展水资源和文化资源保护专题视察活动》，《梅州政协》2014年第3期，第25页。

②　魏明枢：《论红色梅州的绿色崛起》，《梅州社会科学》2016年第1期，第34－38页。

泉，也想到了恒大冰泉。为什么香港要饮用万绿湖水？为什么要花大价钱去保护东江源？这就是因为他们已经充分感受到了绿水青山的作用，将绿水青山打造成产业。香港是国际性大都市，是产业集聚的地区，是人口集聚的地区，这就需要大量的用水（包括工业用水和饮用水）。

梅州有着优良的生态环境，显然，梅州如果能够将许多地区的水保护起来，整个粤东的饮用水都可得到保障。五华作为韩江最上游的源头地区，拥有大片的水域，如今五华县城仅用其平南桂田水库的水就已经足够了。益塘水库是粤东最大的水库，库容量1.65亿立方米，库区水面1.2万亩，山地2万多亩，是梅州最大的水库和荔枝种植基地，种有优质水果近万亩，库区大小库湾300多个，特色小岛众多，有"千岛湖"之称。益塘水库周边完全没有工业污染，水质优良。如今，梅州已经确定投入80亿建立其引水工程，要将益塘水库的水引到梅城来。

据《梅州日报》报道：推动投资21.9亿元的五华益塘水库引水工程建设，已初步选定了供水管道铺设线路。① 五华益塘水库引水工程起始于益塘水库，途经五华县、兴宁市、梅县区，最终到达梅州中心城区新水厂，线路全长82公里。建成后年供水量9 500万立方米，日供水量26.03万立方米。目前经省水利电力勘测设计研究院分析研究，初步拟定了三条由水库供往梅州城区的供水线路，分别为东线（沿梅江）、中线（隧洞）和西线（沿205国道）。经方案比选后推荐东线方案，供水线路沿梅江依次经五华河东工业区配套水厂（新建）、兴宁水口工业区配套水厂（新建）、畲江工业园水厂（扩建），至梅州城区新水厂（新建）为终点。线路全程沿途设两级加压泵站，初步估算工程费用约21.9亿元。②

潮汕地区都在担心梅州的环保，担心梅江河水受到污染从而影响潮汕地区的环境。借鉴香港饮用东江水的做法，梅州的水资源或许可以成为整个粤东地区的饮用水资源，更多的水供应更多的人和更宽广的地区，从而形成饮用水产业和产业链。

大埔县高陂镇区域水利枢纽工程的建立，其目标一是防洪，二是保障潮汕饮用水资源。显然，高陂水利工程还是潮汕地区的饮用水工程。结合这些基础设施的建设，将梅州高质量的水资源直接引到潮汕，则两地形成了紧密的关联，实质上也形成了潮汕对梅州生态补偿的另类有效机制，两边受益无穷，何乐而不为？水质保护与生态饮用水产业将有效地促进生态

① 学东：《市水务局全力推进重点水利项目建设》，《梅州日报》，2015年11月15日，第2版。
② 罗诚浩：《益塘水库引水工程建设工作方案出台》，《梅州日报》，2015年10月19日，第1版。

发展区与沿海经济带的区域分工，建立生态区与外界相连相通的长效机制。

生态资源共享工程建设既是本地基础设施的建设与完善，耗资巨大，其保护与利用又不仅仅是梅州本地的事，而应当与韩江下游的人居环境紧密关联，其区域协调必然是广东省的重大工程，或许还可以此作为生态扶贫的重要一环。

2. 加强水资源的保护、利用和开发

关于生态发展区水资源的开发与利用已经有了一系列的制度规定。2016 年 12 月 31 日《广东省人民政府办公厅关于印发广东省生态文明建设"十三五"规划的通知》第 16 款规定：要"构建生态安全战略格局"，"加快生态安全屏障建设"；第 31 款规定了"健全生态保护补偿机制"，其中就有关于保障水资源的补偿与赔偿制度的重要规定：

科学界定生态保护者与受益者权利义务，加快形成生态损害者赔偿、受益者付费、保护者得到合理补偿的运行机制。结合深化财税体制改革，完善转移支付制度，归并和规范现有生态保护补偿渠道，加大对重点生态功能区的转移支付力度，逐步提高其基本公共服务水平。督促落实广西广东九江、福建广东汀江—韩江等跨地区生态补偿协议。开展生态环境损害评估，严格实行生态环境损害赔偿制度。

梅州水资源的利用和开发符合 2017 年 1 月 10 日广东省人民政府办公厅秘书处印发的《广东省生态文明建设"十三五"规划》关于严格水源保护的规定：

加强水源涵养区的生态保护，推进水源涵养林、水土保持林、水源地隔离防护工程建设，严格管护水源地及其上游地区的植被，控制水土流失，保障水源安全。重点加强南岭山地等河流水系上游重要水源地集水区的生态保护，严格限制水污染型项目建设。严格保护饮用水源，优先保护东江、西江、北江、韩江等饮用水源河道，已划定的供水通道严禁新建排污口，对现有排污口制定和实施严格的水污染物排放标准。开展饮用水源地环境风险排查，严控污染源。优化饮用水源布局和安全供水格局，加大城市应急备用水源地建设与保护，加强集中式饮用水源地保护区建设和管理。加强水库型饮用水源保护，加大对入库河流的管控和治理力度，严格限制重要水库集雨区变更土地利用方式。加强地下水保护，实施地下水取

水总量和水位控制，遏制地下水超采，切实防治地面沉降等地质灾害。到2020年，地级以上城市集中式饮用水水源和县级集中式饮用水水源水质全部达到或优于Ⅲ类。

梅州做大做强饮用水产业只不过是开放性关联的重要标的，重要的是以产业构建其开放型经济与社会，绝不能故步自封，绝不能自我消费，绝不能重回小国寡民的时代，绝不能重回小农时代的自给自足。资源型产业的构建其实就是要建立经济带的协调发展，特别是江河流域经济的协调发展。

长江经济带是中央推动的江河流域经济，涉及水、路、港、岸、产、城等多个方面。习近平总书记关于长江经济带发展的理念显然可以被借鉴、运用在韩江流域经济带发展中。他特别强调不同地区要协调发展、现代发展，要"总体谋划和久久为功"。在巡视长江经济带并发表重要讲话时明确提出，长江经济带的各个地区、每个城市在各自发展过程中一定要从整体出发，树立"一盘棋"思想，实现错位发展、协调发展、有机融合，形成整体合力。①

饮用水产业前景广泛，却是未来的远景布局。有人则强调，美丽中国战略的实施会根本上保障各地饮用水资源，届时饮用水布局会失去意义。他们指出：

2017年，全省地级以上城市集中式饮用水水源100%达标；71个国家考核地表水断面水质优良比例达到81.7%，劣Ⅴ类断面比例控制在8.5%，达到国家年度考核目标；全省243个黑臭水体中有191个完成整治。②

保护水资源和建立饮用水产业显然与扶贫攻坚、美丽梅州建设是一致的，也是梅州发展既定产业的延伸。诚然，饮用水产业只能建立在近期规划中，其远景将是在近期的基础上的展望。梅州必须建设好这种良好的水生态环境，完善饮用水产业的基础设施，美好的风景和清澈的水质自然会让人羡慕，让人看了心动而自愿自觉地接纳，这才是真实的。相反，没有自我建设，没有扎扎实实地工作，只是在幻想美好未来，以为手里握着一

---

① 《习近平主持召开深入推动长江经济带发展座谈会并发表重要讲话》，2018年4月26日，新华社"视频"。

② 黄进、谢庆裕：《国家最严格水资源管理考核组来粤考核》，《南方日报》，2018年5月24日，第A05版。

只鸡蛋就必然能够孵化出一群鸡，进而建一栋房子等，这是完全不切实际的。

撸起袖子，真抓实干才会有未来。首先，梅州要继续加大饮用水的基础设施建设，完善相关水库、水域的基础设施。其次，输送益塘水库饮用水到梅城等地的工程可做更加长远的规划，不能只看到眼前。再次，要切实保护好梅州的绿水青山。要在梅州各地地表水、饮用水水源地建立保护区，切实保护好各级保护区的水质。加强水源地周边生态管理，严禁在保护区内发生毁林事件，因为"山水林田湖是一个生命共同体，人的命脉在田，田的命脉在水，水的命脉在山，山的命脉在土，土的命脉在树"；要加强对周边百姓的宣传教育，严禁在保护区内从事污染水体的活动。

三、大力发展集体经济以适应社会化大生产

在农耕文明时代，由于生产力的限制，资源主要是耕地，那时土地对人口的承受力是有限度的，生产和生活都必须分散，不然就会因天灾、战争等因素而强制限员，这是马尔萨斯人口论的基本观点，也是符合实情的公认观点。随着工业革命的发生与发展，人类社会进入工业文明时代。特别是第二次工业革命以来，随着近代工业的兴起，工厂制取代了过去的手工业工场，人们集中生产，集中生活，人力、物力、财力都在不断地集中。因人口的集中导致城市的不断扩展，因规模化、标准化的社会化大生产而形成财力、物力的集中，也形成垄断组织。

工业文明时代的"集中"与农耕文明时代的"分散"形成了鲜明的对比。人力、物力和财力的集中成为现代社会最基本的生产、生活模式，社会化大生产成为现代产业根本模式。进入生态文明时代，社会化大生产还特别强调其"绿色"特征，集中必然有更高的要求，所有的生产（无论是工业还是农业）都必须集中，而不是分散的。

要进行社会化和规模化、标准化的大生产，股份公司成为极其重要的经营模式。人力、物力和财力向城镇集中也成为必然，对新型城镇化和城市化的新道路必须给予足够的重视。这同时也表明，区域社会可以实现因资源移动和集中带来的跨越式发展。

因此，走向现代发展必须要求集中，集中又要求发展的共商共建共享，共享需要社会的二次分配，要求具有博爱情怀的社会，有世界眼光的企业家、政府官员，去把握区域性的时代发展，引领时代进步。当代社会生产必须是在有组织的、以规模化和标准化为特征的社会化大生产中进行的，实现其绿色发展。

实施乡村振兴战略首先强调"产业兴旺","产业"和"兴旺"的内涵是什么？有何形态？应如何发展？这是实施乡村振兴战略必须首先明确的一点。显然，"产业兴旺"绝不是指遍地开花的个体的、家庭的产业，而应是现代化的、社会化的大生产，应当是有组织的集中生产。

有些同志在谈到实施乡村振兴战略时强调："产业兴旺，主要有两方面的任务，一个是发展集体经济，一个是带领群众致富。"前者强调"集体经济"，后者则强调"民众生活"。这里包括两种不同的所有制，其实也是两种不同的生产方式，将现代的社会化大生产与传统社会里的小农经济区分开来，群众致富已经不再是个人之事，而是个人、家庭、集体和政府的共同之事。乡村振兴是社会各界合力的和谐。浙江实施乡村振兴战略对此已经有许多成功经验，采取了许多不同的组织模式，值得借鉴。

1. 政府的组织引导起到了关键作用

其一，"政府干预"在社会化大生产中有其特殊必要性。工业革命之后，政府的组织作用以及能人在其中所起的影响愈来愈重要。人财物之集中导致社会发展愈来愈复杂，规模化、专业化和社会化大生产要求社会有序发展，生产过程有条不紊且高效，各顾各的传统分散小农经济显然已经不能符合时代的要求了。

其二，近现代以来的历史证明，国家和政府的积极干预在后发地区实现现代化进程中起着极其重要的作用。近现代世界历史上，后发地区的快速发展无一不是政府高效引领的结果。在德意志第二帝国的发展中，政府干预是其中的重点。日本明治政府实施殖产兴业、文明开化和富国强兵三大政策，皆由政府强力推进。晚清新政之失败，其政府权威缺失带来领导力不足则被认为是最重要的影响因素。

浙江实施乡村振兴战略之所以能够取得如此良好的成效，与政府的积极引导是分不开的。"两山"理论的提出及实施，是政府因地制宜施政的结果。他们清醒地认识到当地的现有资源，有效利用村内闲置资源。发展农村经济就是要结合本地实际，发挥优势，扬长避短。综观这些乡村产业的兴起，重在资源的挖掘、转型，这就要盘活资源，比如盘活文化旅游资源，打造当地旅游特色；盘活闲置资源，为农业、农村、农民增收。有委员即强调："建设美丽乡村之关键在科学规划。"建议各级政府在做美丽乡村规划设计时要因地制宜，根据地理位置的不同，形成一村一景、一村一业、一村一特色。

2. 股份公司模式是适应社会化大生产最重要的经营模式

综观西方近代历史，股份制是近现代以来适合积小钱办大事的集腋成裘式的生产组织形式。西欧社会走出中世纪，股份公司功不可没。中国改革开放之初，为适应当时国情，采取了必要的家庭联产承包责任制，很好地调动了群众的生产积极性。随着经济社会的发展，小农经济与时代的不适应性也随之显现，股份制改革逐渐成为重要的时代方向标。如今，中国的股份公司正在迅速崛起，其融资及经营生产方式正风生水起，国家和政府正在想尽千方百计搞好融资。显然，这已经不仅仅属于城市的，而是城乡共同的生产经营模式。

　　浙江在实施乡村振兴战略中积极引入股份公司，实施股份制改革。天荒坪镇大年初一风景小镇是村民根据股份制建立起来的，其他美丽乡村示范点都是实施股份制较好的。有委员强调，"集体＋农户"的发展模式，以村集体为组织者、牵头者，唤醒闲置土地、房屋等"沉睡的资产"，不断壮大村集体经济，为乡村建设奠定坚实的基础。

　　股份制在不同的乡村其形态也是不同的，体现出强烈的中国特色。有委员强调：要积极培养农民"土专家"、致富带头人、营销经纪人，形成"公司＋合作社＋农户""公司＋经纪人＋农户""农户＋超市""互联网＋"（合作社、农户）等多种生产经营模式。实际上，集中生产和股份合作成为其中的基本方向。

　　股份公司从其被认可，到试行，再到全面铺开，到如今的全面发展，是因为这里有大量先进的人在"吃螃蟹"，它是先进的人们共同努力带动的结果。尽管如此，新生事物在初始阶段总难免有太多的设计漏洞，制度的完善总是在事件的完善进程中实现的。比如，大量的阻力让土地流转不容易，村民难免只管眼前自我利益，却完全没有对未来的考量和时代感，以致不自觉地滞留于传统的小农经济中。思想解放和能人带动显然是重中之重。

　　总之，现代化的生产和生活要求采取有效方式，形成社会化大生产，要积极发挥政府在现代经济生产中的宏观组织与协调作用。2019 年 6 月，国务院已印发《关于促进乡村产业振兴的指导意见》，明确指出乡村产业存在产业门类不全、产业链条较短、要素活力不足和质量效益不高等问题，同时强调支持符合条件的农业企业上市融资。① 据央视新闻 2019 年 7 月 14 日报道，农业农村部副部长余欣荣表示，今年中央财政拟安排 100 亿元资金，重点支持发展农产品初加工、创建特色品牌、建设特色产品基地等。今后，将加快建设乡村产业园区和产业集群，推动乡村一、二、三产

119

――――――――――
　　① 《乡村产业振兴指导意见发布　支持符合条件的农业企业上市融资》，《证券日报》，2019 年 6 月 28 日。

业融合发展。支持打造"一村一品、一乡一业"的镇域产业集群，力争用5年时间，建设1500个农业产业强镇，辐射带动乡村产业发展。显然，这是乡村产业振兴的根本方向，表明乡村振兴与新型城镇化、股份制融资等生产经营方式要相为表里，相互配合。

四、致富路上须警惕"资本"之"野性"

乡村经济与社会的发展，其发展的主体与目的就是村民。不忘初心，方能致远。集体经济的发展须充分重视"资本"的副作用，绝不能让"资本"抹去"乡情"，绝不能让资本劣性取代应有的人性。

1. 资本的"野性"

资本是近代西方"复兴"与发展的重要手段，是欧洲走出中世纪而进入近代的基本要素。然而，资本的发展却让西方思想家们忧心忡忡，空想社会主义及各色思想家们提出了各式各样的社会改革方案，其根本都出于对伴随资本而来的利己主义及其对人与人之扭曲关系的认识。让我们重新温习马克思在《共产党宣言》中关于资产阶级的论述：

资产阶级在它已经取得了统治的地方把一切封建的、宗法的和田园诗般的关系都破坏了。它无情地斩断了把人们束缚于天然尊长的形形色色的封建羁绊，它使人和人之间除了赤裸裸的利害关系，除了冷酷无情的"现金交易"，就再也没有任何别的联系了。它把宗教的虔诚、骑士的热忱、小市民的伤感这些情感的神圣激发，淹没在利己主义打算的冰水之中。它把人的尊严变成了交换价值，用一种没有良心的贸易自由代替了无数特许的和自力挣得的自由。总而言之，它用公开的、无耻的、直接的、露骨的剥削代替了由宗教幻想和政治幻想掩盖着的剥削。

资产阶级抹去了一切向来受人尊崇和令人敬畏的职业的神圣光环。它把医生、律师、教士、诗人和学者变成了它出钱招雇的雇佣劳动者。

资产阶级撕下了罩在家庭关系上的温情脉脉的面纱，把这种关系变成了纯粹的金钱关系。①

社会主义之所以在西方兴起，其原因自然是西方近代社会之"不公"与"不均"，其发展成果并未真正惠及于全社会，虽然英国很早就有"济贫法"，而这却是"博爱"背景下富人对穷人的"施舍"，是基于社会贫

① 马克思、恩格斯著，中共中央马克思恩格斯列宁斯大林著作编译局编译：《共产党宣言》，北京：人民出版社，2014年，第30页。

富不均的"慈善"和"救济",而它后来也被"新济贫法"取代。

2. 欧美社会对资本"本性"的纠偏

事实上,西方近代社会也是充分认识到其社会"不公"的,既不"公正"也不"公平""公开",故而有了剧烈的激情"革命",也有了强烈的社会立法和温情"改革",即使如俾斯麦亦认定其社会立法和改革的必要。如今欧美国家之政治体制显然已不再是当年那种"赤裸裸的"资本体制,而被称为"混合体制"。

美国宪法史上有所谓的"1877年妥协",这是美国内战之后南北方之间的妥协。美国的历史时代亦可谓"宪法时代",其时代性常被宪法所规定。让我们读一读美国学者对于这个时代的"宪法解读":

实质上妥协中的政治家们与全国其他人所做的一样,也就是说,攫取一切。这是一个镀金时代,正如罗伯·巴龙通过一切可能的手段来创造利益,包括垄断、谋财害命和行贿。

那个时代的法则是贪婪,为保护这个法则而给它冠以"个人解放""自由""天赋""个人主义""适者生存"等美名。

律师(和法官)代表着富有阶层,他们在会议和组织中利益相关,因而鼓励每个人使用这样的话来阐释宪法。实际上,他们已经确认解释宪法是如此特殊的一门科学,只有他们才可以做到。结果是最高法院通过一系列决定来压制任何人妨碍自由人、白人和富人。[1]

19世纪中后期的美国正是内战充分释放了生产力的时代,其经济与社会的发展是如此欣欣向荣,日新月异,到19世纪末便一举拿下经济"全球第一"。但就在这种发展的背后其实仍然存在着各种阴暗,而且是由宪法和法律所规定的"体制性"的。直到美国进步运动后,美国宪法形成了第十六/十七条修正案,才初步纠正这些问题:

第十六条修正案用以否决普洛克诉农民信贷公司,以政府的权力来迫使富人把他们的财富还给社会。

第十六条:国会有课征所得税之权,不问其所得之来源,其收入不必

分配于各州，亦不必根据户口调查或统计以定税率。①

以"所得税"来调节收入不均而来的贫富分化，这就与此前不同，有了社会财富的第二次分配，其实质是对资本及投资收益分化而来的贫富分化进行了必要的调节。如果说第十六条修正案解决经济贫富分化问题，第十七条则解决政治地位分化问题：

第十七条修正案给予人们自己选举参议员的权利。

议员由州立法机关选出。（贿赂一个州立法机关比贿赂整个州要容易得多。）

第十七条：合众国参议院由各州人民选举参议员两人组成……②

第十七条宪法修正案确保民众地位，确保其民主平等的政治权利，这是政治上的调节，与第十六条经济上的调节相辅相成，其公平和公正便因此而向前推进了一大步。

3. "合作"乃人类文明进步的根本特征

值得指出的是，文明的基础在于组织和秩序，人类形成组织和秩序然后才进入文明世界，故亚里士多德强调：

城邦显然是自然的产物，人天生是一种政治动物，在本性上而非偶然地脱离城邦的人，他要么是一位超人，要么是一个鄙夫……③

他说"人在本性上是政治的"④，"政治目的是最高的善"⑤，强调"人自身的善也就是政治学的目的"⑥，"政治学考察高尚和正义"⑦。他强调社会优于个人，人必然要生活在特定的社会组织中，否则就是"鄙夫"——

---

① ［美］史蒂文·巴克曼著，初晓波译：《美国宪法入门》，北京：东方出版社，1998年，第106页。

② ［美］史蒂文·巴克曼著，初晓波译：《美国宪法入门》，北京：东方出版社，1998年，第106页。

③ 苗力田主编：《亚里士多德全集》（第八卷），北京：中国人民大学出版社，1994年，第6页。

④ 苗力田主编：《亚里士多德全集》（第九卷），北京：中国人民大学出版社，1994年，第13页。

⑤ 苗力田主编：《亚里士多德全集》（第九卷），北京：中国人民大学出版社，1994年，第19页。

⑥ 苗力田主编：《亚里士多德全集》（第九卷），北京：中国人民大学出版社，1994年，第4页。

⑦ 苗力田主编：《亚里士多德全集》（第九卷），北京：中国人民大学出版社，1994年，第5页。

"无族、无法、无家之人"，是卑贱的、好战的，"就仿佛棋盘中的孤子"①。

据西方当代学者的新研究，"合作是人类的本质特征"——英国利兹贝克特大学（Leeds Beckett University）心理学学者史蒂夫·泰勒发表文章《人类不是天生自私——我们实际上可以合作》（Humans Aren't Inherently Selfish——We're Actually Hardwired to Work Together）称：

> 人类本质上并不是自私的，其所展现出来的负面特征，受到了环境和心理因素的影响，是后天形成的。人性中，"善"的一面比"恶"的一面更根深蒂固，因此，世界上大多数人还是乐于与他人合作，推崇平等主义及利他精神的。②

4. 中国特色社会道路的历史必然性及其"道路自信"

文明是逐渐进步的，却有其坚实的土壤。"丛林法则"正是基于个人的无序之争，文明则是基于人与人之间的规则而形成和发展的。因无序而纷争是为野蛮，因纷争而定序则为文明。文明实现了人与人之间的伦理确定，其伦理内涵亦将随生产力的提升而逐渐地进入更高层次。让我们重温邓小平在经济发展与人类社会进步关系问题上的讲话：

123

> 有计划利用外资，发展一部分个体经济，都是服从于发展社会主义经济这个总要求的。鼓励一部分地区、一部分人先富裕起来，也正是为了带动越来越多的人富裕起来，达到共同富裕的目的。③

有鉴于近代西方，亦基于中国传统，近现代中国选择了社会主义道路。如今，社会主义中国已经走进了新时代，有着充分而明确的"四个自信"。新时代中国特色社会主义道路坚持共商共建共享，在脱贫致富的道路上，一个也不能少。乡村振兴发展，岂能不警惕资本之"野性"！

---

① 苗力田主编：《亚里士多德全集》（第八卷），北京：中国人民大学出版社，1994年，第6页。

② 赵琪编译：《合作是人类的本质特征》，《中国社会科学报》，2020年8月24日，第3版。

③ 邓小平：《在中国共产党全国代表会议上的讲话》，《邓小平文选》（第三卷），北京：人民出版社，1993年，第142页。

第三章　打造独特人文的全域旅游生态

梅州旅游萌芽于"七五"（1986—1990）期间，起步于"八五"（1991—1995）期间，"九五"（1996—2000）期间有较大发展。旅游业规划建设从1985年开始陆续铺开。[①] 1979—2000年，梅州逐步形成了旅游景区、旅游饭店、旅行社、旅游交通、旅游商贸相结合的旅游产业体系。[②]《梅州旅游业发展探索》[③] 成为其初步的总结。

进入21世纪之后，梅州旅游业形成加速发展态势，其影响力也逐渐提升。梅州曾被评为广东"最受车友欢迎目的地""最佳休闲城市"；2013年9月，叶帅故园等十八个景点被评为"梅州十八景"；2017年2月，叶帅故居等被评为"客都十大文化地标"；2018年，全市旅游总收入504.31亿元，同比增长13.28%。2016年，梅州市入选第二批国家全域旅游示范区创建单位名单，梅州旅游进入全新发展阶段。2017年8月，梅州市政府编制发布《梅州市全域旅游发展规划（2017—2030年）》，积极推动梅州"景区旅游"向"全域旅游"转变。

每个地区和每个行业的发展总是先挖掘其独特资源。梅州是中国著名的华侨之乡，在第十二届世界客属恳亲大会上，被尊为"世界客都"；梅州还被称为"广东汉剧之乡""广东汉乐之乡""金柚之乡"……形成了许多独特的旅游资源品牌：叶帅故里、世界客都、"世界长寿乡"蕉岭、世界球王李惠堂旧居、足球之乡、国际慢城雁洋镇等；打造了许多著名景点：千佛塔、人境庐、叶帅故居等。随着乡村旅游的发展，每个地区都会受到客源分流等影响，梅州旅游业便受到了潮汕、赣州等相邻地区的竞争。

梅州具有良好的发展全域旅游的基础条件。梅州的人和事，梅州的历

[①] 梅州市地方志编纂委员会编：《梅州市志：1979—2000》（上册），北京：方志出版社，2011年，第457页。

[②] 梅州市地方志编纂委员会编：《梅州市志：1979—2000》（上册），北京：方志出版社，2011年，第458页。

[③] 中共梅州市委宣传部、梅州市社会科学联合会编：《梅州旅游业发展探索》，梅市准字〔2001〕第31号，2001年。

史与文化，梅州的青山与河川都独具风格与特征。遍布梅州的围龙屋与古村落，以及深厚的客家文化底蕴，都为梅州打造"全域旅游"提供了良好的人文和自然资源。梅州拥有 40 多处中国传统村落，是广东省唯一的全域原中央苏区市，这些资源都浸润着深厚的客家文化，都是开发梅州全域旅游的重要资源和便利条件。

旅游开发必须和文化与文物保护相统一，更不能破坏良好的自然生态系统，旅游产品和市场的开拓也必须符合其发展生态要求。梅州全域旅游时代必须强调"全域"和"生态"，其旅游开发和打造必须"引领时代"，须知"只有民族的才是世界的，只有引领时代才能走向世界"。①

对于梅州来说，客家文化及其旅游资源的独特性是毋庸置疑的，其开发及其时代性的引领却是根本的。文化不仅是累积的、沉淀而成的，沉淀而成的文化还必须被挖掘、打造，然后才能真正适应本土发展，才能被大众更好地接纳，才能形成引领时尚的先进文化。与此同时，全域各地区都必须有所取舍，全域一盘棋，形成既相关联又各成特色的旅游产品与市场，形成全域旅游的良好发展生态。

本章核心关键词是"全域旅游"，第一节"推动梅州进入全域旅游的生态新时代"反思梅州旅游发展的基本状态；第二节"打造琴江水系历史人文和生态旅游品牌"探讨梅江上游旅游生态的构建；第三节"转变和发展客家传统民居建筑的使用功能"是早期所写文章之修订，其主旨是关于客家旧村落（特别是华侨特色民居）在新时代的保护、利用与开发；第四节"打造客家传统民居的文化旅游品牌"思考客家特色人文与全域旅游的关联。

第一节　推动梅州进入全域旅游的生态新时代

世界各国、各地区都重视旅游，誉之为无烟产业、朝阳产业。形成特色旅游区的关键在于其独特而无可替代的资源条件，江河之源头特别是重要的分水岭地区也因此被划定为重要的生态发展区，成为文化旅游的重点建设区域，如留尼汪的特色旅游小镇就设在其中部的山区，海南岛的五指山地区也成为核心生态区。生态发展区建设需要首先重视内部资源的开发与利用，其资源不仅是有形的物质的设施，还应当有无形的文化和精神。

---

① 中共中央党史和文献研究院、中央"不忘初心、牢记使命"主题教育领导小组办公室编：《习近平关于"不忘初心、牢记使命"论述摘编》，北京：党建读物出版社，2019 年，第 47 页。

打造发达的旅游业需要不断深入挖掘其内在的文化资源、生态资源和山水资源，这些都是其最基本的资源。

梅州的生态发展区地位已经被确定，是广东重要的生态发展区，发展仍然是其第一要务，这是梅州最基本的市情。在乡村振兴战略的实施进程中，全域旅游理念应当受到重视并付诸实践，其山水开发也应当打造更多的旅游品牌路线，应整合相关资源，做活山水人文的文章。梅江水域历史人文应当成为梅州全域旅游规划与开发重点思考的内容。

一、梅州全域旅游规划与开发概况

梅州被誉为世界客都，是国家级历史文化名城，历来有文化之乡、华侨之乡和足球之乡的美誉。其独具特色的古村落、客家围龙屋和近代中西合璧的华侨建筑，因其形态独特和历史人文资源丰富而受到了社会各界的高度重视，一批名镇名村已经成为重要的旅游资源，被打造为乡村旅游重要路线，形成了乡村文化旅游品牌，如大埔县的百侯镇、梅县区的松口镇及梅县区南口镇的侨乡村等。近年来，梅州提出打造梅江韩江绿色健康文化旅游产业带，其乡村文化旅游方兴未艾。与此同时，全域旅游逐渐兴起，梅州成为其中重要的先行者，正在努力规划，打造全域旅游品牌。

1. 从景点旅游向全域旅游的发展

2015年8月，国家旅游局颁布了《关于开展"国家全域旅游示范区"创建工作的通知》，旨在推动旅游业由"景区旅游"向"全域旅游"发展模式转变，启动开展国家全域旅游示范区创建工作。全域旅游是指旅游业为区域内的优势产业，通过对旅游业的整体规划、建设、管理、运营，带动和促进区域经济社会协调发展的理念和模式。全域旅游示范区则是先行区和创新区，是旅游改革创新试点。国家全域旅游示范区创建单位则是指在投资预算、旅游基础设施建设、旅游宣传推广、重点旅游品牌创建等方面可获得优先支持的重点对象。

2016年2月，国家旅游局公布了首批国家全域旅游示范区创建名录，共计262个，其中广东有7个单位；同年11月，国家旅游局公布了第二批国家全域旅游示范区创建名录，共计238个，广东有7个单位，梅州名列其中。这是对于梅州积极推进旅游产业发展的肯定。多年来，梅州在特色小镇、特色文创、旅游电商、自驾露营、养生保健、乡村民宿等特色旅游休闲业态中取得了一定的成绩。同年12月，梅州市创建国家旅游休闲示范城市工作通过了广东省评估验收专家组的初评。

2016年9月7日，《梅州市人民政府办公室关于印发梅州市旅游发展

"十三五"规划（2016—2020）的通知》（梅市府办函〔2016〕96号）颁布，《梅州市旅游发展"十三五"规划（2016—2020）》正式实施。梅州市旅游发展"十三五"规划的总体目标是：

树立"全域旅游"理念，以创建"国家旅游休闲示范城市"为抓手，强力推进梅江韩江绿色健康文化旅游产业带建设。围绕新型城镇化的推进，以优化存量倒逼城市升级，以开放市场增强发展动力，以业态创新提升竞争优势，以做强龙头带动规模扩张，以万众参与夯实产业基础，加快推动梅州旅游从"景点旅游"向"全域旅游"转变。推动梅州建设成为广东文化旅游特色区、粤东北区域中心城市、国家养生休闲产业创新区。

同时，发挥旅游作为支柱型现代服务业的作用，培育旅游产业成为城市经济发展的核心动能，立足全局加强顶层设计，推进相关产业深度融合发展，实现旅游产业升级和城市发展的双提升。

"十三五"规划开宗明义便强调，要树立"全域旅游"理念，从"景点旅游"向"全域旅游"转变。梅州的具体目标定位："广东文化旅游特色区""粤东北区域中心城市""国家养生休闲产业创新区"。着力强调旅游业的推动作用："实现旅游产业升级和城市发展的双提升。""十三五"规划为梅州旅游实践作了具体的方向指引。

2. 广东省"十三五"旅游业发展规划中关于梅州全域旅游业的规划

2017年3月2日，广东省人民政府印发《广东省贯彻落实国家〈"十三五"旅游业发展规划〉实施方案》（以下简称《方案》），对广东省实施"十三五"旅游业发展作了具体的规划。

其一，广东省全域旅游有其具体的功能分区，梅州市被划入"粤东西北地区绿色生态旅游"，规定了"绿色生态"的发展方向。《方案》强调创建全域旅游示范区：

全域旅游建设取得突破性进展。粤港澳大湾区世界级旅游区建设取得重要突破。基本建成珠三角地区全域旅游城市群，粤东西北地区绿色生态旅游发展取得显著成效。建成一批国家级和省级全域旅游示范区。

大力推进全域旅游示范区建设。围绕全域统筹规划，全域资源整合，全要素综合调动，全社会共治共管、共建共享的目标，加快推动全域旅游示范区建设。"十三五"期间，创建20个左右国家级全域旅游示范区和40个左右省级全域旅游示范区。

在"绿色生态"基本定位中，梅州市是国家级全域旅游示范区创建单位，梅县区、平远县、大埔县和丰顺县被列入广东省级全域旅游示范区创建单位，大埔县三河坝战役纪念园被列入13个红色旅游经典景区，大埔县坪山梯田旅游区自驾房车营地、丰顺县八乡山大峡谷旅游景区房车营地、平远卧佛山汽车营地被列入22个在建自驾车旅居车营地，梅州低空旅游是17个低空旅游示范项目之一，梅县区雁洋镇是省内20个全国特色小镇之一、大埔县百侯名镇旅游区则是8个省文化旅游整合发展示范区之一，雁洋旅游小镇、留隍旅游小镇、五指石旅游区则被纳入广东省旅游业"十三五"重点项目。

其二，《方案》提出"构筑新型旅游功能区"：提升珠三角旅游城市群的核心竞争力、重点打造跨区域特色旅游功能区（带）和建设旅游风景道。第一，梅州与汕头、潮州、揭阳被归入海峡西岸旅游区，强调"发挥汕头、潮州、揭阳、梅州等城市特色旅游产品优势，加强粤闽台区域交流合作"。第二，梅州—潮州—汕头组建了梅江韩江旅游风景道。第三，在"推进一批特色旅游目的地建设"中，平远县五指石成为山地旅游目的地，大埔县客家古民居群成为古建筑群落与休闲街区旅游目的地，其他如主题公园旅游目的地、滨海海蚀游目的地、南粤古驿道旅游目的地则是其他地区的特色。其实，梅州亦拥有主题公园、古驿道等旅游资源。

其三，《方案》规划重点打造七大精品旅游线路，其中第四是客家风情游：梅州（雁南飞、客天下、大埔围屋）—河源（万绿湖、巴伐利亚庄园、林寨古村）—惠州（南昆山、罗浮山），串联了梅州、河源、惠州三大客家区域，与东江、梅江这两大旅游风景道相交叉，是东江中上游与梅江流域之关联区。

二、梅州全域旅游的不平衡与不充分发展

在努力发展旅游产业的进程中，梅州积极响应国家旅游局和广东省创建全域旅游的号召，大力推进全域旅游建设，其效果与不足都是明显的。

1. 梅州全域旅游的举措

2017年4月12日下午，梅州市委、市政府召开创建"国家全域旅游示范市"工作会议，梅州创建"国家全域旅游示范市"计划全面启动，构建梅州全域旅游的新型旅游发展格局。梅州市委书记谭君铁强调，梅州旅游要从原来孤立的点向全社会、多领域、综合性的方向迈进。广东省旅游局局长曾颖如强调，梅州具备发展全域旅游的独特资源优势和条件，希望梅州围绕全域旅游发展战略，积极推进旅游供给侧改革，加强和完善旅游

产业基础设施建设，强化细化核心景区打造，完善景区景点衔接，促进旅游转型升级，提质增效。①

2017年5月，广东省旅游局公布第二批全域旅游示范区创建名单，全省共20家单位上榜，梅州市的梅江区和蕉岭县名列其中。

2017年7月21日，《梅州市人民政府办公室关于印发梅州市贯彻落实省市"十三五"旅游业发展规划实施方案的通知》（梅市府办函〔2017〕127号）明确强调：《梅州市贯彻落实省市"十三五"旅游业发展规划实施方案》的制订，是为认真贯彻落实《国务院关于印发"十三五"旅游业发展规划的通知》《广东省贯彻落实国家〈"十三五"旅游业发展规划〉实施方案》及《梅州市人民政府办公室关于印发梅州市旅游发展"十三五"规划（2016—2020）的通知》精神，全力创建"国家全域旅游示范市"，全面推进广东梅江韩江绿色健康文化旅游产业带建设。内容分三部分：发展目标、重点任务、保障措施。

2017年9月29日，广东省旅游局发布《广东省全域旅游示范创建重点工作指引（2017—2020）》，其中广东省全域旅游示范区创建名录共62个：14个国家全域旅游示范区创建单位，梅州为其中之一；48个省级全域旅游示范区创建单位，梅县区、平远县、大埔县、丰顺县名列第一批创建单位（27个），梅江区、蕉岭县则名列第二批创建单位（21个）。五华县古大存故居是梅州市重点红色旅游景区。

2. 梅江下游区域旅游的良好发展

梅州在广东省旅游"十三五"规划中有其突出的地位，这是对其过去发展成绩的肯定。梅州旅游重点强调了生态休闲和客家、红色文化，生态和自然风景是其现实的背景特征，客家和红色已经成为其重要的历史文化内涵。寓于建筑中的客家和侨乡文化被较好展示出来。

梅州已作为全域旅游国家级示范区创建单位，得益于梅县、大埔等韩江、梅江流域的旅游开发。梅县等地旅游业的发展有其先知先觉的意义，20世纪80年代初便已经开始了："梅县雁洋区农民集资三万多元，在阴那山旅游胜地举办了一家旅游公司，七月二十日正式开张。旅游公司内设茶座、冷饮、饮食快餐、小百货、照相、导游、娱乐室和书报阅览室。还筹建一座能容纳百人住宿的小旅馆。"这些地区旅游经济的发展与其外界条件如侨资、政治中心及交通相对发达紧密相关。②

129

---

① 《梅州创建"国家全域旅游示范市"全面启动》，新浪网，2017年4月17日。

② 李金水：《梅县雁洋农民兴办旅游公司》，（毛里求斯）《镜报》，1984年8月18日，第1版。

梅州近年已经提出并且正在努力打造梅江韩江绿色健康文化旅游产业带，开发了一些旅游景观。这些景观多以梅州良好的生态为依托，强调休闲、乡村游，同时串联起梅州传统客家村落，如前所述，这些景区多集中于梅江下游水域，如梅江区、梅县区、丰顺县、平远县、大埔县，这些地区恰恰是"嘉应五属"建立前的"潮州府"属地，如以客家华侨为重点打造的梅县区南口镇侨乡村、"千年古镇"松口镇、"中国名镇"大埔县百侯镇，等等。

这些地区的文化乡村旅游已经风生水起，串联起了一系列村庄，也打造了一系列的山头，利用了一系列的名人效应。比如，丰顺县利用其名山、名镇打造其旅游龙头。一是"韩江重镇"留隍镇正在打造旅游特色小镇，其佛教、养生、宋城等文化受到了高度的重视。二是着力打造韩山景区，以韩愈曾经途经的"韩山"为中心，集韩愈文化、森林生态、温泉度假、漂流探险、宗教朝拜等旅游资源于一体，串联丰良、建桥、北斗三镇，与其他旅游景点相结合，打造集会议、休闲养生度假、韩愈文化体验、有机茶园观光、山地休闲、宗教朝圣于一体的休闲度假旅游目的地。三是八乡山景区，依托八乡山的生态和景观。这些景观虽然都有水的因素，但其重点还在于山，是串联名山，更多是串联名村、镇。

3. 琴江、宁江流域旅游的不充分发展

与"嘉应五属"建立前"潮州府"属地旅游业建设不同，梅江上游的琴江水系在其旅游业方面并不突出，打造"梅江韩江绿色健康文化旅游产业带"似乎不包括琴江水系。琴江水系的兴宁、五华在"嘉应五属"建立前属于"惠州府"，其在打造旅游产业方面已经落在后面。在松口举办第一届农民丰收节的直播节目中，五华和兴宁是梅州两个缺乏标志性产品的地区。造成此种局面的原因是具有当地历史、地理标志性的产品未形成生产规模，其影响力不足。如今，梅州市已被列为国家全域旅游示范市创建单位，突出推进产业升级，着力解决旅游服务基础设施建设。与此同时，确实有必要着力打造琴江水系旅游业。

在梅州被授予国家级全域旅游示范区创建单位之时，五华县、兴宁县却完全没有存在感，成为被遗忘的"缺角"，这与其前期的成果与行动紧密相关，也说明了其发展的紧迫性。五华与兴宁地处梅江最上游地带，旅游开发应突出其优势生态地位。

五华县与惠州、河源、汕尾相连，其华阳镇与龙村镇地处梅江上游的琴江流域，分别是梅州市的西南和东南大门，其老县城华城地处梅州西向的水陆交通要道，其江河水道和传统交通干道传扬着大量的人文故事，有其丰富的历史文化内涵，完全可以成为其旅游开发的重要资源。

梅江已经成为省市旅游规划重要风景路道，梅州特别强调"全面推进广东梅江韩江绿色健康文化旅游产业带建设"，其全域旅游规划中被重点强调的大概是这几个：梅城的"一江两岸"及老城区、梅县区松口镇、大埔县三河镇、丰顺县留隍镇。它们集中在梅州中下游地区，可见舆论多认为游客在梅州停留时间短，与其旅游线路短显然不无关系。

梅江上游的旅游规划与景区少，其旅游发展远远落后于中下游地区，这有其内在的原因，应当作现实与历史的深入反思。值得指出的是，梅江上游地区的旅游规划意义重大，随着高速公路等交通网络体系的发展，其重要性不言而喻。目前，一是需要大力保护其生态环境，其高速公路上往两边望全是裸露的山岭，值得大力整改；二是需要努力挖掘其历史文化内涵，多做文化创新和研究工作，为其文化旅游开发作基础性的铺垫。

总之，梅州已经跻身于全国全域旅游创建单位之列，体现其全域旅游之进步与发展。然而，梅州全域旅游之发展不平衡和不充分，全域理念仍然不充分，景点和景区仍然成为旅游主要形态。

三、深厚的梅江历史文化是打造全域旅游品牌重要的特色资源

河流曾经是内陆主要的交通干道，也因此产生过许多文明，大量文化遗址如今依然存在。梅江水系之文明发展较早且很发达，在梅州各县市区的历史发展中地位重要：梅江是梅州的母亲河，琴江、五华河是五华县的母亲河，宁江是兴宁市的母亲河，程江则是平远县、梅县的母亲河，石窟河是蕉岭县的母亲河。这些河流历史文化底蕴深厚，承载着客家历史文化和其他许多文化的共同基因，其文化传承和独特意蕴，既值得大力保护，还值得深入挖掘。

串联相关的历史人文和自然生态景观，梅江水系的不同河道形成了天然的线索，其独特的文化魅力，可成为全域旅游开发、深入打造精品旅游线路的重要资源。倘佯在生态发展区的绿水青山中，游客们既游山又玩水，在游山玩水中观景、品史、赏文，得以较好地体验梅江历史文化，考察沿江地域的人文、社会和生态，既放松了心情，又升华了精神。

梅江主干道流经紫金县、五华县、兴宁县、梅县区、大埔县，总集雨面积1.41万平方公里，河长307公里（一说293公里），是广东省独流入海的河流韩江的上游干流段，主要支流有五华河、北琴江、宁江、程江、石窟河、松源河，平均流量94.17亿立方米。梅江以古南琴江为正源，发源地在紫金县与陆河县交界的武顿山（又名乌凿山）七星崠，自发源地至

大埔县三河坝，大致可分为三段：洋头河（南琴江）、琴江、梅江本干。

梅江、琴江历史悠久，文化韵味深长。梅州历史人文资源丰富多彩，其山川湖泊风光靓丽，姿色迷人，甚至还蕴藏着大量深有内涵的历史人文故事，韩江主干道梅江便富有历史故事。许多村庄就建在梅江主流或其支流的河畔，梅江河水养育着梅州儿女，在其悠悠河水蜿蜒流淌中，涌现了多少风流人物。

1. 韩愈在韩江、梅江的崇高地位

韩愈（768—824），河南河阳（今河南省孟州市）人，世称"韩昌黎""昌黎先生"，是唐代古文运动的倡导者，被后人尊为"唐宋八大家"之首，与柳宗元并称"韩柳"，有"文章巨公"和"百代文宗"之名。后人将其与柳宗元、欧阳修和苏轼合称"千古文章四大家"。

韩愈在《广东通志》中被称为"广东古八贤"之一，其在广东的事迹主要在粤东潮梅一带。元和十四年（819），他因谏迎佛骨一事被贬至潮州。韩愈刺潮时间虽短，却留下了大量的传说故事，至今仍为潮梅民众传诵，其中最典型的莫过于"驱逐鳄鱼"的故事了。①韩愈"驱逐鳄鱼"的故事甚至被程江（今梅县）人罗芳伯传到南洋婆罗洲坤甸。

韩愈在潮汕的影响是如此之巨大，以至粤东江山姓韩，有韩山，亦有韩江——梅江、汀江与梅潭河到了三河坝相交汇，汇合后直至入海段被称为韩江。梅县、平远、蕉岭、大埔、丰顺曾长期归属于潮汕，直到清雍正十一年（1733）设立嘉应州，开始有了"嘉应五属"。事实上，梅江流域也留存了大量关于韩愈的文化遗迹，深受后人的追捧，最典型的就是关于"秦岭"和"蓝关"的争辩。韩愈有诗述被贬粤东事：

左迁至蓝关示侄孙湘

一封朝奏九重天，夕贬潮阳路八千。

欲为圣明除弊事，肯将衰朽惜残年。

云横秦岭家何在？雪拥蓝关马不前。

知汝远来应有意，好收吾骨瘴江边。

诗歌系念家人又伤怀国事，景色凄清而悲情感人。"云横""雪拥"之景曾让韩愈如此心碎，已经想到将老死"瘴江边"了。诗中"秦岭""蓝关"历来多有考究，一般认为，诗中所述"秦岭"指终南山，"蓝关"则

---

① 李庆新：《韩愈在潮州》，《学术研究》1985年第5期。

指今陕西省蓝田县东南的蓝田关。① 而粤东人民是如此爱戴韩愈，竟然将之认定在龙川县和五华县之交的秦岭和蓝关了。《广东通志》卷四十八《粤地略·龙川县图》说，东江与梅江分水岭之交有蓝关，地属龙川县。1928 年张镇江还出版了专著《龙川蓝关之研究》。但也有人认定："此蓝关是后人附会，因为在同一图内还有秦岭呢！"② 当代学者吴金夫则引证材料，著文认定"蓝关"即系广东省龙川县的蓝关。③

2. 梅江见证了古代名家来梅足迹

琴江从五华县梅林镇经安流镇、文葵镇、锡坑镇、横陂镇、水寨镇、五华县县城，在大坝大湖村与五华河汇合，流经油田新利出境至兴宁市水口镇，纳宁江，始称梅江。梅江是古代岭北到粤东和闽粤的交通要道，留下了大量的历史故事、名臣良相史迹，其历史故事层出不穷。

相传宋末帝昺逃难时溯韩江、梅江、琴江而上，一直到龙村留宿龙狮殿，其故事亦沿着韩江、梅江和琴江一直流传，沿途留下大量的历史文化故事。五华龙村镇龙狮殿（王惊殿），横陂镇天子岗，梅县丙村、晒甲滩、丰顺县留隍镇宋城等，都保留了宋史遗迹。梅州宋史遗迹不仅有着深厚的帝王气，还有着丰富的民族英雄文天祥的浩然英气，其《正气歌》在此一直萦绕。兴宁市水口镇有兴宁古八景的"丞相文峰"——宋末右丞相李纲于公元 1130 年，文天祥于 1276—1277 年都到过宝山，故称宝山为丞相文峰。④

南宋诗人杨万里于淳熙八年（1181）任广东提点刑狱，是年冬，他曾率兵溯东江，越岐岭，过五华河，经梅江，然后沿驿道经梅县之梅南、水车、丰顺县老县城丰良往潮州。杨万里与陆游、范成大、尤袤并列为"南宋四家"，被誉为"一代诗宗"，留下了诗文集《诚斋集》。其往粤东剿"潮寇""闽盗"，沿途经龙川、长乐（五华）、梅县、丰顺各县皆有诗记

---

　　① 代表文章如：陈维旭：《汉唐峣关、蓝关考略——兼与牛树林、郭敏厚先生商榷》，《商洛师范专科学校学报》2006 年第 1 期；牛树林、郭敏厚：《秦汉峣关、唐蓝关小考》，《商洛学院学报》2008 年第 3 期；牛树林、郭敏厚、耶磊：《秦汉峣关、唐蓝关续考——从文献所载"蓝田县东南"的里程说起》，《商洛学院学报》2009 年第 1 期；胡浩：《韩愈〈左迁〉诗中"秦岭""蓝关"辩解》，《内蒙古农业大学学报》2011 年第 2 期。

　　② 陈家麟：《读史札记》，《汕头大学学报》1994 年第 1 期。

　　③ 吴金夫：《韩愈〈左迁〉诗之"蓝关"乃龙川"蓝关"说》，《汕头大学学报》1994 年第 3 期；牛树林、郭敏厚、郭三科：《云横雪拥觅蓝关——与〈语文〉编者及吴金夫同志商榷》，《汕头大学学报》1996 年第 1 期。

　　④ 幸辉烈：《丞相文踪何处寻？——兴宁古八景"丞相文峰"之考证》，《梅州日报》，2015 年 10 月 19 日，第 6 版。

其风光风貌。① 每观景纪事，似乎根本就不是什么征剿战事，而是信步游玩，其诗《入程乡县界》以"昏岚""毒雾"为核心，山野的大风和有毒的瘴气留给他深刻印象。再读一首：

自彭田铺至汤田，道旁梅花十余里

一路谁栽十里梅，下临溪水恰齐开。

此行便是无官事，只为梅花也合来。

十余里溪边梅花让他心情大好。梅州可能因梅而得名，或以梅口镇（今梅县松口镇）之梅而得名，但梅州因本诗"十里梅"而得名之说是错误的，因本诗所写乃丰顺县境。② 论者从杨万里东征诗中指出：

驿站和递铺的密集设置加上人员配备足以反映出，南宋时期中央政府对梅州的管辖相当重视，在有效地进行治理。③

兵火战乱、朝代鼎革，梅江水域竟然沉淀着如此多的宋代人文风情。据统计，唐宋两代经过梅州且留下诗作的名人主要有：常衮（729—785）、李德裕（787—850）、李纲（1083—1140）、黄潜善（1078—1130）、文天祥（1236—1283）、韩愈（768—824）、杨万里（1127—1206）、刘安世（1048—1125）等。④

梅州老城始建于宋朝，每条街巷民居都隐藏诸多故事，老城，是一部客家文化阅读不尽的书籍，是一个客家人文取之不竭的宝藏。凌风路的梅州学宫（建于南宋的孔子庙，又称文庙）重新修缮，已辟为历代文人生平陈列馆。凌风路和中山路中西混合骑楼式客家民居由华侨回来兴建。义化路口旁的八角亭建于清乾隆十一年（1746），又称"观澜亭""接官亭"。老街的名字很多与名人有关：中山路纪念民主革命先驱孙中山，凌风路纪念南宋末丞相文天祥，仲元路纪念辛亥革命著名将领邓仲元，元城路纪念北宋谏议大夫刘元城，文保路纪念明代修建梅州古城功臣叶文保，周增路

---

① 刘奕宏：《杨万里眼中的宋朝梅州》，2016年6月4日；《平定盐寇之乱与杨万里来梅》，2017年9月3日。见作者的新浪博客：http://blog.sina.com.cn/u/2922889002。张应斌：《杨万里梅州诗歌考论》，《南昌大学学报》2003年第6期。

② 张应斌：《杨万里梅州诗歌考论》，《南昌大学学报》2003年第6期，第101页。

③ 刘奕宏：《八百年前的梅州风物素描——南宋诗人杨万里梅州纪行诗作解读》，《广东史志》2012年第6期，第60页。

④ 陈蔚梁：《到过梅州的唐宋名人》，《梅州日报》，2015年4月13日，第7版。

纪念"黄花岗七十二烈士"之一的周增。老城有百年老店及其历史名牌如张家木屐、吕伯超粽子，有"老字号"传统手工店铺如唐师炭画店、陈师钟表店、文玉刻印店和三品斋刻印店等，传统客家美味前街咸煎饼，油罗街炸油角，金山牛杂，老城全猪汤、糯米老汤圆，油条鲜奶蛋，昌哥饺腌面，洪屋炒冰雪花，辅庭路鲜鱼丸，桥下老火汤，侯记炒米粉，等等。

梅州老城经历元、明、清到今，成为梅州国家级历史文化名城的核心内容。2017 年，梅江区委区政府辟资修缮泰康路、油罗街，2018 年元宵引来万人空巷。有论者指出：

这不是梅城人喜欢看热闹、凑热闹这么简单，而是代表梅城人和客家游子对老城老街的一种依恋情怀，一种重归故里的喜悦，更代表对客家传统文化的一种认可与期待。①

历史文化需要传承，也需要古为今用。正在实施的"诗画梅江"展示了梅江区历史文化底蕴，显示出传统"客味"的强大吸引力，因而被寄予期望：希望把沉积文化打造成鲜活文化。②

135

结语：乘乡村振兴东风，打造高水平梅州全域旅游

梅江水系特色文化旅游既是对特色文化的传承，又有助于乡村振兴，还能打造全域旅游。根据已有安排，2018—2020 年，全域可分为三个层次进行：一是打造干净整洁村，二是形成一批美丽宜居村，三是发展产业，形成特色示范的特色精品村。这是根据各自的基础条件去努力的三层目标，实际上也是三个层次。无论如何，各地都需要有个强烈的目标，一步步去实现。

产业兴旺是乡村振兴之首，生态发展区的首要目标是要根据自身条件（如资源优势、区位条件、历史文化等），努力打造、构建适合本地的核心、主体产业，形成特色化产业体系和特色发展模式。要突出历史文化和山水生态之优势资源，大力发展有历史文化底蕴的旅游业，带动其他经济产业的发展；大力发展山水产业，形成外部关联性的产业和市场。以旅游和资源产业，打造美丽家园的基础设施、生态环境，实现乡村振兴。乘乡

---

① 朱红娜：《古邑繁华曾记否》，"梅州日报——客都文谭"公众号。
② 巫繁星：《传承客家文化　讲好梅江故事》，《梅州日报》，2016 年 2 月 24 日，第 4 版。

村振兴的国家战略和政策发展的春风，推动本地"城乡一体化"发展。"江河文化产业"应当成为当前梅州建设和发展方向，要大力挖掘历史人文资源，做好江河史志研究，极力促进独立自主的内生型特色发展。

第二节　打造琴江水系历史人文和生态旅游品牌

琴江流域历史悠久，富有历史文化资源。汕湛高速和长深高速在琴江源头地区交会，梅州通往粤港澳大湾区的"南大门"因此被打开。琴江流域是粤东中部高地，是东江和韩江两大水系的分水岭，是典型的生态核心区。在脱贫攻坚与乡村振兴战略的时代背景下，在广东省"一核一带一区"发展战略格局和国家粤港澳大湾区战略中，琴江水系突显出丰富的"资源优势"、良好的"区位优势"和"耀眼"的"后发优势"。梅江文化旅游经济带应延伸到其最上游地区，打造琴江历史文化和生态旅游产业，进而带动区域基础设施建设和其他产业发展，实现区域经济和社会的现代转型。打造梅州"南大门"地区应成为主动对接"一核一带一区"战略格局和国家粤港澳大湾区战略的重要举措。

一、琴江流域有其辉煌的古代文化内涵

丰富的历史人文资源是打造旅游文化和产业的重要条件。旅游市场建设及旅游业的发展需要厘清区域社会的历史人文等资源条件，这是规划和打造的前提。琴江水系的历史悠久，其文化内涵亦非常丰富，以下只作一概括性的述介，企望窥一斑而见全豹。

1. 琴江是五华水运时代的重要商道

琴江是五华县的母亲河，自南向北流经整个五华县。琴江有源自紫金县的洋头河和中坝河二源，入五华县后，洋头河称南琴江（古名右别溪），中坝河称北琴江（又名华阳河），在梅林镇琴口村汇合后始称琴江。

五华县最南端龙村镇山高林茂，相传宋帝昺逃难到龙村时还曾将赤蕨命名为龙须菜，如今成为龙村重要的特产。龙村镇塘湖村的阿里山坳有一条清代铺筑的青岗石古盐道，全长约10公里，这是旧时五华到汕尾等地的商贸要道，五华百姓肩挑茶叶等生活用品到海陆丰出售，挑盐顺琴江而北上江西贩卖，之后挑粮油回家营生。民国时期，这仍然是一条重要盐商

道。① 笔者曾采访过当年经安流到海陆丰挑担买卖的前辈，有年轻人顺口问：是否坐船将这些物品送到县城？前辈说：船并非这些挑夫们能坐得起的。

五华县南部山区，离珠三角等沿海地区相对较近，因此其风气其实并不太过封闭。1875 年，基督教巴色差会（崇真会前身）就在梅林镇设宣道所。梅州足球最早也是从香港传入五华县的。五华石匠为香港的开埠建设作出了杰出的贡献，如今香港仍然留下许多五华石匠史迹，球王李惠堂的父亲便是当年一位成功的石匠。

五华县南部山区历来由于山高林密而不能成为主要交通要道，传统的驿站和"官道"大都走五华河。因此，五华县原生生态系统保持良好，是国家级农产品主产区。棉洋七畲径林场是梅州最大的林场，龙村、棉洋、梅林、华阳等镇离深圳、东莞、惠州等珠三角地区相对较近，其果蔬种植早有关联。

近些年来，南部山区已经充分意识到并且开始逐步利用其良好生态，发展茶园种植，如龙村、棉洋等地的茶园都有较大规模。龙村镇已规划以农旅结合的模式，打造大型现代农旅园、果蔬基地，集观光、旅游、体验为一体的田园综合体。棉洋镇的单丛茶、桃驳果、吊梨等驰名省内外，是五华县重点烟区镇之一，年均种植烤烟 3 000 亩。

但是，琴江的历史文化显然较少被提及，其水域的相关开发与利用也较少。龙村抽水蓄能电站及其投资是梅州重点工程。琴江两岸规划与建设将极大地影响五华县"三组团"发展格局。如今，琴江公路已开通，沿江两岸观光旅游及传统商道等也可以协调发展。更重要的是，琴江贯通五华县中部，五华县已经开通了济广等高速，梅州的南大门已经开通，五华南部已经不再因为崇山峻岭而让人裹足，而是一片让人留恋的生态保障区，如何保护并利用好这片难得的资源，确实值得好好策划。

2. 五华河是粤东水路交通时代的交通要道

韩愈刺潮经过秦岭、蓝关的千古奇文引起了广泛的辩论和考究，无论秦岭、蓝关究竟属于陕西之蓝田还是属于广东之五华和龙川，即使原非本地人文，但因其而起的相关讨论，实际上已经非常深入地被纳入梅州、梅江历史人文之中，由此亦可见岐岭和清溪及五华河上游地区历史人文的丰富。此地是古代岭南交通要道，是从珠江水系之东江转韩江水系之梅江的重要埠口，是古代官驿之关键点。清代兴宁诗人胡曦《梅水汇灵集例言六则》云：

---

① 江连辉：《五华盐道与海陆丰农运史紧密相连的一段古》，《梅州日报》，2018 年 6 月 25 日，第 9 版。

西岐岭为今广惠入嘉、潮、闽门户，其名不知起于何时，应取二水分歧之义。唐曰循广二州分水岭，常衮谪潮经此，后人名曰丞相岭者亦此也。……今俗称昌黎所经之蓝关。[①]

胡曦还有一首竹枝词《咏五华岐岭》："迁客南来起暮愁，云烟浮动过黄牛。不须更溯常丞相，鸿爪分明各自留。"

从河源市龙川县的老隆镇上岸，溯东江而上到潮汕和福建的客人们便只能走一段传统的"官道"，经五华县岐岭镇的清溪村重新下船。今之五华县岐岭，古称秦岭，韩愈贬潮州由东江越岐岭，在今岐岭镇的清溪村重新上船，顺五华河经梅江到潮州。无论韩诗中所记秦岭、蓝关是否真在此地，地处交通要冲的蓝关却早已经建筑了韩文公祠、孔圣祠及寺院，古往今来，文人墨客经此无不拜谒韩文公祠，著文吟诗，纪事述怀。明代大旅行家徐霞客曾从福建来粤，溯梅江、五华河而上经过于此，并将此行经历记录在其著作中。

1858 年，丰顺县诗人丁日昌赴海南岛琼州府学训导任即途经于此，留有《过蓝关韩文公庙题壁》三首。录其关于韩愈刺潮事诗：

> 寄声收骨瘴江边，直谏心原铁石坚。
> 何事诚惶又诚恐，当时谢表大凄然。

丁日昌溯韩江、梅江、五华河而上，他还描述过清溪河两岸的迷人风光。当年，清溪河两岸青竹苍翠，水流平稳，吸引了多少文人骚客吟诗作曲。清冽的河水甘甜可口，岐岭当然也不会忘记上下山岗的客人们，于是用河水酿制了真情不忘的千年老酒长乐烧。长乐烧酒厂之区位选择，自然与其地处交通干道有关。

历史上，琴江水系因其地处粤东中心高地而有着重要的军事和政治地位。顺五华河而下，经过五华县旧县城、秦汉古镇华城。秦末汉初，被毛泽东誉为"中国第一南下干部"的赵佗曾在五华山下筑长乐台（又称越王台），宋朝熙宁四年（1071）此地设长乐县（1913 年，因与福建省长乐县同名，始改名为五华县）。明万历四十年（1612），华城镇塔岗村南端始建狮雄山塔，该塔是梅州市保存最好的明代造塔，1989 年 6 月被广东省列为省级文物保护单位。矗立河边的雄伟古塔，观看了沿河多少人文历史。秦

---

① 广东省兴宁县政协文史委员会编：《兴宁文史》第十七辑《胡曦晓岑专辑》，93 粤印准字第 73 号，1993 年，第 332 页。

汉时期，五华河边的华城已经是重要的军事中心，到明朝这里仍然是重要的军事中心，朝廷甚至有过在此设立更重要的行政中心的设想，但因博罗人的反对而作罢。

五华河是古代珠江与韩江水系的交通干道，近代公路也由此经过，205国道穿关而过，蓝关也已成昔日陈迹。孙中山在其《建国方略》中设计的公路、铁路线都行经此处。事实上，直到民国时期，许多华侨出国过番也是走这条水路或公路，然后在龙川的老隆镇上船，顺流而下，经惠州、东莞，到香港再乘船出国。如今，龙川县在205国道蓝关处已恢复、重建韩愈祠等相关建筑，成为乡村旅游好去处，亦是韩愈遗风之历史回响。

沿五华河而下，经转水镇，到了水寨镇的七都围、河口，汇入韩江主流琴江，这里曾经河面宽阔。行船于此，无不会突生心旷神怡之感，也多有留下名诗名句。经兴宁水口，梅县畲江、梅南、长沙，到梅城百花洲，一路上多少鲜花、古船，仿佛耳边仍然有繁华的琴声悠扬。

二、琴江水域旅游开发的时代新优势

随着陆路高速交通的改善，随着"绿水青山就是金山银山"成为时代理念和主题，梅江、琴江在逐步走出封闭状态之时，因闭塞落后而产生的后发优势、资源优势及区位优势也开始逐步显现，如何打造梅江、琴江文化旅游，将生态发展区的后发、资源和区位优势变现，成为当前发展的重要议题。

1. 琴江文化旅游建设已开始显现其后发优势

打造梅江、韩江绿色健康文化旅游产业带不能忽略了琴江水系。这些地区旅游产业资源丰富，其一是有着深厚的历史文化底蕴，其二是大山保障了其良好的生态环境，其三是得益于大山馈赠，当地土特产品丰富。打造琴江水域地区旅游文化有着强烈的时代需求，并拥有多重优势：

其一是丰富的资源优势：琴江地处粤东中部，地势高耸，河流最上源地区，是粤东地区的中心高地，是东江和韩江水系的分水岭。因其山区地势和地貌而得以较少开发，历史上成为较为偏僻地区，至今仍保有良好的生态，从而成为国家级种植园区，吸引了一些农作物种植的投资，其果蔬种植等农业已供应珠三角，其良好的生态物产资源已显示其强大的辐射力和影响力。除了优质的生态资源，这里还是广东省乃至中国的重点红色苏区，古大存故居便位于这个区域，其红色资源同样非常丰富且值得深入挖掘和开发利用。

其二是良好的区位优势：随着高速公路开通，梅州市的南大门正式建

成开放。汕湛高速和长深高速在此交汇，梅州通向珠三角地区的重点门户已经从其西门的华城镇转向了南门的五华南部龙村和华阳、棉洋等地区，五华县琴江水系的交通劣势已经逐渐改善。如今，南大门口的粤港澳大湾区建设正如火如荼，其发展的顺风车决不能错过乘坐。

其三是耀眼的后发优势：长期因交通等原因带来的封闭形成其落后状态，红色苏区和国家级贫困县成为其突出标签。如今，扶贫攻坚战和乡村振兴战略的实施必将成为其强劲发展的时代东风。打造好梅州南大门地区已经成为整个粤东北地区生态保障和发展需要给予重点关注的大事。梅州市旅游局委托广州智景旅游规划设计有限公司在2017年8—12月编制的《梅州市全域旅游发展规划（2017—2030年）》之"区县旅游产业主要特征"中指出：

（五华县）发展基础薄弱，新型业态蓄势待发。

核心价值：五华错过了梅州近十年来的旅游开发热潮，自然、人文资源受破坏程度低。拥有中国独一无二的热矿泥浴，该资源是日本、欧洲备受青睐的重要养生资源；中国现代内地足球发源地，有"世界五大球王"之一李惠堂的故里，在世界足球产业繁荣发展背景下意义非凡。

发展成就：薄弱的旅游基础促使五华旅游开发没有囿于资源层面，思维模式不至于固化，企业积极寻求新的发展空间，五华成为旅游新型业态的先锋。一是客天下进驻开发旅游导向型新型城镇，将全面提升五华城市旅游品级。二是酝酿多年的足球产业开始取得实质性进展，球王故里足球产业园开始落地，横陂运动休闲特色小镇入选国家体育总局运动休闲特色小镇试点项目。三是北京美景天成进驻"广东千岛湖"益塘水库开发骑行绿道、驿站，活动导向型的旅游开发开始萌芽。四是琴江景观风景道基本建成。五是五华龙狮殿抽水蓄能水电站（规模亚洲排名第一）开始探索科普观光旅游。

存在问题：一是城市量级不足以支撑传统足球产业的发展，急需寻求足球与休闲旅游的结合方法。二是具有国际代表性的热矿泥浴开发缺乏国际视野。三是传统旅游业态蠢蠢欲动，五华旅游开发需警惕"圈地运动"和旅游业态倒退。

发展规划的编制单位显然已经充分调研了五华旅游业的发展，但只是停留于现状层面，编制时虽然其生态保障区的定位早已确定，但生态发展区的定位却还未出来，因而在"区县旅游发展指引"中强调："五华县定位为康养休闲运动城市、足球运动风情城市。"其实，在考虑五华县之定位时，显然应当给予农业生态种植、历史文化等资源更多的重视。

2. 琴江水域发展需要发挥其后发优势

如本章第一节所述，琴江水域未受到广东省和梅州市"十三五"规划的重视。需要注意的是，"十三五"规划虽然意味着未来五年的发展，却也继承着过去，是以传承过去为基础的，规划中未能得到体现不仅表明其过去发展的滞后，而且提醒未来发展需要更加努力。幸福是奋斗出来的，未来的发展仍然需要努力奋斗，后发地区不仅要树立信心，而且要更加努力工作，即使不能后来居上，也要实现其后发优势。这大概有几种情况：

其一，后来者因其空白而更方便填补和描绘，就如新房装修可以比旧房更加直接，从而减少许多"无用功"，"素颜"换新貌的发展成本更小，可以进行更好的策划，发展也会更加协调、统一。

其二，因前期投入多而占有先行优势，后续投入究竟如何还难以判断，故不愿意投入更多的研发经费，因而可能丧失继续领先的地位，让后来者占了先。这是方向判断的主观错误，是致命性的决策失误。就如龟兔赛跑一样，兔子思想懈怠，不认为乌龟有逆袭的可能。

其三，后来者奋发图强，以更强大的勇气去超越前人、他人，从而实现逆袭，占有先机。后来者付出更多，进取心更强烈，以更伟大的工作和付出实现后来居上，这是泪水、汗水浇灌的结果，同时把握住了新机会——或者是有新资源，或者是有新模式，或者是有其他新方法、手段，总之机会总是给予有准备之人的。

生态发展区的生态资源是不可替代品，金钱不可购买，其他物品也不可能替代。拥有生态资源时可能不以为意，没有时会面临诸多掣肘。在追求其他财富的时候，不能忽略生态保护，一旦忽略将迟早受到惩罚。所幸后发者还未曾受过真正的惩罚，我们要在珍惜资源中实现发展。先发者给了后发者一些经验，应当接受他们的教训。

"十三五"规划中缺少了琴江的角色，"十四五"该区域或许就会成为主角。要树立信心和决心，踏踏实实工作，实现追赶任务和目标。发展要有持之以恒的情怀，不要索取太快、太多，快速发展就是快速变化，快速变化必须注意其承受力。发展速度要恰当，更要讲求其高质量，高速度与高质量之间要达到最佳平衡，实现稳定而协调发展。

值得注意的是，全域旅游建设必须重视其全域的平衡性，没有平衡就难有所谓的真正的"全域"。要找准其对接点，形成全域之真正平衡，则琴江水域作为全域之生态核心区，作为梅江之最上游区域，也作为扶贫攻

坚之核心区、乡村振兴发展之重点区域，这里的发展决不能被忽略。在"示范区创建单位"之扶强战略进行中，其扶贫更应当受到重视。

三、以文化旅游建设带动琴江区域社会与产业的发展

作为梅江最上游地区的琴江水域，富有历史文化资源、红色文化资源、绿色生态资源，还因其高速公路的开通而有着极大的区位优势，在扶贫攻坚和乡村振兴大战略的实施进程中，作为梅州"南大门"地区，应主动对接"一核一带一区"战略格局和国家粤港澳大湾区建设，实现后发优势。

1. 做好发展规划和设想：积极融入"一核一带一区"、粤港澳大湾区和乡村振兴战略

梅州地处粤东北一隅山区，其全域旅游已经被纳入"国家全域旅游示范区"创建单位，其旅游客源特别是其旅游基础设施的建设却必须坚定地立足于广东省，决不能舍近求远，更不能好高骛远。

首先，梅州地处生态发展区，必须主动融入广东省"一核一带一区"的发展格局，这是整个广东省的宏观发展格局，是全省经济社会发展的内在要求，是整个广东省经济社会发展的内在必然，也应当成为梅州本地发展的内在必然，梅州全域旅游战略必须服从生态发展区战略要求。

其次，必须主动对接粤港澳大湾区建设。粤港澳大湾区是全国经济最活跃的地区，已经被写入十九大报告和政府工作报告而提升为国家发展战略层面。战略目标就是要将粤港澳大湾区建设成为更具活力的经济区、宜居宜业宜游的优质生活圈、内地与港澳深度合作的示范区，打造国际一流湾区和世界级城市群。

再次，结合脱贫攻坚和乡村振兴战略的实施，打造梅州南大门地区的美丽乡村，成为梅州美丽乡村风情的示范。

梅州的"南大门"地区既是生态发展区的核心区，又因其临近粤港澳大湾区，更应当主动寻求对接，以其良好的区位、生态资源而实现其后发优势，其中生态文化旅游建设应当成为一个非常重要的选项。应当明确而坚信梅州是建设和打造特色生态旅游区的好地方，应当乘着新时代的春风，努力创造条件，进一步厘清"家底"，厘清发展思路，大力打造琴江水系旅游产业。

其一，高水平规划，打造琴江等河流"一江两岸"旅游风景道，形成梅江文化旅游经济带。河道乃保障区域生态畅通之基本管道，对于水清山绿意义重大。打造梅江、琴江旅游风景道，既要提升人居环境，利用丰富

多彩的人文历史资源，还要进一步完善生态。目前，除了各地城区"一江两岸"建设，其他河段几乎都是文化沙漠。河流被分成了许多段，许多名山也是各自为王。文化旅游产业需要贯穿基本的全域理念，需要将"景点"连成"景道"，由道联结成面，然后由面到体，决不能有"全域"而无"条""块"。琴江流域的某些森林生态系统显然已遭较大破坏，需要给予修复。

其二，大力发展农业观光旅游等田园综合体。山区农村有许多成片的小面积耕地，因农村劳动力往城市转移而撂荒。这些山田面积小，产权也非常零散，其耕作显然只能停留于传统方式，加上其他一些因素，导致其产量低、耕作效率低，甚至还严重影响生态保护。现代产业必然不再是一家一户式的生产，而是集约化、专业化和科学化生产。在生态发展重点地区，应当大力争取村民的土地流转，建设一系列观光农业综合体，集食品与生态安全、农业发展和农民增收、提升人居环境等于一体。观光农业田园体将成为生态发展区农业发展和生态保障的重点产业方向之一。

2. 打造琴江文化旅游业的基础设施

打造梅江、琴江文化旅游带，应当成为生态发展区建设的重点工程，首先需要建设生态琴江，同时还要形成良好而美丽的民生环境。

其一，保持琴江良好生态。清理梅江、琴江污染，保持河道畅通，保障良好自然生态。人体之经络和血管须保持清洁流通才会全身舒畅，河流犹人体之经络和血管，须畅通才能保持区域生态良好。河长制之设立目的就是要建立长效的生态保护机制。目前，梅江污染问题已经受到了高度重视。① 在绿水青山中，悠闲泛舟于河上，摇晃于船中，听着客家乡音，感受着"阿姆话"的乐趣，想象着古代行船匆忙，感受着两岸风光旖旎，怎不让人幸福满满，流连忘返。

其二，要结合美丽乡村建设，努力完善基础设施。文化旅游的意义在于造福一方，基础设施建设正是造福当地民众的重大民生工程。只有当地民众生活水平好了，然后才可能吸引外人。很难想象，当地民众生活困苦却能大量吸引外来游客——谁会来感受你的苦呢？要放弃纯经济理念的旅游投资理念，发展能造福一方、能实现可持续发展的全域旅游。大力发展旅游交通及基础设施，沿江交通及其设施建设尤显重要，这是旅游交通干道，是乡村建设的基础工程。事实上，梅州的交通已经形成高速公路架构，但由于历史条件等限制，其水平等级远远跟不上，比如，在梅揭高速

143

① 辛平：《保护母亲河，没有零容忍就没有零排放》，《梅州日报》，2016 年 5 月 13 日，第 4 版。

行驶的大卡车较多，其路面及弯道等极大地限制了行车速度。

其三，以沿江及旅游基础设施建设带动体育、足球等产业的发展。结合乡村振兴战略，开展山地体育、足球等专业体育赛事，打造"体育+农业+旅游""体育+文旅+特色乡镇"发展模式，把农业资源变成经济优势，在特色旅游产业上做文章，开发新的经济增长点。在如诗如画的琴江、梅江河边，进行体育赛事，例如马拉松赛，这自然具有旅游宣传作用。做好了基础工作，便可发展餐饮业，比如农家乐等。打造客家菜品牌也将因沿江美景而扩展了市场。试想想，听着前人的故事，或者是金戈铁马，或者是文学历史，吟诵着先人名句，面对清澈见底的河水和两岸迷人风光，在船中吃着客家的特产佳肴，眼福、口福尽赏，这是何等的惬意！

3. 打造琴江文化旅游业需要挖掘精神和文化内涵

打造琴江文化旅游业是千秋万代的大事，只有深挖文化才可能永续发展和传承。目前，琴江文化建设仍然需要做大量的相关工作。

其一，加强历史文化研究。汇集专家，编撰重点山河史志和相关文献，以深挖历史人文资源。历史人文绝不能是文人墨客的故事胡编，它不应如一阵风从耳边吹过，而要像嚼槟榔般口留余甘，让人久久回味。随着时代的发展，历史人文会因史志的编撰而得以流传，人们会因视角的更新而对该地有新的感受。比如《五华河志》《琴江河志》《宁江河志》《梅潭河志》《程江河志》《梅江河志》《韩江志》，有必要组织这些梅州主要河流之史志的编撰及其资料的收集与研究，并使之成为生态发展区重要而具体的工作，没有这些基础，就难以真正理解这些地区的发展线索。以河流为线条去理解梅州，理解这些生态区，就好像了解人身上的经脉一样顺畅。以名山为代表的史志，如《阴那山志》曾经影响了多少人，如今却没有沿着山河的脉络将之续写，导致史志记载出现断层。

其二，提升文学艺术创作。文学艺术创作是形成声势的重要手段，五华在这方面的工作显然还远远不够。本地作家之创作虽然不少，却远未形成气候，或者未得到足够的重视。文化旅游需要有大量的文化艺术创作为其支撑，包括音乐、绘画、电影，甚至电视剧等。五华是诗词之乡、硬笔书法之乡等，在文化旅游业的发展中，这些都是重要的资源优势，可以为其添砖加瓦，进行更好的整合。

其三，改良一方"民性"。要改造其精神和理念，打造新琴江建设与发展模式。五华人"硬打硬"精神充分显示其对直观获得感的强烈重视，"当"一声就要如银圆掉地板上一样响亮，"现银"思维正是其"实打实"精神的体现。每一地区的发展都必须有其"民性"，即精神状态之现代转型，经济社会的发展必定有其相适应的精神状态。解放思想是时代发展的先奏。

五华人经常强调五华为所谓的"工匠之乡"，但是这里实际上有"匠气"却无"匠心"，有工匠而无工匠精神，更缺乏大师智慧。事实上，五华所宣扬之石雕作品，从创作者角度而言其创意与设计皆非表达创作者自身的文化，只是将他人的文化创意打制出来，缺乏自己的创意表达面。真正的现代工匠精神的形成需要现代产业的发展，也需要许多不良传统文化的褪色和退场。五华作为"工匠之乡"却离现代工匠精神还很远，离现代大师精神就更远了。

笔者有几位中小学时期的同学在做工匠，其小孩中学毕业后便进入高等学院读书，其间小孩总被批评动手能力太弱。一位读建筑工程的小孩，他的父亲曾几次对笔者说：小孩到了建筑工地上总是一脸茫然，而他的徒弟们未读大学已赚了很多钱，砌墙技术可是一流。他总是因此叹惜：读大学所谓的专业，有什么用啊！笔者告诉他，小孩在大学学的可是其中的原理，不仅要知其然，更要知其所以然。遗憾的是，小孩辍学了，早早结婚了。这是较极端的事例，却耐人深思。

笔者父兄皆铁匠，乡亲多铁匠、木匠、石匠、泥水匠等，家乡可谓是名副其实的"工匠之乡"，忆童年时代父兄外出打铁回家过年节之不易，少年时笔者甚至跟随兄长们经历过打铁和建筑场景，更感受着乡亲们的生活及其职业所带来的"民性"特征，深感"工匠"之生活确实并非那么美好，笔者的回忆也确实不是那么美妙。亚里士多德在《形而上学》第一卷第一章中指出：

各行各业的技师比工匠更受尊重，懂得更多，更加智慧，他们知道所做事情的原因（工匠们像某些无灵魂的东西，他们做事情，但不知道其所做的事情，例如火的燃烧；不过无灵魂的东西按照某种本性来做着每件事情，工匠们则通过习惯）。技师之所以更加智慧，并不在于实际做事情，而由于懂得道理，知道原因。①

需要特别指出的是，"匠"并非都是正面的、精益求精的褒扬，而是有其另一端的含义。"匠"是个会意字，《说文解字》：匠，木工也。从匚从斤。斤，所以作器也。"匠"亦泛指工匠，引申为有专门手艺的人，还

145

---

① ［希腊］亚里士多德：《形而上学》，苗力田主编：《亚里士多德全集》（第七卷），北京：中国人民大学出版社，1993 年，第 28 页。

有制造、巧妙地构思等意思。但"匠"字有两种截然不同的解读：如说"独具匠心"，此"匠心"与"匠意"被认定是灵巧、巧妙之意；但说"匠气"便指虽有熟练技能，却缺乏创新而没有独到之处，显得平庸板滞。

五华人总在进行"五华阿哥硬打硬"的讨论，"赞同"和"反对"总是那么旗帜鲜明，其实质正源于"匠"之"匠心"和"匠气"之两种含义。笔者经常听着所谓的"硬打硬"精神，却总感到其"另类"味道，缺乏该有的"灵巧"感觉和"精益求精"的精神内涵。无论如何，从打造一方文化品牌的角度看，"工匠之乡"需要先给予明确的内涵界定，需要给予适应时代的文化解读。

其四，要积极争取"外援"。生态发展区绝不只是本地的事，而是有其强烈的外部环境，因此必须坚持共商共建和共享的原则，必须很好地争取"外援"。既要招商引资，还要争取上级支援和支持。比如，梅州市委、市政府积极与省委统战部、民宗委等相关部门进行沟通，希望深入挖掘宗教文化、畲族特色文化资源，推动与旅游产业融合发展，成为凝聚社会发展正能量、推动生态富民强市的重要抓手。期盼省民宗委在促进名山名寺串珠成链、发展禅修养生等新业态、挖掘历史文化底蕴打造古驿道、保护提升少数民族特色村寨等方面给予梅州更多指导帮助。[①] 值得给予提醒的是，作为生态发展区，任何时候都要树立以我为主而不依附、不依赖的建设理念，才能真正打造美好家园，实现高质量发展。

结语：积极打造琴江旅游的文化与产业生态

琴江水系之生态核心区的地位及其南大门的地位应当受到重视，琴江、五华河等地丰富的历史人文资源，值得进行旅游线路规划和景点打造。以琴江生态及其历史人文为中心线索，大力打造文化旅游产业，发展乡村旅游、休闲旅游，形成其山水旅游品牌，可成为琴江流域乡村振兴战略的重要抓手。其基础设施建设可以带动相关经济和产业的发展，如"旅游＋体育""旅游＋农业"等；美丽乡村建设也需要加强梅州水域的历史人文研究，如撰写江河史志等，为其旅游开发作出更多的文化支撑。

以琴江生态文化旅游建设带动区域产业发展：高水平规划、打造琴江等河流"一江两岸"旅游风景道，将梅江文化旅游经济带延伸到其最上游

---

① 刘世锦：《谭君铁方利旭到省民宗委和省科学院联系对接工作　争取更大支持推动生态富民强市》，《梅州日报》，2018年1月15日，第1版。

地区；大力发展农业观光旅游等田园综合体。打造梅江、琴江文化旅游带必须保障琴江水系良好的自然生态；要汇集专家，编撰重点山河史志和相关文献，以深挖历史人文资源；加强文学艺术创作等精神文化建设，实现其民性的现代转型；要结合美丽乡村建设，努力完善基础设施；还可以由沿江基础设施建设带动体育、足球等产业的发展。打造南大门应当是美丽家园建设，要以我为主而不依附、不依赖，但并不完全是"自我"的，要塑造有共享性的外围环境，要积极争取"外援"。

第三节　转变和发展客家传统民居建筑的使用功能

梅州地处广东省东北部，是中国著名的华侨之乡。许多华侨在海外发财致富后，回祖籍地建造了靓丽的大型豪华住宅，或者投资兴建街道、店铺，可统称为华侨民居建筑。19 世纪后半期、20 世纪二三十年代和太平洋战争结束后一段时间是兴建华侨民居建筑的热潮时期。这些大型的民居建筑在当地具有相当大的影响，至今仍然大量存在，是客家传统文化和华侨文化合璧的典型载体，已成为华侨史和地方历史文化的重要内容。在文化产业日益发达的背景下，在传统客家文化备受关注的背景中，它们应成为重点保护对象，并加以积极的开发和利用，以成为具有浓厚的"客家华侨之乡"地方特色的文化产业。近年来，笔者经常参观这些建筑，进行过一些调查，在此特加以总结和探讨。

一、客家民居建筑外形独特，内涵丰富

传统客家人聚族而居，其传统民居围龙屋是中国五大代表性的民居建筑之一，大型民居建筑在客家地区比比皆是。近代以来，随着华侨出国过番的增多，梅州成为全国重点侨乡，华侨将西方的材料与风格引入梅州，兴建了许多中西合璧的大型建筑。如今梅州仍然到处可见华侨民居建筑。

1. 聚族而居的客家人

客家是迁徙而形成的族群与汉族民系，虽然经过长途迁徙，却有着强烈的文化保守意识，并未因其生产与生活环境的改变而失去其基本的文化特征。客家话便有"文化化石"之誉，其语言、习俗等方面都保存着丰富的中古时代中原遗风，颇具社会活化石般的研究价值。

首先，客家建筑被认为有着中原风韵。论者认为，客家人的民居建筑同样传承自魏晋北朝中原大家族制度：

客家人屋宇形制，实直接渊源于中原地区，而不过到了南方以后，根据当地社会、自然环境条件的变化而不断加以改进和发展，并且吸收南方汉族或少数民族屋宅的某些优点，才形成今天的独具特色的居宅形制。①

其次，聚族而居是客家人长期保留着的基本生产与生活方式：

乡中农忙时，皆通力合作。插莳收割，皆妇功为之。惟聚族而居，故无畛域之见，有友助之美。无事则各爨②，有事则合食。征召于临时，不必养之于平日；屯聚于平日，不致失之于临时。其饷则瓜、薯、芋、豆也；其人则妯娌、娣姒也；其器则筹车钱镈也。井田之制，寓兵于农，三代以后不可复矣，不意于吾乡，田妇见之。③

客家大家庭子孙满堂亦不分居，四世、五世同堂的大家庭总受到赞美，故论者强调：

客家人一直保持着"合门百口……累世同堂"的大家族制度，数十人至数百人同居一屋，是极其普遍的现象。④

最后，客家人因聚族而居而形成特殊的民居模式，其民居建筑总是规模庞大，或者是一座大屋，或者是一个村落皆为同姓本家。客家民居特色独具：

其经营屋宇，地基必求其敞，房间必求其多，厅庭必求其大，墙壁务极坚固，形式务极整齐。其著名的往往有巨至内容有房子四五百间，能住男女四五百人，求之其他各地，真不易看见这类大屋。客人屋式，有围龙、棋盘、二字、四角楼、围楼、五栋、枕头杠、茶壶耳等名目，每式以正栋及横屋为主体。正栋或称正厅，制如宫殿，横屋制如宫殿的庑。客人屋子多由创业的人一手经营而分给于众多的子孙，但无论分遗至如何繁

---

① 黎虎：《客家聚族而居与魏晋北朝中原大家族制度——客家居处方式探源之一》，《北京师范大学学报》1995年第5期，第111页。

② 爨（cuàn），本义为烧火做饭分爨，其名词意为灶，分爨意为分家。

③ （清）黄香铁：《石窟一征（点注本）》，(2007) 蕉新准印字第07号，2007年，第155页。

④ 黎虎：《客家聚族而居与魏晋北朝中原大家族制度——客家居处方式探源之一》，《北京师范大学学报》1995年第5期，第110页。

细，其正厅仍属公有。①

客家人"聚族而居"的生活模式有着强烈的地域特色，形成了特殊的居住理念和房屋形态。传统客家民居至今已成为一种宝贵的历史遗存，受到了高度的赞誉并被有效地保护和继承。

2. 风格各异的客家民居建筑

客家民居是中国南方建筑的重要组成部分，风格独特，结构精巧，在世界级建筑艺术中占据一席之地。在赣、闽、粤边陲，客家民居千姿百态，其规模布局、建造模式、防卫功能等，体现了客家人早期生存的艰难与建筑智慧的高超，展现客家人勤劳、团结、智慧、生生不息的拓新精神，其空间环境艺术、形制风格、设计理念等都值得深入探讨，作为一种历史存在及文化遗产，客家民居对现代建筑具有重要的借鉴意义。②

客家民居建筑在不同历史时期和不同地区形成了不同的风格和形式，有圆寨、围龙屋、走马楼、四角楼排屋、土楼等，其中围龙屋、排屋和土楼最具代表性，被称为客家民居的三大经典样式。

围龙屋与"四合院"、陕西"窑洞"、广西"干栏式"和云南"一颗印"被中外建筑学界称为中国最具乡土风情的五大特色传统住宅建筑形式。围龙屋蕴含着丰富的客家文化精神，其建筑风格展示了客家民风民俗，体现了客家人强烈的伦理本位与传统的宗族观念。围龙屋遍布于梅州全市，其历史悠久，许多大型围龙屋都已有二三百年乃至五六百年历史。

客家土楼属于集体性建筑，造型规模庞大，普通的圆土楼直径为50余米，三四层楼的高度，共有百余间住房，可住三四十户人家，可容纳二三百人。土楼以土作墙，有圆形、半圆形、方形、四角形、五角形、交椅形、畚箕形等形态，各具特色。客家土楼已被联合国定为世界遗产，以加强保护。

最具客家特色且历史文化内涵丰厚的是华侨民居建筑。华侨民居在其建筑之初，无疑是为了居住，它直接改善了侨眷的家居环境。客家人重视盖房屋，"头屋场，二学堂"（即家庭兴旺首要有风水宝地，然后要得到较好的学校教育）的观念深入人心，建筑房屋被视为百年立居的头等大事。因此，凡有所兴建，总是尽力投入，甚至不惜投入终生积蓄，以求其坚固而豪华。回国投资的华侨更是以其所接受的欧美文化嵌入其中，形成独具时代特色的豪华建筑。

---

① 罗香林：《客家研究导论》，广州：广东人民出版社，2018年，第148页。

② 潘安、郭惠华、魏建平等：《客家民居》，广州：华南理工大学出版社，2013年。

3. 典型的华侨民居建筑

房地产是近代华侨在国内最重要的出资形式。据民国二十九年（1940）出版的《梅县要览》记载：1931—1940 年，梅县每年侨汇收入 1 500 万～2 000 万元，1940 年高达 3 000 万元，而同一时期全县财政收入最多的年度还不到 100 万元，侨汇收入大于财政收入十几倍甚至二三十倍。侨汇、侨资多用于买土地、建房屋和修祖坟。据 1959 年的调查，华侨 1862—1949 年在梅县投资兴办的企业有 1 596 户，投资总额折合人民币 2 177 万元（以抗战前一元相当于 1955 年人民币 2.45 元计算）。投资房地产业的户数，占同期各业投资总户数的 81.3%，投资金额占同期华侨投资总金额的 28.6%。投资的具体行业、户数及金额如表 3 - 1 所示[①]：

表 3 - 1 华侨投资行业、户数及金额

部门	户数	投资额（元）
房地产业	1 298	6 228 000
商业	152	3 540 870
金融业	60	2 037 430
工业	14	952 300
交通业	32	939 000
服务业	35	7 733 450
矿业	5	340 800
合计	1 596	21 771 850

在近代侨乡，华侨建筑是最重要的客家民居，其形态各异，外形多为中西合璧。

首先是街道商店建筑。据 1958 年统计，梅城 40 多条大街小巷，共有大小店铺 3 000 多间，除公产外，出租的 1 252 间私房中，698 间属于华侨，占 55.8%。若将归侨的房产计算进去，则中华人民共和国成立前华侨在梅城投资的房产占 85%～90%。据 1951 年统计，在梅城营业店铺的资本总额中，侨资约占 20%。当时该区的旅社，侨资约占 70%。

华侨所建之大型街道店铺在梅州各县都有。其一，二十世纪三四十年

---

① 林金枝、庄为玑：《近代华侨投资国内企业史资料选集（广东卷）》，福州：福建人民出版社，1989 年，第 110 页。

代，梅县松口圩镇有商店 1 000 多家，其中侨资占 60%。松口是水路交通
要道，许多华侨在此投资建造商店旅舍，大旅馆如松江、中央、金台、全
球、银宫等。松江旅店高达 5 层，西洋风格明显，在全梅县都是数一数二
的。其二，20 世纪 20 年代初，马来亚华侨姚德胜在平远县大柘镇羊子甸
一带投资兴建了两层楼店铺 20 多间。其三，马来亚华侨李桂和于 1932—
1937 年间在五华县华城镇投资兴建了两条街区共 103 间店铺，命名为"桂
和街"，华侨张子良也在华城镇投资兴建了 13 间店铺，命名"子良街"。
其四，在丰顺县城汤坑镇，镇东的二市亭和 29 间店铺以及涵碧街的全部店
铺，都是华侨投资兴建的。其五，中华人民共和国成立前，兴宁县华侨在
圩镇投资兴建的店铺也达 100 多间。

　　接着是客家华侨民居。华侨所建店铺只为投资，华侨民居建筑则是其
各自居住的家，民居的影响力更加深远。华侨"断家不断屋"，大多数华
侨出国过番，只要有机会都会将积累的资金拿回故乡修建房屋，这就形成
了客家侨乡各形各色的侨居建筑，其中大侨商们的建筑更是规模庞大，形
制特异，有着丰富的历史文化内涵。

　　在梅县，南口旅印尼华侨潘祥初（毓辉）所建造的南华又庐，自 1886
年开始建造，历时 18 年才建成，共有 106 间房，十厅九井，以及花园、果
园等。隆文木寨村印尼华侨肖郁斋，先后建楼房 5 座，分别命名为文裕庄
（住房 34 间）、文锦庄（45 间）、文琳庄（85 间）、文华庄（35 间）、文田
庄（20 间）。程江印尼华侨陈富源兴建的济济楼，是一座殿堂式的大围龙
屋，十厅九井，共有住房 201 间，厅廊 50 间，占地面积 38 亩，可居住近
千人。程江的万秋楼也是著名的华侨豪宅。白宫镇富良村印尼华侨丘庆祥
兄弟 1934 年耗资 18 万大洋建成联芳楼。泮坑马来亚华侨熊举贤六兄弟兴
建的镇东楼（又名六杠楼），是中西合璧的大围龙屋，历时 16 年，耗资 32
万两白银，拥有 206 间厅房，6 排楼房连成一片，像一座城堡。松口镇李
蓉肪的荫余楼，谢春生的荣禄第，谢逸桥的爱春楼，官坪余姓的容德庄，
石盘古姓崇庆第，大力村下良梁映堂的承德楼，松南圳头傅姓的仁寿庄，
松南南下村张榕轩、张耀轩兄弟的故居等，都是著名的大型华侨民居。

　　在大埔县，著名的印尼华侨张弼士在黄塘乡营造的光禄第和在黄砂乡
营造的进士第，都是较典型的殿堂式围龙屋。大东镇的花萼楼、枫朗镇的
维新楼是典型的客家民居圆土楼。高陂的田家炳、李光耀故居都是当代著
名华侨华人故居，具有特殊的意义。

　　在五华县，马来亚华侨李桂和在华城黄埔村兴建了有住房 60 多间的锡
庆楼，在华城镇桂和街一侧修建了一座别墅，既显出了其店屋成街的规

模，又具有别墅的特点。锡坑镇亚洲球王李惠堂的故居联庆楼（当地人称四角楼）是客家另一种代表性民居建筑。

在丰顺县，汤南溪口村泰国华侨罗宗好于1915年兴建的豫章祖祠，是一座四马拖车式的房屋，占地1.01万平方米，建筑面积0.66万平方米，房117间。汤西印尼华侨黄利源家族在1912年和1937年先后兴建的绍南里和耀华里，都是占地上万平方米的四马拖车式房屋。

在蕉岭县，新铺镇南山村的林星南，清道光年间被卖猪仔到马来亚当矿工，经过艰苦奋斗终于发家致富。他先后在家乡修建祖屋和顺风楼。坑背的马来西亚华侨陈玉恩经营锡矿发财后，汇钱叫其弟陈荣恩在油坑买了三百多担的田（约75亩），盖了一座楼房湖海居。南山村旅印尼巴达维亚（今雅加达）华侨林伟明，1930年前后汇钱给在家的侄子林九安买下一百多担的田地，盖了一幢占地3 000平方米的两堂两横的树萱楼，共有50多间房子，前后共花了7年时间才竣工。此外，如莫如庐、千志居、铁军楼、联仕楼、树德庐、焕萱庐、义芳楼、南萼楼、笃庆楼、绍云楼、九如庐等，均是南洋华侨在家乡兴建的房屋。中华人民共和国成立前南山村人多地少，人们多选择出南洋谋生，挣钱后大多在家乡建造房屋。[①]

二、客家传统民居建筑需要寻求继续生存之道

改革开放以来，随着生活水平的提高和城市化的发展，客家人多迁入城市生产和生活，形成了现代生产生活方式。客家老屋和大屋随着人口的增长大多已经非常拥挤，且产权复杂。传统客家民居的继续存在遭受严重考验。转变其使用功能既是时代性要求，也可能是最好的保护、开发和利用模式。

1. 逐渐荒废的传统客家民居需要寻求继续生存之道

经过几十年甚至一二百年的历史，客家传统民居建筑大多受到风雨侵蚀，又经"文革"被人为破坏，其保护和使用情况不一。有些民居由于仍然由其子孙居住，而且后人很注意保护，因而保存得很完整，如济济楼、崇庆第等；有些由于有海外华侨华人的参与而得以重修，如美国潘毓刚先生曾修整其故居南华又庐，再如梅江区三角镇的承德楼等；有些建筑由于过去被破坏得很厉害，到现在已经破败不堪，有些是因年代久远且没人居住而缺乏维护，有些则虽然有人居住，但已经非常残破。

随着经济社会的发展，核心家庭生活逐渐取代了原有的聚族而居生

---

① 周建新：《粤东石窟河道的商贸、庙宇与地方社会——蕉岭县新铺镇的初步考察》，《客家研究辑刊》2001年第1期，第72页。

活，客家人已经不再聚族而居，开始建立自己的别墅。现代人对于家居环境的要求以及审美意识都已经发生了转变，更多的人似乎更喜欢住洋楼，更喜欢过自己的小家庭日子，更重视隐私而不喜聚族而居。原先居住在围龙屋中的客家人，或者离开农村进城去了，或者在围龙屋的周围另建别墅（独立的洋房），过着自己的核心家庭生活。

传统的大型民居难以受到更多的关注，围龙屋大多荒废了，内部也完全缺乏保护。由于城市发展，许多客家大屋不得不被拆毁。当年因改造梅州老城区而拆毁旧街区时，便已经产生巨大社会反响，人们质问：梅州何以成为历史文化名城？拆掉这些老围龙屋，梅州还是客家吗？

在新的历史背景下，围龙屋等大型客家传统民居建筑必然要另寻出路，这就需要与时俱进地改造，开发和利用其新功能，既保留其历史文化内涵，又将其重新加以利用。不被使用的东西就是死的，客家传统民居建筑只有被重新使用才可能活过来，在新的历史条件下重生，才是最好的保护。我们要让客家传统民居建筑突破传统意义上的居住功能，要思考客家华侨民居建筑及其文化内涵，改造和发展古村落和古民居的使用功能。

2. 文化强市应深入挖掘客家民居与华侨建筑的文化内涵

当前，华侨民居建筑的社会、经济和文化意义仍未受到足够的关注和重视。华侨民居建筑是华侨为梅州的发展作出过巨大贡献的典型载体，是梅州重要的历史人文资源。它曾经吸引了大量华侨资金，促进了侨乡的经济发展。它们规模宏伟，雕梁画栋，富丽堂皇，兼具客家传统与西洋文化特色，富含历史文化内容。它们曾经深刻地影响了侨乡的文化生活以及侨乡人民的心态。显然，如何挖掘其文化内涵并服务于当前的社会发展，需要赋予这些传统民居建筑新的功能，给予充分的注意并加以利用。

2003 年 9 月，广东省委、省政府召开广东省文化大省建设工作会议，认为当代社会文化发展已成为社会进步的重要指标。文化已深深融入经济建设之中，成为当代社会生产力的重要影响因素，是经济增长的重要推动力量。国家与国家之间、地区与地区之间的竞争，在某种程度上就是文化的竞争。我们必须把握世界经济文化发展大势，把建设文化大省作为广东加快发展的新战略。文化产业将成为广东省国民经济的一个重要增长点。广东文化建设总体上与广东经济社会发展的地位和要求不相适应，与人民群众日益增长的文化需求不相适应，文化对社会经济发展的巨大推动作用还远没有发挥出来。这次会议正式吹响了向文化产业进军的号角。全省各地的政府部门都应深入挖掘当地文化资源，努力探索社会经济繁荣发展的

153

新路子。

20世纪80年代以来，面对世界经济、政治和文化的一体化趋势，面对日新月异的祖国建设，面对广东省经济发展的大潮，客家人正在不断寻找切实可行的发展道路。根据省委、省政府建设文化大省的战略要求，客家文化也是建设广东文化大省的重要资源，应大力挖掘。中外文化合璧的华侨民居建筑可以而且也应该成为重点考虑对象，当然要让它们重新焕发生机，发挥应有作用。

总之，响应省、市党委和政府的号召，梅州市的文化事业建设以及文化产业发展都应当重视华侨民居建筑的开发与利用，在普遍强调挖掘各地特色文化的大背景下，梅州各地都应努力研究如何挖掘当地的特色文化，加强对其开发与利用的研究。

3. 乡村振兴与客家传统民居建筑的复活

客家大型民居建筑多处于乡村，随着大量农村人口往城市转移，核心家庭生活逐渐成为主流，农村闲置住房也逐渐增加并产生一些问题：

中国社科院农村所发布的《中国农村发展报告（2017）》指出，新世纪第一个10年，农村人口减少1.33亿人，农村居民点用地反而增加了3 045万亩。每年因农村人口转移，新增农村闲置住房5.94亿平方米，折合市场价值约4 000亿元。[1]

许多进城生活的人难以担负农村建筑的维修等费用，事实上也已经产生了许多困难，如何保护这些大型民居建筑确实不是件容易的事。目前大概有几种情况：一是任其坍塌成为危房，成为农村清拆的对象；二是有些有钱的人家或者拆了重建，或者是加以维护，年节时从四面八方回来团聚；三是有少量的房屋因其地理位置好，具有一定的开发价值，因而租借给他人进行民宿旅游开发，实际上成为另类的保护。当然，因为国家政策的限制，城市人口对于农村宅基地等的处置其实有着诸多的限制，这也使城市与农村之间难以发生双向影响，这给农村民居建筑资源的开发与保护也带来了极大的困难。对此，国家显然已经注意到，乡村振兴战略的实施需要重视城乡双向互动：

就在（2018年）9月29日，国家发展改革委副主任张勇在国新办发

---

① 王晓慧：《农村空置宅基地达3000万亩 专家建议允许城市人购买》，《华夏时报》，2018年11月24日。

布会上表示，下一步将增强城镇地区对乡村的带动作用，推动人才、土地、资本等要素在城乡之间的双向流动、平等交换。而这，也正是我国首个乡村振兴战略五年规划的内容之一。①

随着乡村振兴战略的实施以及城市资金往农村的有效移动，一些具有特殊历史文化影响力的客家大型民居建筑会受到更多的关注，从而得到开发和保护。

4. 传统客家民居的新出路

21 世纪初年，梅州的老民居建筑还未曾受到足够的重视，笔者总爱去看灰尘蛛网密布的老屋，看了以后总会发出感慨。比如，万秋楼因其石柱等有着五华石匠的手笔，引起了笔者的兴趣，但去拜访时看到到处是积水，是那么破败，不禁感叹这么好的房子怎么就没有人关注和利用？随后不久，这些客家民居古迹引起了市委主要领导的重视，如梅城梅江三路的绍先堂、三角镇约亭村七贤居、程江镇万秋楼和济济楼、城西仁凤楼、张家围的慈云书院等客家民居古迹都受到了重点关注，有关部门开始收集和整理特色客家民居历史资料，并被要求控制好周围用地，重点保护好这些地方；同时邀请有关专家做好规划设计工作，学习借鉴外地先进经验，结合梅州实际，把这些客家民居建筑与旅游开发结合起来。② 这些特色客家民居建筑已经受到了政府的重视，已经进入开发和规划进程中，随后中国客家博物馆也在加以打造。

开发和利用华侨民居建筑要采取一系列的措施：首先，要将重点对象有目的地列入保护范围，采用各种媒介手段广泛地加以宣传，让人们意识到保护的重要性及其现实意义。其次，要开展保护性的开发和利用。开发利用是最好的保护，能进一步弘扬其文化内涵。再次，选择几个有利的点予以突出开发，形成文化产业的名牌产品，大力开拓文化市场。比如，对于这些重点建筑的工艺技术，组织专家、学者进行系统的研究，这既是开发前的准备，又是营造气氛的重要方式。最后，建设一些标志性的文化设施，既是宣传，同时具有更大的影响力。

2003 年 11 月，嘉应学院统战部组织部分"文化梅州"调研课题组成员到平远、蕉岭进行调研，两个县的文化部门的领导同志介绍了他们各自的情况，认为在当前的文化建设中，碰到的最迫切问题便是资金的严重缺

---

① 王晓慧：《农村空置宅基地达 3000 万亩　专家建议允许城市人购买》，《华夏时报》，2018 年 11 月 24 日。

② 《刘日知：要把文化梅州战略落到实处》，《梅州日报》，2003 年 12 月 5 日，第 1 版。

乏。据梅州市文化局的同志介绍，资金问题是普遍的现象，是受到普遍关注的第一要素。这说明，如何解决文化建设资金问题是第一位的。但是，对于贫困的山区来说，如何想尽千方百计，一步步地因地制宜，合理而有效地进行开发才是应有的态度。对此，或许可以借鉴东南亚马六甲城市在市民中设立"古迹保存奖"的做法，发挥群众的积极性，让老百姓真正地参与到这些文化资源的开发中去，这必将带来良性循环。

三、使用价值的功能转换是客家民居建筑实现重生的新路径

华侨民居建筑大都具有融合中西方建筑风格、大家庭和大家庭集体居住等特征，同时还因其自身历史背景，而具有特殊的开发意义。进入新时代之后，随着核心家庭生活替代五世同堂式的大家庭以及大家族共居，这些建筑实际上已经不再适应当前的时代了，但其历史文化内涵则具有独特的影响力，需要给予重视。因此，需要重视转变和发展其新的使用功能。

1. 典型的华侨民居建筑可成为中外交流和联系侨心的重要窗口

"客家"和"华侨"是梅州文化的两大特色。被梅州人津津乐道的"三乡"也包含了华侨。如果缺少了华侨文化的内容，作为世界客都的梅州现状是完全不可想象的。

华侨民居建筑早已成为当地的一道亮丽风景线，成为当地的标志性建筑而名扬四方，是客家地区华侨文化的典型载体，是华侨之乡文化内涵重要的外在体现。客家华侨民居建筑是中外文化交流的产物，体现了华侨在中外文化交流中的地位，也体现了外洋文化对客家社会的影响。梅县白宫联芳楼，尽管内部是地道的客家民居形制，外观却吸取了西洋装饰艺术，四幢门楼雕龙画凤。华侨民居大多是在客家的格局中装饰着浓厚的西洋风格，是真正的中西合璧。

1994 年，江泽民主席为梅州题词："发挥侨乡优势，搞好山区发展，把梅州发展得更美好"，强调了华侨在梅州经济发展中的重要地位。根据题词精神，梅州市委市政府提出了梅州发展"希望在山、希望在外和希望在路"的"三个希望"战略，提出要打好"侨"牌。在当前世界一体化的形势下，梅州依然要重视华侨华人在文化、经济建设中的重要地位。改革开放以来，华侨华人成为回祖（籍）国大陆投资的重要力量，至今仍然是我们要努力争取的重要投资对象。海外华侨还兴起了"文化寻根"，这深刻地影响着中国的社会发展。[①]

---

① 魏明枢：《全球化背景下海外华侨华人的文化寻"根"》，《广东省社会主义学院学报》2003 年特刊。

对于海外华侨来说，祖籍地是如此亲切，充满了深情，一切都可能引起他们美好的回忆和想象。祖屋凝聚着侨胞们的深情，是他们与宗亲们沟通的纽带，是他们与故乡直接联系的纽带，成为他们怀旧、恋乡的情结。因此，祖屋即使大多数时间里没人居住，每年却总有一段热闹的时光。海外游子们齐集于此，与父老乡亲们共话桑麻，祭祖怀念先人。总之，华侨民居建筑已经成为华侨之乡维系海外乡亲的重要纽带。

客家人恋家，他们留恋故乡，留恋家园，形成了典型的传统家族观念。这种观念在近代列强入侵的大背景下，又升华为对祖国的爱国主义。纵观近代中国，面对列强的入侵，客家人发出了反侵略的最强烈的呐喊。至今，以丘逢甲和黄遵宪为代表的近代客家人的家国意识仍然有着强烈的震撼力。

2004年3月14日，温家宝总理在第十届全国人民代表大会第二次会议举行的记者招待会上说："明年是《马关条约》签署110周年，这里我想起了1896年4月17日，一位台湾诗人用血和泪写的28个字的诗，他的名字叫丘逢甲，是台湾彰化人。"他接着朗诵了丘逢甲的诗："春愁难遣强看山，往事惊心泪欲潸。四百万人同一哭，去年今日割台湾。"2012年3月14日，温家宝总理在北京人民大会堂回答记者提问时，又朗诵了黄遵宪的诗《赠梁任父同年》："寸寸河山寸寸金，瓬离分割力谁任？杜鹃再拜忧天泪，精卫无穷填海心。"

华侨民居建筑的开发与利用也必将得到客家华侨的充分理解，因为这些工作恰恰是弘扬客家华侨爱国爱乡传统的一条重要途径，也是展示客家文化的重要窗口。梅州客家人淳朴善良，热情好客。"有朋自远方来，不亦乐乎。"这些民居建筑的改造，也将为客家人迎接四方宾朋提供很好的平台。

2. 客家民居可开发成为华侨文化博物馆

文物展览和开办博物馆都是提升当地百姓文化素质的重要手段与途径。每个地区的文物保护与博物馆建设体现了当地人文水平与精神境界。关于文物特别是老建筑物的保护和使用问题，瑞士的做法堪称典范：

瑞士几乎所有城镇都由古色古香的老城和现代化的新城两部分组成，有些城镇还完整地保留着中世纪的城墙和建筑，乃至古罗马时代留下的文物古迹。在瑞士北方的沙夫豪森和圣加仑市，具有浓郁中世纪风范的老城、风格独特的中世纪凸肚悬窗（阳台）在现今的欧洲已很少见，它们忠实地反映着几百年前当地的古朴民风。漫步其间，就像欣赏一幅徐徐展开

的历史画卷，浓郁的人文气息扑面而来。①

瑞士对于老建筑和文物曾经也不太注意，但是后来却充分注意并且予以挖掘，这种做法具有非常典型的借鉴意义。

据广州博物馆独家发布的博物馆消费情况调查结果，博物馆消费热正在升温，70% 观众年参观博物馆 3 次以上。② 因此，将这些典型的华侨建筑开发成博物馆，在既保存了文物、加强保护历史文化资源的同时，还可以产生经济效益，成为一种文化产业。

博物馆的数量往往是一个地区文化内涵的体现。俄罗斯圣彼得堡城人口 500 万，拥有大大小小 200 多座公共博物馆，这还不包括机关、学校、厂矿企业的博物馆，其冬宫是世界第四大博物馆。圣彼得堡城的居民总以拥有大量的博物馆而骄傲，甚至于傲视首都莫斯科。③

2003 年 12 月 24 日，中共中央宣传部部长刘云山在全国服务农民服务基层文化工作先进表彰会上强调，贯彻中央精神，解决"三农"问题，不仅要经济，也要重视满足农民日益增长的精神文化要求，努力实现农村物质、政治、精神文明协调发展。要始终把服务农民、服务基层作为工作重点，为农民群众提供更多更好的文化产品和文化服务。面对全面建设小康社会的新任务，面对农民群众精神文化需求的新特点，目前能提供的文化产品和文化服务还远不能满足农民群众的需要，农村文化建设在体制机制、思想观念、方法手段上远不能适应形势发展要求。华侨民居建筑大多地处农村，对其改造和利用的同时恰恰也是对农村的改造和建设，直接影响到老百姓的文化面貌。

建设文化梅州，让梅州人热爱学习，这需要营造浓郁的学习氛围。不营造这种学习氛围，文化梅州便不可能实现。博物馆以及图书馆的建设是文化梅州建设的重要一环，是营造学习氛围和改善学习条件的重要内容。博物馆、图书馆必定是乡村、乡镇的文化高地，确定并引领着百姓精神文明前进的方向。

具有浓郁客家风味的华侨民居建筑便可以被改造为客家的博物馆，无须大量投资兴建现代化博物馆。华侨民居建筑改造而成的博物馆比新建的现代化博物馆具有巨大的优越性，试想，将北京故宫中的文物拿到豪华的现代建筑中去展览，其观感将会如何？在古建筑中观看文物，自然是更加

---

① 刘军：《瑞士老城镇：历史文化的交汇点》，《光明日报》，2003 年 9 月 23 日。

② 方正等：《广州"博物馆消费热"开始形成》，《南方都市报》，2003 年 11 月 27 日。

③ 蒋才虎：《圣彼得堡：最美的文化之都》，《南方日报》，2003 年 12 月 4 日。

古色古香了。我期望着，在不久的将来，在梅州城乡这些星罗棋布的华侨民居建筑中涌现出一批有相当品位的公共博物馆，成为梅州人学习并提高文化素质的良好场所。

值得重视的是，作为著名的文化之乡和华侨之乡，梅州需要建设更多的博物馆。博物馆建设是一个地方文化传承的重要标志，也是一个地方文化发展的坚实基础。1939 年 4 月，客籍著名学者钟鲁斋先生肩负扩展南华学院使命，南渡爪哇，在 5 月 12 日上午参观巴城博物院与水族馆时，对中国的有关博物馆等公共文化教育机构已经深有感慨：

查博物院是皇家巴城学会所主办，是爪哇一所史地风景古物设备最完善的陈列机关。奇怪的石像多至二三千座，或因过去佛教繁荣之故。其他如土人之用具，各地之产物，东方之文物，莫不应有尽有。西人视博物院为社会教育机关，较大城市莫不有之。回想一九三〇年由美国旧金山动身，经历芝加哥、华盛顿、纽约，过大西洋而伦敦而巴黎而日内瓦而热那亚，中途所经，在各地参观之博物院，似乎在脑际犹有印象。近几年来蛰居国内，而上海而北平而厦门而广州，深觉国人对于城市之建设，比之西人未免望尘莫及，设有博物院者，除北平外真是罕见。今到吧城始得参观博物院，深叹国内都市之设备，诚欧人殖民地之不如。中国文化相差悬远，于此可见。该馆开放时间上午八时至中午一时，周末照常开放。①

如今，梅州各县（区）皆有博物馆，但是，博物馆之设立及其开放等仍然是当今梅州文化发展之大事，值得更多、更深入地思考和探讨。在思考博物馆建设时，总免不了要联想到大型客家传统民居建筑的存在与发展。事实上，两者确实值得连在一起思考。

在未来梅州生态发展区建设中，文化将成为其中极其重要的一环，大量建设相关的博物馆可以成为文化旅游、科学研究的前提和基础，中国客家博物馆如今便已成为梅州旅游的重要地标，也成为人们了解和研究客家的重要基地。魏金华先生的客家华侨博物馆也在华侨研究中形成了重要影响。在乡村振兴战略中，乡村博物馆建设或许也将成为乡村文化振兴的重要标本，成为田园综合体的重要组成部分。

3. 客家传统民居可成为乡村风情旅游的重要载体

梅州山清水秀，人杰地灵，历史悠久。从前，梅州客家人并没有孤立

① 钟鲁斋：《爪哇三月游》，香港南华大学刊行，民国二十九年（1940）出版（非卖品），第 14 - 15 页。

在大山中过着悠闲的田园生活，他们很早便已经走出了大山，"过番"谋生活，他们主要是从韩江经汕头出海走向世界，使客家与世界许多地区保持着密切的联系，并创建了他们独特的文化。今天，生产力的高度发展，高速公路、铁路和航空等现代化交通进一步加强了客家与世界的联系。与此同时，越来越多外边的人正在走进客家山区，许多专家、学者也正在深入研究传统客家文化，正在研究和创新传统的客家文明。客家地区的旅游业正在蓬勃兴起，作为客家文化典型载体的围龙屋、土楼和华侨民居建筑都受到了游客的喜爱，可以成为旅游开发的重点项目和对象，建设和打造文化产业的重要品牌。

梅州人对于自己的文化也充满了高度的自信。"阅尽人间春色，还是梅州好。"事实上，客家文化与客家民俗民情早已引起旅游业界的注意和兴趣。梅州市委、市政府历来重视旅游业，不断加大投入力度。早在21世纪初市委、市政府便提出了"营造大环境，着眼大区域，塑造新形象，发展大旅游"的发展旅游业的整体思路。2001年12月30—31日，汤炳权副省长深入梅州调研旅游工作时指出，要发挥山区优势，加快旅游业发展。他认为，要抓住入世后的机遇，利用外资、民资大力发展旅游业；要吸引更多的企业家连片开发，形成旅游规模，打造雁南飞、雁鸣湖等有品位的旅游产业；要根据山区实际，发挥山区特色优势，发展生态旅游、民俗文化旅游；要通过发展旅游业，提高旅游业的品位，提高梅州对外影响力。

梅州市四届人大一次会议提出要认真实施"开放梅州""工业梅州""生态梅州"和"文化梅州"的发展战略，提出要加强生态建设和环境保护，把旅游开发与生态建设结合起来，充分发挥国家历史文化名城和客家文化积淀深厚、人文景观众多、旅游资源丰富的优势，打造旅游精品，提高服务水平，力争三年建成"中国优秀旅游城市"。显然，发挥华侨民居建筑的作用是其题中的应有之义。

华侨民居建筑有许多堪称绝世的装饰工艺，如木雕、石雕和绘画等，让人赞叹不已。当前，许多专家学者正在研究如何传承和创新这些杰出的客家民间工艺技术，使之成为旅游文化产业的重要资源。

据中央电视台2003年11月24日的报道，农村旅游正在成为中国旅游市场的一大亮点。当前，中国许多有特色的古民居建筑都将开发并成为名胜旅游景区，典型的如北京的四合院和大型胡同，西南少数民族地区的一些民居建筑，等等。据报道，杭州市通过一项地方性法规，使该市老城区内现存的50年以上的8 000多处老房子受到了法律的保护，任何开发建设项目都不允许拆除老房子，否则将以违法论处。① 看来，典型的老房子大多都是价值高而且会受到应有的重视，大多偏处于农村山区的客家传统华侨民居建筑的保护和开发也必将受到重视。

让人遗憾的是，梅州这些华侨民居建筑尽管仍然是雕梁画栋，却大多布满灰尘，蛛丝绕梁。即使有些已经受到了一定的重视，如梅县程江镇的济济楼、雁洋镇桥溪村古民居建筑群以及梅江区的承德楼等，但依然不是重要的旅游风景点。从梅州现有的几个重点旅游区（如雁南飞、雁鸣湖以及阴那山）来看，它们都是新辟一个点，是所谓的"三高"农业示范点，是生态旅游，却缺乏足够的历史文化底蕴，难以令人回味，也难以让人流连忘返。

根据梅州市四届人大一次会议精神，梅州各地都提出了自己的文化建设思路，积极挖掘当地的历史文化资源。但是，华侨民居建筑显然未受到足够的重视。《梅州日报》曾经图文并茂地大力推介梅州各地的旅游景点，如大埔丰溪林场、雁鸣湖旅游度假村等景点，却没有系统地推介华侨民居建筑的情况。与此同时，《南方日报》却有过多次系统介绍客家民居建筑的大型版面。梅县提出要全力推进文化兴县战略，要立足客家丰厚的文化底蕴、丰富的文化内涵，发展具有地方特色的山区文化，把传统的"三乡"变成"十乡"："山歌之乡""茶文化之乡""生态旅游之乡""足球之乡""客家名人之乡""手工艺编织之乡""文物古迹之乡""华侨之乡""客家创作之乡"和"革命英雄之乡"。华侨民居建筑的特殊意义显然没有在这"十乡"中得到重视：第一，"文物古迹之乡"是以推介阴那山灵光寺等景点为主；第二，"华侨之乡"是以众多华侨、"三胞"为依托，联系乡谊、侨情。这二乡皆无华侨民居建筑这一属于华侨文化范畴的内容。

总之，客家丰富的历史文化资源还完全没有被充分地开发和利用，其应有的功能也没有被发挥。当前，发挥资源优势，客家文化、华侨文化让外来游客回味无穷，真正打造文化品牌应该成为我们充分注意的问题。

结语：客家民居与乡村旅游

本章的写作始于21世纪初。20年前的写作与思考能力与今天自然是无法相比的，且20年来客家传统民居建筑的保护与开发一直是重要的话题，《梅州市客家围龙屋保护条例》已于2018年3月1日起正式实施，许

161

---

① 万润龙：《杭州保护八千老宅 历史文化名城保护规划出台》，《文汇报》，2004年2月4日。

多重要的围龙屋得以修缮与开发，客家名人故居已经受到了梅州市委、市政府的重点关注。本章纳入本书时笔者做了一些文字修改和材料增添，其主旨却仍然保留，且保留有深刻的"历史痕迹"。

传统是不可割裂的，文化也必须有所传承。客家民居建筑浓缩了客家传统文化，有其独具的浓郁风格，这里有浓浓的乡愁，有深沉的乡情。在新的历史时代里，客家民众显然已经不再主要居住在传统老屋，而是居住在独立的别墅内，其传统民居的继续生存必须寻求使用功能的转换，或转为乡民的议事场所，或转为乡情凝结的场所，或作其他功能。

传统客家民居建筑已经成为乡村旅游的重要载体。作为全域旅游的重要形式，乡村旅游必定要基于乡村传统文化与自然风景，一是维护客家传统民居建筑，特别是那些具有历史文化内涵的古村落与古民居；二是铺设乡村道路，更好地连接各村落和各大型民居建筑；三是必要的辅助景点及艺术创新，这要别出心裁而不是照抄照搬。全域旅游背景下的梅州乡村旅游建设重点在完善乡村基础设施，维护客家传统村落，其关键则是挖掘村落的历史文化。

乡村旅游建设与雁南飞等有较大投资的旅游景区不同，切忌大规模投入新景点、景区的人工打造，如从远方移植花木、大规模在农田里铺设栈道等，这不仅成本高又费时费力，大多得不偿失。人工打造的许多景点与景区大都是昙花一现，红火两年后便销声匿迹，基本投资也难以收回，乡村又回到了从前状态。种花而赏本质上是"旁观式"旅游，说好听点是"欣赏式"旅游，大多仅可收取游人的入园门票而已，但花开有时，其本身的限制太多、太大，更别说种花、养花成本之高。

梅州既有良好的自然生态，又有独具特色的人文生态，每个村落皆有传统老屋和祠堂建筑，几百年的历史传承积累了大量的人文资源，游客常感叹三天三夜也听不完一个村落的故事。许多历史人类学和文化学者都已经挖掘了大量的乡村文化，形成了关于乡村和乡镇的研究成果。将传统村落、民居与人文环境有机统一起来，串珠成链，才能构建全域旅游生态。挖掘文化而深入文化，其本质是"参与式"旅游。让游客徜徉于乡村风景中，自由自在，遐思满怀，在不知不觉中沉浸于乡村中，流连忘返。

发展乡村旅游是乡村振兴战略的重要形式与途径，要大力发展"参与式"旅游。这需要全体村民和政府的共同参与，需要全市一盘棋，还需要区域协调，共同打造。值得特别警惕的是，乡村振兴绝不能完全交给市场，社会主义新农村绝非仅仅靠资本投入就能打造出来的。

第四节 打造客家传统民居的文化旅游品牌

客家民居建筑已经成为深受游客喜爱的旅游对象，围绕着客家民居已形成了一系列的产业经济。但是，客家传统民居旅游市场的开发仍然是初步的。在客家民居的旅游经济开发过程中，客家文化和客家民众不能缺位，客家文化与教育应当成为当地旅游和经济发展的重要动力，客家传统民居应当成为展示、创新与发展客家文化的重要平台，成为开发客家旅游市场、构建客家特色乡村的基本元素。

一、深受欢迎的客家民居旅游

客家是一个重要的汉族民系或族群。传统客家人聚族而居，因而常常形成庞大的村落群。客家传统民居是集家、堡、祠于一体的天井式民居，其主要类型大致可分为围屋、土楼、围龙屋、天井式院落。[1] 客家传统民居是客家人千百年来的生活场所，其独特的建筑风格和丰厚的文化内涵早已受到了各方面的重视，许多学者都在呼吁加强保护，"保护重于利用"[2]。但是，面对其加速破旧的趋势，许多人也呼吁应当在利用中保护，[3] 或者进行旅游开发利用，[4] 或者发展、转变其使用功能。[5]

1. 重要的旅游开发对象

进入 21 世纪以来，伴随着客家文化热和旅游文化热的兴起，客家传统民居已经成为深受游客喜欢的重要的旅游文化资源，与此同时，形成了一系列围绕着客家民居建筑的产业经济。

一批企业围绕着客家民居而形成了自己的经营特色。著名的雁南飞茶田度假村，便以围龙屋作为其重点建筑格局，进而形成了自己的核心经营理念：以客家建筑的形式创新，从而带动企业的经营。广东梅州客天下旅

① 肖承光、金晓润：《客家传统民居的主要类型及其文化渊源》，《赣南师范学院学报》2004 年第 4 期，第 50－53 页。

② 邱国锋：《闽粤赣边客家古民居旅游开发研究》，《经济地理》2001 年第 6 期，第 757－761 页。

③ 李婷婷：《广东客家传统民居资源调查研究——以梅州村镇传统民居现状调查为例》，《艺术百家》2008 年第 1 期，第 33 页。

④ 梁锦梅：《客家民居旅游资源开发探讨》，《广州师院学报》2000 年第 6 期，第 165－170 页。

⑤ 魏明枢：《发展客家民居的新功能及其对社会发展的影响》，中共梅州市委统战部、中共嘉应学院宣传统战部编：《探参政议政新路——嘉应学院"四个梅州"专题调研和理论研究文集》，梅市准印字〔2005〕第 32 号，第 87－98 页。

游产业园虽然有着很多欧洲建筑的元素，却以其客家小镇吸引了大批外来的游客。梅县的大兴城亦以围龙屋的形式，将成片的房地产联合在一起，进行房地产的开发，形成了良好的经济发展模式。这些围绕客家民居文化进行的开发和经营都非常成功，显示出客家民居建筑的独特魅力。论者甚至建议建立模拟型的客家民居民俗文化村。①

客家民居已经成为休闲旅游市场中的热点。客家土楼已经成为世界文化遗产。据"福建旅游之窗"的报道，2011 年"十一"黄金周期间，漳州南靖土楼景区累计接待游客 29.81 万人次，华安土楼景区累计接待游客 1.14 万人次。2012 年暑期，虽连续高温天气，但永定土楼景区仅洪坑景区游客日平均接待量达近万人次；2012 年第二季度，永定县共接待游客 98.2 万人次。游客大多来自厦门、福州、广州、深圳、上海等城市。事实上，一些未开发的原生态的客家旧村落更加吸引人们的眼球，比如梅县水车的茶山村以及桃尧的一些旧村落，都引起了许多自驾游游客的关注。报纸也热衷于刊载一些旧村落游记，游记的刊出则吸引了更多的游客。

客家民居旅游的经济和社会效益良好。据"福建旅游之窗"的报道，2011 年"十一"黄金周期间，漳州南靖土楼景区累计旅游收入 8 940 万元，华安土楼景区累计旅游收入 293.3 万元，2012 年第二季度，永定县实现旅游总收入 6.576 9 亿元，实现旅游收入的平稳增长。位于广东河源市义合镇的苏家围，是苏东坡后裔聚居地，同时还有"南中国的画里乡村"的美誉，其乡村风光和历史文化吸引了大批游客。据河源旅游网的报道：苏家围旅游区经过一年多的开发建设就取得了明显的经济和社会效益，群众收入大幅度增加，村容村貌明显改观。

2. 客家民居建筑深受游客喜欢的两大原因

首先，源于客家传统民居建筑本身特色与文化内涵。其一，客家民居形式特别，其建筑风格独具特色。客家人过去都是聚族而群居，因此其建筑规模宏大，占地面积都不小，但其结构精巧，土楼、围龙屋以及中西结合的华侨民居建筑等都让许多建筑学家叹为观止。其二，客家民居建筑是客家文化的重要载体，其文化内涵丰富而多彩。客家民居历史悠久，是在特定时空下的产物，它"承载着客家人独特的生存情感"②。因此，一个建筑就是一部史书，它常常与本家本姓的历史联结在一起，让人产生无限遐

---

① 傅清媛：《开发闽西客家民居旅游资源 推进旅游业发展》，《龙岩学院学报》2010 年第 1 期，第 35 - 36 页。

② 肖承光、金晓润：《客家传统民居的主要类型及其文化渊源》，《赣南师范学院学报》2004 年第 4 期，第 50 页。

想。其三，有道是有山必有客，客家人多居住于偏僻的山区或深山密林之中，因此，客家传统民居大多仍然保留着足够的原生态的内容，它吸引乡村旅游爱好者，也让很多休闲旅游者感到惬意。其四，客家民居建筑是一个值得欣赏的对象，因而吸引了大量游客，成为一个重要的旅游市场。

其次，源于中国经济社会的发展。其一，经过40多年的改革开放，中国经济有了较大和较快的发展。富裕后的人们有了更多的文化追求，富于文化内涵的客家民居建筑因而成为他们希望解读的重要对象。其二，工商业世界里的快节奏常常让人们身心更加疲累，他们经常不得不寻求自身的休闲，以缓解身心劳累。寻找一个幽静的世界，彻底忘记尘世的喧嚣，这是现代休闲旅游的根本。其三，时代的发展，为旅游业的兴起创造了条件；随着经济和社会的发展，休闲和旅游已经成为一种时尚，客家之外世界的人们产生了深入客家地区去寻找桃花源的欲望和冲动，客家传统民居建筑便成为他们深入考察的重要对象。

总之，客家传统民居是中国民居建筑中的一朵奇葩，也是世界民居建筑艺术中的重要典范。其独特的形制和丰富的文化内涵，不仅吸引了许多专家学者的深入研究，也受到了当地政府和民间资金的青睐，成为极具开发潜力的文化旅游资源。事实上，客家民居已经受到了各地方政府的高度重视，成为当地旅游开发和经济增长的重点关注对象，并已获得了不错的经济与社会效益。

当然，客家民居建筑的旅游及产业经济的发展仍然是初步的，时间不长，需要深入总结和不断探索，如何更好地保护、开发和利用，政府与民众对此都应当有更加清醒的认识。

二、文化与教育乃客家旅游和经济发展的根本动力

文化和教育是文明人的基本特征，在新的历史时期，文化和教育的发展是推动旅游经济进一步发展的关键性因素。挖掘客家文化，推动教育发展是客家旅游和经济发展的重要动力，客家民居旅游市场的开发及其经济的发展更加离不开文化和教育的发展。

1. 旅游经济必然是典型的文化产业经济，需要很好地开发当地的特色文化

文化是旅游的内在要求，缺乏文化内涵的旅游开发必然难以持续和繁荣。游客在旅游市场进行消费，这是一种心理体验过程，也是一种文化认同的过程。游客购买特定的旅游产品，其实就是品味文化的过程。旅游六要素，每一项都必须具有区域性和时代性的文化特色。

吃：要吃饱、吃好、吃干净，这是评价旅游质量的基本前提。游客在旅游过程中对于当地的名吃、风味小吃、特产和瓜果等，总是会给予特别的注意，并希望能够品尝。

住：充足的睡眠才能确保旅游时精力充沛。住必须保证干净、舒适，浓厚的当地风情和文化氛围也属于重要的居住环境，它直接影响游客的情绪，或者舒心愉快，或者郁闷不满，进而影响游客的整个行程。

行：交通工具以及沿途线路等都应当尽量体现自己的特色，其设计和装饰都应当与当地自然与人文环境相和谐。

游：游览的对象必然是独具特色和风情的，要让人感受到唯一性。要注意让游客领略到其中的内涵，并受到启发。因此，要做好旅游服务和产品的定位，注意其层次性。

购：一方水土养一方人，一方水土也会有一方的物产。购买旅游目的地的特产，这不仅是一种乐趣，还是对当地深入认知的过程，是对他乡进行品鉴的过程。因此，旅行购物的文化内涵是明确的。

娱：要让游客尽量参与当地喜闻乐见的体育、艺术等娱乐活动，让游客体验当地人的风土人情。

总之，要让游客愉快地消费和品味当地的文化，否则就不会被游客所认可。必须让游客感受当地的文化，只有文化才能够吸引人，让人流连忘返。即使是休闲旅游，游客也必然是在文化中休闲，不能仅仅是吃饱了睡、睡够了吃，而没有思想活动，也不能没有感想和体会。因此，旅游市场及其产品的设计都必须充分注意到当地的人情风俗。

2. 经济增长和社会发展需要大力推动文化和教育的发展

在当今大力发展旅游经济之进程中，政府和民众对于经济增长和发展的动力应当有很清醒的认识：没有文化和教育的推动，经济与旅游都难以真正取得成功。作为文明古国，中国的伟大复兴需要大力挖掘传统文化；作为中华民族文化重要的组成部分，客家文化和教育事业的发展具有重要意义。

文化和教育不仅是中国，而且是世界经济发展的基本动力。诺贝尔经济学奖获得者罗伯特·福格尔高度重视教育在国民经济发展中的重要影响，他说："美国的数据表明，与初中以下文化水平的工人相比，大学毕业的工人的生产力水平是其3倍，高中文化的工人的生产力水平是其1.8倍。"他认为，中国在教育上的巨大投入是中国经济取得成功的最初的基本因素。① 在回答中国现在和未来经济发展的看法时，他说："我预期，中国经济仍将以年平均约8%的增长率继续增长，2040年中国人均年收入将达到8.5万美元……我的理由是，中国正在大力投资教育，尤其政府对中学、大专水平教育的投资力度在加强。过去中国经济年平均增长率为9%，其中，教育贡献了6%。剩下3%的年平均增长率来自哪里呢？来自劳动力从农业部门的向外转移。"②

中华民族的复兴应当建立在文化的基础上，这是许多学者的共识。中国是个文化大国，中国的崛起必须重视其文化因素。日本知名学者谷口诚说："中国超越美国也已经完全有可能。当中国重新以一个世界大国面目出现的时候，以文化大国的姿态来谋求发展，这将是很伟大的一件事，也是对世界的贡献。"③ 印度学者则对中国和印度两个文明大国寄予厚望，认为世界的复兴需要弘扬中印两大古国文化，近代以来所兴起的民族国家担负不了这种使命。④ 英国学者则明确强调："中国人并不像欧洲人那样将国家视为民族国家，而是视为文明国家。"⑤ 因此，理解中国首先应当理解其是一个文明古国，而非近代以来的民族国家。其实，无论现在的中国怎样，其文明古国所带来的传统的影响都是非常明显的。

客家许多地区都有着悠久而独特的历史文化，在中国历史文化发展史上有重要的地位，是中华文化的重要组成部分，必须为中华民族的伟大复兴作出重要的贡献。作为中华文化的重要代表之一，它同样担负着文明大国时代复兴的重大使命，其发展与中国的文化大发展密切相关。

被誉为"世界客都"的梅州是中国24个历史文化名城之一，曾经被誉为"文化之乡"。与中国其他地区一样，梅州的特色发展需要将文化作为推进器，以文化事业的繁荣助推文化产业的发展。然而，2012年高考全省本科入学率平均50%以上，而梅州不足40%，更可怕的是，在梅州中考招生体制下，各高级中学之间相互排斥与阻隔，这让人感受不到梅州教育的未来！如此不重视教育必将遭受恶果，须知教育乃文化之源，文化乃社

167

① 吴敬琏、俞可平、[美]罗伯特·福格尔等：《中国未来30年》，北京：中央编译出版社，2010年。
② 中央电视台《公司的力量》节目组：《公司的力量》，太原：山西教育出版社，2011年，第5页。
③ 王国培：《中国：下一个日本》，杭州：浙江人民出版社，2012年，第130页。
④ [印]谭中：《认清中国"文明大国"模式，发扬中国文明内功》，吴敬琏、俞可平、[美]罗伯特·福格尔等：《中国未来30年》，北京：中央编译出版社，2010年。
⑤ [英]马丁·雅克著，张莉、刘曲译：《当中国统治世界——中国的崛起和西方世界的衰落》，北京：中信出版社，2010年，第161页。

会发展和人民幸福之源。

总之，旅游开发必须挖掘和弘扬内在的传统文化，在传承的基础上不断创新发展。客家民居旅游市场也应当承担文化振兴的任务。事实上，客家民居旅游开发最迫切的难题仍然在文化和教育上。

三、新时期客家传统民居旅游经济开发的基本模式

旅游开发就是要运用一定的资金和技术，对旅游资源及相关的产业要素作出相应的配置，进而吸引游客，以创造经济、社会和文化价值。因此，新时期客家民居的旅游开发首先要注意旅游资源的文化内涵的挖掘，然后要将资源进行合理的设计和规划。

1. 客家传统民居应当成为展示和创新客家文化的基本平台

客家传统民居的旅游经济开发源于其丰富的内在文化，从根本上看就是如何挖掘、展示其内在的文化。在新的历史时期里，客家传统民居不仅要实现其实用功能的新发展，而且，"作为旅游产业可以带动居民对传统民居的利用与保护，从而减少对民居的闲置破坏"①。客家民居建筑本为客家人的生活场所，寄寓了大量客家人的历史和文化。如今则可以将其开辟为酒店，如万秋楼；可以将民居直接改为宾馆，也可以新建一种客家民居式的酒店建筑，如雁南飞茶田度假村，等等。

在利用和开发的进程中，还应当进一步做好文化的挖掘和创新工作。客家文化应当经过旅游经济的开发而得到创新和提升，经过游客的欣赏和品鉴而得到肯定和升华。游客欣赏客家民居建筑的过程中，也就是品味客家人和客家文化的过程。要让游客在欣赏、消费和停留的过程中都能感受到其中的客家文化，耳濡目染，因此陶醉其中，流连忘返。要达此境界，并非易事。

客家民居旅游开发应当坚持以展示和创新客家文化为重要目标，在客家民居建筑的旅游经济开发过程中，客家文化不能缺位，而应当贯穿于其中，完全整合在一起。

首先，应当避免以赚钱为唯一目的的做法。应当注意到：开发旅游不仅是为了拉动经济。许多旅游市场经济意识过强，文化因素则相形见绌，尽管它们都打着当地文化的牌子，可这经常只是一种表象，而缺乏实质性内容。政府官员有着强烈的业绩意识，只想尽快促进当地的经济增长；当地民众则为了尽快致富而不注意基础建设，也经常忽略文化内涵。事实

① 李婷婷：《广东客家传统民居资源调查研究——以梅州村镇传统民居现状调查为例》，《艺术百家》2008年第1期，第33页。

上，客家民居的旅游开发仍然处于发展的初期阶段，仍然处于浅层次，经济增长的理念过于强烈而显得急功近利，需要加以修正。

其次，要重视客家文化的研究，以提升和创新客家文化。文化产业的发展需要以文化事业作支撑，比如，游览名人故居必然要深入研究其主人的历史，则名人研究必然能够有效地促进名人故居旅游的发展。当前，客家民居的文化研究显然不足，甚至一些历史上的著名人士也未能得到足够的研究。《岭南文库》有学术与通俗两大类。梅州本来有很多可写的内容，李锐锋主编却感叹：梅州怎么会这么少人去写？至今写梅州的仍然就这么几本，与"文化之乡"的称谓极不相称。

再次，要尊重客家人和客家文化。历史文化是真实的客观存在，景区的介绍及相关的说明都应当属于确切的历史文化范畴，否则就是不科学、不尊重历史。然而，许多景区为了吸引游客而大量地胡编杜撰，企图以虚幻的所谓"传说"来打开游客的游览兴趣，其后果便是让人感到不严肃，进而造成一种人生观的错误引导，社会风气也必然受损。杜撰的传奇常常由所谓的"专家"执笔，但真实的历史却必须由当地人自己去写，有家谱、族谱等根据。

在政府主导型的发展中，许多学者专家可能受到高度重视，当地的民间人才及其意见却常常会被忽视。应当尊重当地的艺术与文化人才，让他们在其中发挥创造、带动等作用。客家民居的旅游开发从根本上说是当地人的事情，必须很好地树立当地意识，利用当地的资源，发展当地的经济与社会，为当地民众创造幸福生活。客家民居的旅游开发能否调动最大多数客家民众的参与，这是衡量其开发是否合理和成功的根本标准。在客家旅游开发中，专家学者的建言献策，政府官员的决策执行，外来游客的赞赏迷恋，所有这些都应当以当地民众的意见和生活质量提升为前提。

总之，要将客家民居这种独特的文化旅游资源转化为产品，形成自己的旅游特色，进而形成产业经济。而文化的有形化是文化产业化的基础，产业资源的文化内涵需要由高素质的人才去挖掘，文化创意需要卓越的创造者和设计者，从而让更多的人产生亲身体验和感受的欲望，这样才能形成文化旅游行动。这就不仅仅是政府主导和推动，更需要当地人的参与。

2. 以点带面，城乡统筹，开创客家民居旅游市场新局面

客家民居建筑是客家文化最重要的载体。客家旅游景区和景点的开发应当以客家民居为其最基本的元素，围绕客家民居进行整体的规划，要围绕客家民居进行旅游资源的整合。

第一，有的地方的客家传统民居建筑自然形成一个群落，从而能够形成一个独立而完整的旅游市场。这样的例子如闽西培田古村落、永定土楼

等，它们以原生态的形式形成一个独立的旅游系统。

第二，有的客家大屋相对独立，则需要串珠成链，共同构成一个旅游市场系统。旅游市场要有个核心，它可以是一个星级宾馆，也可以是某个重点旅游景点。整个景区应当围绕这个核心，设计出几条线路，通过道路、水电等基础设施的改善优化，将有关的客家民居串联起来。这就需要重点企业和政府去牵头打造，从而使整个景区成片地建设，此举实际上也正是乡村的整治和完善。客家传统民居规模宏大的建筑形式已经被许多建筑设计专家们所钟爱，正如中国客家博物馆，其本身的设计理念就是参考围龙屋的形式，然后结合周边的旧民居而建成的。

第三，以某个独立的客家民居作为一个旅游小市场，可以推出一些极具特色的包含文化内容的旅游活动，比如学唱山歌、制作糍粑等客家小吃、表演当地的民间艺术等。通过这一系列的民俗活动，活跃当地的旅游文化氛围。对于当地的农民来说，可以通过这些景区的构建而将自己生产的农产品更有效地转变为商品，旅游市场也成为当地农民的产品市场。福建土楼旅游景区就成为南靖县船场镇西坑村农民肖天池"健美鸭"的销售市场。[①] 因此，景区建设与商品销售之间要形成一个链条。

第四，以某个客家民居建筑为基点，可以同时联络其他景区和景点，共同形成更大的旅游市场。比如相邻的两个县或者村落，以共同的活动吸引游客。当然，景区的核心建筑并非一定是属于客家文化的而排斥外来的、外部的文化。重要的是这些景点能够将景区外的客家民居串联起来，成为城乡统筹的典范，成为新农村建设的带动者。乐黛云强调说："中国文化应与世界文化多元共生。"[②] 客家文化本身也是个开放的、发展的、多元的体系。当年的华侨民居建筑之所以受到称赞，其亮点就是对欧美风格的移植。因此，将外地文化与客家文化结合起来进行统一构思，也应当是一个很好的模式。

总之，客家传统民居本身就是一个旅游系统，其旅游市场的开发要能够以之为点，进而形成一条线，再进而形成一个面，从而完成一系列的产业经济构建。

结语：前景光明，任重道远

以旅游来拉动区域经济社会的发展，这已经成为全国各地共同的追

① 祝敏松、刘文福：《土楼旅游热带动品牌鸭销售》，《福建日报》，2010年1月8日。
② 乐黛云：《中国文化应与世界文化多元共生》，《报刊文摘》，2012年6月27日，第2版。

求。各地都在努力挖掘当地的自然与人文资源，打造地方特色产业，大力开发旅游市场。乡村旅游、休闲经济和慢生活已然成了一种时尚，各地政府把其当作经济发展的新引擎——据人民网 2011 年 6 月 10 日报道，全国 19 省份将休闲纳入"十二五"发展规划。但是，"全省上下一起来办大旅游"之类的思维显然受到质疑，① 重要的是如何找到发展旅游经济的载体，有重点、有层次地打造旅游市场。

　　2012 年，梅州市第六届人大第二次会议通过了《关于创建广东梅州文化旅游特色区的决定》，《决定》强调：要围绕"全力加快绿色的经济崛起，建设富庶美丽幸福新梅州"的核心任务和"三年大提速、五年上台阶、十年大跨越"的目标要求，以创建广东梅州文化旅游特色区为载体，打响"休闲到梅州、享受慢生活、设计在客都"品牌，努力把梅州建设成为经济繁荣、宜居宜业、平安和谐的富庶山城、美丽新城、文化名城、国际慢城。在这个总要求中，"广东梅州文化旅游特色区"显然只是个载体，意在突出文化旅游牵引作用，其根本点在于带动梅州的经济社会发展。

　　"休闲到梅州，享受慢生活"已经成为中央电视台的旅游广告词。显然，梅州市委、市政府希望以一个休闲之乡的"慢生活"来吸引生活在快节奏中的外地游客，则梅州本地人应当已经过着休闲之乡的"慢生活"。口号看似只是为了招徕外地游客，本质上却是为了促进本地的经济社会发展，它寄托着梅州市委、市政府和所有市民实现"绿色的经济崛起"、建设"富庶美丽幸福新梅州"的愿望。

　　梅州市委、市政府还提出了《建设宜居城乡实施意见》。2011 年，梅州市所辖各县都以创建客家特色乡村为重要工作。许多小县城与小乡镇都提出了城乡一体和区域统筹的总体规划思维，比如，大埔提出"大埔大公园""最美小山城"的目标，以发挥重点乡镇的资源优势。这些都是在一定程度上以当地客家传统民居为载体而进行的旅游市场开发。

　　显然，以客家传统民居为基本元素，构建休闲旅游、文化旅游以及乡村旅游，努力统筹城乡发展，是建设客家特色乡村及发展客家休闲经济的重要内容，它符合中国当前政策走向和历史发展的大势。展望未来，客家传统民居文化的旅游经济开发前景是光明的，它必将产生深远的影响，同时也是任重道远的。

171

---

　　① 韩言铭：《贵州三万亿旅游投资规划受质疑》，《中国经营报》，2012 年 8 月 6 日，第 25 版。

第四章 培育良好的城乡文明生态

"城市，让生活更美好。"西方多国社会中的"文明"一词皆源于"Civitas"（"城市"），似乎表明城市与文明的紧密关联，也表明城市生活更具秩序和更美好。工业革命以来，城市化进程推动了城市发展模式及其探讨研究，比如"理想城市""田园都市"等。2010年上海世博会面对城市化进程中存在的问题，提出了"和谐城市"理念，突出强调人与城市、人与自然、现在与未来的和谐。

"城市因文明而骄傲。"《广东省新型城镇化规划（2014—2020年）》提出广东2020年城市人口要达到73%。新型城市化已经成为区域社会最根本的发展路径，城市社会治理则直接关系着最大多数人的生活。如今，梅州正在努力创建全国文明城市（简称"文明城市"），这是反映中国内地城市整体文明水平的最高荣誉称号，是在全面建设小康社会中市民整体素质和城市文明程度较高的城市。倡导文明新风，共建文明城市，人人都是参与者。讲文明话，办文明事，做文明人，创文明城市。

本章内容集中思考和探讨梅州的城市规划与治理，共四节：第一节"以新型城镇化理念改造梅州旧城"，探讨旧城改造应当遵循的基本理念；第二节"城市扩张与'城市病'的终结"，探讨新城扩张应当重视的原则；第三节"汇集民间文献，打造梅州特色文化资料库"，探讨文化城市的建设，强调打造学术氛围应先积极建设资料库（从客家文化和文献开始）；第四节"洁净家园与梅州乡风文明建设"，探讨城乡卫生环境，突出强调城市和乡村的和谐互动。

城市扩张是必然的，旧城改造也是必要的，前者要注意避免"城市病"，后者则要注意文化传承。现代城市既要充分重视传统的继承与坚持，还要让城市有足够的活力，有足够的创新能力，要打造创新之城、卫健之城、文明之城。

第一节　以新型城镇化理念改造梅州旧城

中共十八大提出了新型城镇化和文化强国等发展战略。结合梅州的实际，梅州市委和市政府提出了建设"广东梅州文化旅游特色区"的发展模式。作为国家历史文化名城，梅州的发展应当重视当地客家特色文化的开发和利用，则江北旧城区的改造应当成为其中重要的内容，应将城镇化及当地特色文化的开发统一于文化旅游特色区的建设中，旧城改造应当成为新型城镇化的重要发展模式，以新型城镇化的理念指导旧城改造与建设。

一、旧城改造已经不是新问题——改造的旧模式

20多年来，梅州城区的发展规划有序。1993年，梅州市政府组织编制了第二轮城市总体规划。2008年，又开始了第三次城市规划。2010年，在深入论证并广泛征求社会各界意见的基础上，市政府发布《关于印发梅州市城市规划区城市规划管理办法的通知》（梅市府〔2010〕27号），为梅州的城市规划以及旧城区的改造制定了新规章，同年还制定出台了新的《梅州市地名管理实施办法》。

江北旧城区长期以来都是市政改造的重要对象，市委和市政府早已着手，并视之为一件重要的工作，也受到了市民的拥护。凌风路曾经被整治为客家一条街的示范点。随着梅城的发展，许多市民对于江北旧城区的改造也表示出更大的期望。他们反映：江北仲元东路、泰康路等道路狭小，经常塞车，尤其是上下班时间，堵塞时间有时长达一二十分钟。政府部门何时对这些道路进行拓宽改造？对此，市委、市政府已经给出肯定答复："江北旧城区人居环境改善计划用2年完成。"

江北旧城区的改造是大有成绩的，但由于产权复杂，历史遗留问题多，江北旧城区的改造确实不容易突破，以致过去的有些改造确实是值得商榷的，甚至遭到了很多的批判。比如，城市旧有的商业功能未能挖掘，其内蕴的历史人文资源却被浪费，甚至遭到了严重的破坏，比如钟楼、义化路的改造就广受社会各界的质疑。再如，东门外的几栋高楼由于其所处地位的尴尬，多年以来都未能得到有效利用。

以前旧城区的改造主要以改善居住环境为基本模式和理念。近几年来，市委、市政府非常重视梅州城区的人居环境建设，把江南、江北和梅县新县城作为一个整体来规划、建设、管理，启动了江北旧城区人居环境

173

改善工程，以全面提升江北旧城区的人居环境。其实，城市是"城"和"市"的结合，既要重视其居住环境，同时还应当更加重视其商业和经济功能的发展。

随着人们生活水平的提升，同时也随着梅州城区的扩展，城市布局及其功能应当更加明确。如何找到一条更好的旧城改造模式，受到了许多市民关注。比如，有些市民将旧城区的改造与新城区的建设相对比，认为应以改造江北旧城区为主，这能够保护耕地，又不破坏生态，他们认为：

老城区改造能改变老城区的面貌以及可以改造旧城区的各项原有落后设施，使其能与现在的江南形成统一，更能体现梅州的客家文化特色，同时也能提升梅州是客都的形象。但在改造的过程中注意保护文化及文物古迹，不要像义化路改造那样破坏了应有应保留的东西（钟楼）。

其实，旧城区的改造非常重要，新城区的建设也是必要的，中共十八大提出了城镇化发展的道路，这为梅州城区建设提出了新要求。从1993年第二次梅州城市规划到第三次规划开始，梅州城区面积扩展了一倍多，这是梅州城市发展的重大成绩。但是，在建设新城区的进程中，要更好地改造旧城区，要充分重视其改造的途径和手段。在新的历史时期，旧问题应有新思路和新办法，旧城区的改造和建设需要转变原有的思路和模式。2013年12月12日至13日，习近平在中央城镇化工作会议上的讲话强调指出：

城市建设水平，是城市生命力所在。城镇建设，要实事求是确定城市定位，科学规划和务实行动，避免走弯路；要体现尊重自然、顺应自然、天人合一的理念，依托现有山水脉络等独特风光，让城市融入大自然，让居民望得见山、看得见水、记得住乡愁。①

历史总是不断地发展进步的，历史文化需要在沉淀和积累中发展；历史也是必须要有记忆的，失去记忆的人和社会都是非常可怕的。经济社会的发展必须保持其历史记忆，这就需要在发展和保护之间给予很好的平衡，注意保留和保护好不可再生的历史文化资源，更好地发挥其传承作用，绝不能因一时的冲动遗恨千古。笔者就在这种"新"与"旧"之间寻找着平衡点，祈望梅州绿色崛起，既留住青山绿水，又记住了"乡愁"。

---

① 陈振凯整理：《习近平历次讲话，都讲了什么——从七个方面读懂中国治国理政思路》，《人民日报》（海外版），2014年2月27日，第5版。

二、充分利用"国家历史文化名城"这张金字招牌

旧城改造首先要形成改造的新理念，这就要有文化传承，则传统中的亮点乃其改造的根本性因素，否则就没有特别的意义。梅州因"国家历史文化名城"而有了改造的意义，这也应当成为其改造的"金字招牌"。

梅州历史悠久，人杰地灵，富有历史文化资源。曾经，梅州旧城区是如此有特色，以至外来的客人们即刻就能感受到蕴含其中的浓浓的客家文化。在 20 世纪 80 年代初期，那时候来梅的客人，都能非常直观地注意到梅州的山城特色和梅江桥的特别，注意到客家人的纯朴和客家菜的别有风味，这里的一切都让他们感受到浓浓的客味。

2012 年，梅州市第六届人大第二次会议通过了《关于创建广东梅州文化旅游特色区的决定》，其中"文化"才是"特色"的关键。作为世界客都，要让客人们在体验客都的"客文化"中"享受慢生活"。越是民族的才越是世界的，才是更为人所重视的。文化旅游特色区的建设，需要挖掘更多富有客家文化特色的旅游资源。

在打造"客文化"展示平台的进程中，土楼、围龙屋等客家特色民居已经受到了高度的重视，许多富有特色的客家民居已经被开发成为广受欢迎的旅游品牌，土楼甚至已经成为世界物质文化遗产。近些年来，在梅州城区建设了院士广场、客天下 4A 级旅游景区以及中国客家博物馆等有着强烈客家特色和设计因素的现代建筑，成为外来游客深入品味客家的典型基地。

城市是一个地区文化和文明历史的最高发展。梅州作为国家历史文化名城，虽然不仅仅归功于江北旧城区，但这里的文化因素是名城的核心内容。旧城区保留了许多历史记忆，其中的旧街道，如凌风路、义化路、文保路等都蕴含着梅州深厚的历史文化，完整地体现了客家文化中的商业文化、华侨文化以及革命的红色文化，甚至被誉为梅州的"城市名片"。

重视城市文化乃当代世界各国共同坚持的发展理念。2000 年，英国政府要求其各个地方政务必制定本地区的地方文化发展战略，伦敦重点实施其作为"文化之城"的空间发展战略，曼彻斯特则确定了"确保城市的复兴计划得到认同和支持，使之成为一个震撼性的文化之都"和"鼓励本地市民踊跃参与文化活动"两大目标。曼彻斯特明确提出"21 世纪的成功城市将是文化城市"和"文化将帮助人们拥有机能和树立信心"的口号。广州红专厂创意产业园原为罐头厂，2008 年起被改造为广州最大的艺术创意园区，亦曾被誉为历史变革的代表之一，2019 年正式拆除，地块作为国

际金融城用地。北京 798 艺术区位于北京市朝阳区大山子地区，形成于 2002 年，其前期是 798 工厂。所有这些旧城改造的经验都是非常有益的借鉴。

中共十八大提出了"扎实推进社会主义文化强国建设"的任务，强调"文化是民族的血脉，是人民的精神家园"。而"建设社会主义文化强国，关键是增强全民族文化创造活力"。江北旧城区的改造应当深入挖掘其历史人文资源，以旧城区为展示客家文化艺术的舞台，这是客家历史文化资源有效转化为生产力的重要途径。

梅州是世界客都，是中国著名的文化之乡，也是国家级历史文化名城，如何将这些历史文化的深厚积淀转化成为发展资源，这是梅州必须深入思考的重要课题。打造特色旅游文化区，这是梅州市委、市政府关于梅州发展的重要战略，也是笔者几年来重点思考的参政议政内容。在新的历史时期里，无论是政治、经济、文化和社会，梅州的发展需要有继承、创新，或者通过改造，或者通过新建，但总不能割裂过去。

改革开放 40 多年后，中国的经济社会发生了翻天覆地的变化，中国经过了工业化的发展，已经提出了生态文明的发展理念。随着工业化的高速发展，生产和生活方式也发生了现代变革，大量的人口必须集中居住，城镇化发展成为必然之路。许多农民进城而转变为新市民，城市规模极大地扩展着。

工业化和城镇化建设，必将带来社会迅速的、全方位的变化。日新月异的发展必然伴随着创新和变化，这就涉及如何对待"旧"的历史文化积淀，这是困扰世界各地发展的共同难题。如今，这个难题也摆在梅州客家人面前：在经济社会的飞速发展中，梅州能否保留其中国历史文化名城的传统风貌？梅州应如何保持其客家特质？

梅州市委和市政府已经提出了"设计在梅州"的口号，振兴梅州城市文化则是题中应有之义。那么，以客家历史文化为核心，打造江北旧城区为一个重点文化旅游特色区，一个集商业、旅游业和文化产业为一体的基地，应当成为旧城区改造与发展的重要而可行的新模式。

三、旧城区乃是集客家特色商业、旅游业和文化产业的基地

实现对旧城区更好的保护乃旧城改造的前提。2010 年，《梅州市城市规划区城市规划管理办法》第三章"新区开发和旧区改建"也重点强调了旧城区的保护。保存旧城区的历史人文资源，这是一个时代性的任务。保护并非无所作为，事实上，在利用中才能实现更好的保护，这已经得到了

大多数人的认同。旧城区改造的基本思路就是在创新中加以开发和利用，以实现更好的保护，这又是一个时代性的创举。

首先，旧城区改造应当将旧城与新城进行功能上的分区。城镇化是十八大提出的重要道路，旧城区的改造与发展也应当成为城镇化的一种形式，旧城区应当在整个城市的合理布局中实现其新生。从历史发展阶段看，城市可分为集市型、功能型、综合性、城市群等类别。城市规模、功能、布局和交通等都需要进行统一的规划，新城区应与旧城区相协调又有不同的分工，共同组合成为城市群，实现经济发展与市民生活幸福的和谐。历史与人文乃旧城区的基本资源，旧城区的改造必然要突出保护和利用其历史文化资源，让浓缩着客家历史文化的建筑与文物在传承中收到其作为资源开发的现实效益。

其次，旧城区改造需要加强对历史文化名城的研究。应当以专业的文化研究，带动文化产业的发展，以文化吸引人，让人不断品味。对梅州历史文化名城，特别是江北旧城区的研究至今仍然是很不够的。要加强对旧城区历史人文资源的调查与研究，可以在每年的客家文化艺术节，以旧城的历史人文资源为专题，汇集专家、学者对其进行专题性的研讨。应当出版相关的专题资料，以进行更加广泛的宣传。事实上，旧城区的历史人文资源也必须加以重点调研，并形成一个重点报告，这是当今时代赋予我们的时代性任务。

再次，旧城区的改造应当将旧街道转化为客家特色文化功能街区。各街区可以集中客家的技艺、美食、产品等，打造不同的客家特色文化一条街，从而形成特定的客家商业文化分区。比如，以五华石雕、兴宁纸扇、埔寨火龙以及客家剪纸等汇集而成客家民间工艺一条街，将煲仔饭、五华酿豆腐等汇集而成客家美食一条街，汇集客家各地的物产而形成客家特产一条街，还可形成客家风情一条街，等等。在开发和打造的过程中，可以逐步吸引游客，在逛街的过程中品尝客家特色小吃，品味客家特色文化，达到游心的境界，进而享受客家文化。

最后，将某些特色建筑打造成客家文化博物馆，或者建设一些客家文化艺术园区。可以转变旧城区某些特色建筑的居住功能和商业功能，成为打造客家文化旅游特色品牌特定的依托平台，进而实现旅游市场的经济开发。比如，将梅江区政府大楼转变成为客家特色艺术园区，进一步扩展和打造梅县博物馆，这些都将更好地发挥旧城区的文化旅游功能，吸引更多的游客，形成更大的旅游市场。事实上，这还是一个重要的"文化惠民工程"。

总之，江北旧城区改造的基本思路是：以梅州城市功能和结构的转变，带动梅州城市的和谐转型，推动梅州文化事业的发展，实现梅州文化产业的繁荣。要转变城市理念，依托江北旧城区，将其改造为梅州重点文化旅游特色区，从而实现其丰富的历史文化资源的开发。这是一个古色古香的客家小镇，它属于梅城，但又相对独立，它是客家文化的世界。

当然，历史悠久也意味着社会关系及其产权关系的复杂，旧城区的改造不可能一蹴而就，必然是一个渐进的过程，可以一步步地、一条条街道逐步打造，最终将整个旧城区转型为文化旅游特色区。这就需要更多的策划，也需要更好的引导，需要进行更多的政策宣传。

四、旧城改造是以开发特色文化为中心的新型城镇化

"当地特色"是各地区经济社会发展的重要方向，也是当地经济和社会发展最重要的资源。特色文化的消费已经成为当前世界各国家和地区发展当地经济和社会的基本途径和手段。许多国家和地区都在努力挖掘当地的历史文化，努力挖掘当地的文化元素，大打文化牌，以服务于其文化产业的发展。比如，山西省便强调要像挖煤一样挖文化①，必须突出当地的文化特色。

新型"城镇化"和"文化强国"是中共十八大提出的重要发展道路。前者指城市和乡村之间的和谐发展，后者则需要考虑中国各地的特色文化。其实，文化已经成为城市发展的重要推力，在新型城镇化的进程中，特色文化应当成为当地经济与社会开发的重要资源。

新型城镇化建设要思考人居环境，而文化、艺术以及历史传统都是人居环境的重要内容，城镇化不仅仅是扩大城区和建设街道，而且要使这些街道和社区充满文化。事实上，居民买房子所买的不仅仅是房子，更是生活和文化。不方便生活，缺乏文化内蕴的住房，其价值都是低下的。文化创新和消费应当成为新型城镇化的核心要素，成为促进城市发展的核心元素。

毫无疑问，旧城区汇聚和积累了当地的传统特色文化，其历史与文化内蕴理应成为当地发展文化产业的重要资源。历史文化在旧城区的街道、房屋等旧物体中层层积累，旧城区所沉淀的丰富的历史与文化让其成为历史文化的大宝藏。

在新型城镇化的时代背景下，旧城改造应当成为新型城镇化建设的重

---

① 邢兆远、李建斌：《山西：像挖煤一样挖文化》，《光明日报》，2013年6月29日，第1版。

要组成部分，成为新型城镇化的重要模式。旧城改造内在地包含了当地特色文化的开发与利用，区域特色文化开发应当成为旧城改造的内在要求。当前，旧城区已经成为许多地区挖掘当地传统文化元素的重要阵地，旧城改造已经成为开发当地特色文化资源的重要途径。

老城区的改造必须留住历史上所沉淀的文化气息，旧城所累积的历史文化必须在旧城改造中加以继承和创新，成为当地民众的文化消费。国际非遗大会便呼吁：开发非遗须让社区受益。[①] 非遗开发便是特色文化的实际运用，让社区受益则是强调开发的良好的经济和社会效益。

与此同时，旧城改造已经引起了人们的担心。比如，地名的更变可能在不经意之间造成当地文化的极大损失，因此要"警惕地名更变造成的文化消殒"[②]。有专家则指出：北京市什刹海地区的旧城保护就在保留传统格局的情况下，使城市功能得到改善。[③] 这其实也应当是其他古城改造的一个基本原则。历史文化的精神特质使其保护和利用必须遵循特殊的规律，只有这样，才能更好地保护和开发，才能真正做到物尽其用。

总之，新型城镇化不能忽略旧城区的改造，旧城改造是新型城镇化的重要一环，是城市转型的重要手段和途径。新型城镇化背景下的旧城改造必须重视文化的创新，当地的特色文化的开发、利用与创新和消费乃新型城镇化的核心内容。旧城蕴藏着大量富有当地特色的文化，挖掘这些特色文化因素，努力创造符合时代需求的新型特色文化产业，这是旧城改造的关键，它符合新型城镇化的理念，也是城市未来发展的必由之路。

第二节　城市扩张与"城市病"的终结

城市的高速扩展对于"城市病"只是治标，治本还需城市硬件的规范与合理使用。现代城市必须关注市民的各种需求，城市地标建筑的功能更应当非常明确，应当在规划和设计时给予界定，在具体的使用中更应当规范化、制度化和合理化，以求使用效益的最大化，在实现建筑功能的同时尽可能地避免"城市病"的出现。梅州市的院士广场的改造和使用存在着

179

---

① 韩业庭、危兆盖、李晓东：《国际非遗大会呼吁：开发非遗须让社区受益》，《光明日报》，2013 年 6 月 17 日，第 9 版。

② 胡子龙：《警惕地名更变造成的文化消殒》，《光明日报》，2013 年 6 月 15 日，第 12 版。

③ 王燕琦、杜戈鹏：《传统格局不能改　城市功能得改善——专家谈北京什刹海地区旧城保护示范项目》，《光明日报》，2013 年 6 月 17 日，第 9 版。

一定的乱象和"城市病",值得人们深入思考。

一、城市扩张、收缩与"城市病"的初步诊断

中共十八大提出了新型城镇化的发展战略,它强调城乡一体化发展,一体化绝不是要消灭乡村,而是指公共服务均等,其出发点和落脚点是让老百姓得到实惠。[①] 新型城镇化应当以人为本,城乡一体化发展必然要形成"城是宜居区,乡是生态园"的生态格局。

中国城市发展与欧美不同,是具有较大随意性的亚洲风格。与欧美城市规划都经过认真审慎的设计不同,亚洲城市通常没有这样的次序和条理,其城市中心处于一种不断变动的状态,"在亚洲城市,唯一确定的便是当你重游故地的时候,已经今非昔比,让你几乎连这个地方都认不出来,更别说能够找到那些地标了"[②]。

随着城市化的发展,城市必然有所扩展,而城市发展的随意性,对于"城市病"的发生更是不可避免。事实上,"城市病"已经频频发生。《2011年中国城市竞争力蓝皮书》显示,目前我国城市化中"城市病"已经初现端倪。[③] 卫生状况恶劣、噪音严重以及不断地重复建设带来的道路障碍等,都是典型的"城市病"。

"城市病"的产生,有人认为这是城市人口总量增长带来的物质生活与精神生活需求的增长,超越了城市配套建设与管理服务水平所能提供的物质与精神生活资料,由供需失衡引发了"城市病"。[④] 有的则强调:"广场舞引发的社会冲突,是我国城市化进程中存在问题的一个缩影,与我国特有的城市居住形式密切相关。"强调人口极限密集是"城市病"的根源。[⑤]

其实,以城市的扩张来解决人口密度并不是办法,它仍然会带来"城市病"。城市的水泥丛林的无限扩张,已经导致城市没有了乡村的宁静和诗意,甚而不再适宜居住。由于城市的扩张,城里人斩断了与乡村的联系,也不再有乡愁。越来越多的传统村落面临消失和被破坏,尽可能地保

---

① 张朝伟:《习近平城乡一体化思想解读》,汝信、付崇兰主编:《中国城乡一体化发展报告(2013)》,北京:社会科学文献出版社,2013年,第1–17页。

② [英]马丁·雅克著,张莉、刘曲译:《当中国统治世界:中国的崛起和西方世界的衰落》,北京:中信出版社,2010年,第87–88页。

③ 苗光新:《如何让城市成为诗意的栖居地》,《中国改革报》,2011年5月13日。

④ 苗光新:《如何让城市成为诗意的栖居地》,《中国改革报》,2011年5月13日。

⑤ 周建高:《人口极限密集:"城市病"的根源》,《中国社会科学报》,2014年4月21日,第A07版。

存、抢救、记录传统村落遗迹，已经成为社会各界努力的方向。①

　　重视硬件建设与保护的同时，服务管理却受到轻视或者完全未能受到应有的重视，是目前城市建设的共同特性。物质的增多怎样才算够，大概真的没有根本的标准。美国著名作家梭罗在其名作《瓦尔登湖》中提倡的简单生活的理念，或许对于现代城市居民的生活具有一定的借鉴意义。城市人简朴而不尚奢华的生活理念的树立，是现代城市市风民风应当广为提倡的内容。许多人崇尚在城市的诗意栖居，但诗意产生于自然，诗意产生于从容，诗意产生于纯粹与纯洁。② 当然，从城市设计的角度，要注重特色文化，避免千城一面，这样才能让城市成为诗意栖居之所。③

　　面对城市化的高速扩展，城市的收缩问题也已经开始受到重视。有论者指出：

　　城市收缩在全世界范围内总体表现为人口的流失，并在不同国家表现为经济、社会、文化等各个方面的衰退。去工业化、全球化、郊区化等历史与现实问题，终将成为全球城市收缩形成机制的一般规律，而产业结构与服务行业的日趋合理化发展，也可能引发新型的城市收缩模式。工业化以来的以"增长模式"为主导的城市经济发展路径将受到挑战，代之以城市收缩和城市增长的均衡发展模式，尽管增长思维仍然在现代社会中占据主导地位，但是中国城市收缩终将在未来的若干年里成为像增长一样的常规化过程。尤其是随着《国家新型城镇化规划（2014—2020 年）》的出台及中国户籍制度改革的加速推进，中国未来人口结构和人口流动必将发生重大而深刻的历史性变革。中国当前的城镇化发展是建立在增长模式下的顶层设计，这与德国等欧美国家收缩城市之前的城市发展主导模式一致，然而中国人口老龄化、房地产供给过剩、"炒楼"等潜在的因素迟早将会产生城市收缩问题。因此，政府应以前瞻性视角预见城市增长与衰退是城市发展的客观规律，进而因势利导地从正反两个方面看待去工业化路径，以强有力的经济政策和鲜活机制，加强对中小城镇的规划发展与金融支持，最大限度地减少城市边缘的无序发展与蔓延。④

181

---

　　① 张杰、张清俐：《长江黄河流域每天消亡 1.6 个传统村落　社科研究为传统村落保护提供支持》，《中国社会科学报》，2013 年 7 月 19 日，第 1 版。

　　② 林少华：《城市与诗意栖居》，《重庆晚报》，2013 年 4 月 9 日，第 24 版。

　　③ 耿雪：《让城市成为诗意栖居之所》，《中国社会科学报》，2013 年 11 月 5 日，第 1 版。

　　④ 徐博、庞德良：《城市化快速发展过程中需警惕收缩问题》，《经济学家》2014 年第 4 期，转引自《中国社会科学报》，2014 年 5 月 12 日，第 B04 版。

事实上，许多"城市病"并不发生在规划与设计环节，而是出现在城市建筑使用的过程中。城市建筑必须讲究其使用的规范、合理和高效性，城市管理的现代化才能实现建筑的内在功能，进而形成现代城市文明和城市文化，只有这样，才能真正体现出一个城市的软实力。只有实现城市管理的现代化，然后才能真正实现人的城市化。《国家新型城镇化规划（2014—2020年）》强调要有序推进农业转移人口市民化，要以人的城镇化为核心，人的城镇化重要的还在于其精神特质的确立。

高水平的城市规划是城市良好发展的前提，但城市的健康发展更需要建立其管理机制，需要制度化、科学化和长效化的城市管理机制。下文将以广东梅州院士广场的管理与使用为例，以此解开城市地标在使用和管理中的困境。

二、新建城市广场的功能及其实现路径——以院士广场为中心

作为城市公共场所，同时作为梅州城市地标建筑，位于东山教育基地中心的院士广场，必须加意讲求其合理而高效地使用，建立规范的管理和使用制度。这种使用制度的确立，既是市民精神的导向，也是一座城市形成良好民风民俗的基础。

1. 城市广场功能的设计及其实现路径

城市广场不仅是城市人流聚集的地方，而且是城市历史与现代文化的融合空间。到了现代，城市广场被赋予了更多新内涵。它是为了满足城市社会需要而建设的、具有一定文化内涵的户外公共交往空间，已经成为现代城市整体环境与市民生活不可分割的组成部分。[①]

广场是城市重要的基础设施，也是市民休闲、娱乐最重要的公共场所，还是现代城市的标志性建筑，是一个城市文明和形象的标志。

广场作为城市标志，体现在其使用功能、外在形象等方面，这就需要在其开始建筑前进行合理的创意设计，毫无疑问，这是广场成为地标性建筑的基础和前提，也是城市规划部门的重要工作。

广场作为城市地标建筑，当然不仅仅体现在其建筑设计的美观，更在于其内在功能的真正实现，这体现在市民和外来客人的实地感受和评价，这就需要在平时合理使用和维护，需要建立规范的管理和使用制度。

总之，城市广场要成为现代城市的地标，不仅在其设施的现代化和风景的优美，还要使其真正实现功能的合理。广场功能的实现，要求城市规

---

① 刘尧：《城市广场是"活化"历史文化的阵地》，《中国社会科学报》，2013年9月9日，第A05版。

划部门的高效工作，要求政府公共设施管理部门的合理参与，同时还要求
广大市民的积极配合。

2. 院士广场功能的设计

院士广场地处梅州市东山教育基地中心，临江而靠山，左边是亮胜文
化中心、梅州市艺术学校，右边是剑英图书馆、东山中学、东山书院和客
家博物馆，后边则是梅州市职业技术学校和梅州市佛门重镇千佛塔，隔江
则是归读公园。显然，这是一个教育、文化气息浓厚的核心地带。事实
上，院士广场的设计意图就是要弘扬梅州籍院士的功绩和精神，传承东山
教育的悠久历史，挖掘文化之乡的文化遗产，以求梅州教育和文化的未来
发展，造福子孙。

院士广场及东山教育基地最重要的依托是东山中学。东山中学以其悠
久而高效的教育而备受瞩目。作为百年老校，东山中学是梅州教育史上的
骄傲。至今，东山中学的规模已居全国前列，背负着梅州教育的重任，是
梅州教育的标杆，其教育效果直接反映了梅州教育的发展水平。院士广场
等正是在此基础上的集中和拓展，通过梅州城市教育和文化机构的集中，
以及相应设施的配套，从而形成了一个综合性的东山教育基地。

院士广场和东山教育基地的创建，在梅州城市建设史上有着重要的基
础性地位。它极大地提升了梅州的城市品位，极大地改善了梅州的城市形
象，进而有效地促进了梅州的城市发展，激发梅州人的教育和文化意识，
促进梅州文化的发展。如今，院士广场和东山教育基地已经成为梅州市民
最重要的休闲、娱乐场所，是来梅游客必到的旅游景点之一，还是品味梅
州文化和提升梅州教育的重要场所。

院士广场是东山教育基地的核心公共场所，是教育和文化广场，应当
很好地服务于东山教育基地，要为基地的教学与科研服务。这就决定了其
根本形象是内在精神的"圣地"和外在环境的安静之地，要通过"圣地"
的熏陶和激励实现心灵和精神的升华。

梅州市东山教育基地是以东山中学为最初的建筑基础的，建设院士广
场也是要以院士为榜样，以弘扬梅州崇文重教的学风。但是，院士广场被
改造成了"对歌台"，重重噪音让以剑英图书馆和东山中学为核心的东山
教育基地难享安静，这种无视旧建筑功能的改造和设计，自然是难以被接
受的。

在工业化和新型城镇化的发展进程中，新建筑总是会如雨后春笋般地
冒出来，它应与老建筑相兼容而不是相冲突，要根据老建筑而设计，不能
孤立地设计新建筑，更不能只想到自己的需要而不顾老建筑的功能。否

则，有了新建筑，旧建筑就难以发挥其作用，甚至作废了，这是不可取的。

三、院士广场的使用与管理乱象及其未来发展导向

作为新扩建的城市地标建筑，在其交付使用之始，就必须充分重视其功能的实现。然而，新扩建的城市地标常常由于其缺乏应有的规范和引导，其使用显得特别混乱，直接影响到其设计功能，或者缺失，或者被扭曲。

1. 功能认识不足带来的使用与管理困境

如上所述，作为教育和文化广场，院士广场首先是梅州学子们努力钻研科学文化的"教育基地"。当前，东山教育基地不仅要吸引外来的旅客，同时还要成为市民休闲、娱乐的公共场所。当然，这些与院士广场功能之实现从根本上来说并不矛盾，只是需要改善其使用的方法与手段，需要注意其功能实现的具体途径。院士广场存在的主要问题，仍然是对其功能认识的不足。

在院士广场里，时常不分时间，只要是某个单位或者部门需要，便可以在周一到周五的夜晚或者白天，进行文艺汇演，那高音喇叭的优美声乐，那敲锣打鼓的欢乐，常常从院士广场发出，穿过梅江，又折回基地，传入东山中学、梅州职校及艺校，钻入学子们的耳朵，同学们都恼怒地称之为"猫春"，时常抱怨：五分钟的英语听力时间，经常由于其"咣"的一声而被打断，只剩下不知所措的愕然。可以想象这些同学的无奈和难受。

在院士广场里，"院士们"、学子们正在努力思考、探索、休息之时，却忽然传来了叫卖声，然后是一阵浓烟飘来——文化广场突然变成了商业会馆，变成了美食街。商业与美食当然是必不可少的，可是这确实与教育、科研产生了极大的冲突与矛盾。更加不可忍受的是，美食摊位前后垃圾成堆，满地狼藉，本来干干净净的地板却被染得遍地污渍，本来平整的地板由于搭建台架而失去了往日的风采。

总之，院士广场的使用已经失去了其本来的功能，承担了其作为教育、文化广场所承受不了的商业广场的重担。佛门需要清静才能静修，教育需要清静才能静学，科研需要清静才能静思，市民休闲同样需要清静。院士广场急需正本清源。

2. 将院士广场建设成为优秀的教育文化广场

院士广场要建设成为优秀的教育文化广场，其管理和使用模式必然要

184

与之相适应。作为教育场所，院士广场之本乃其清静、安宁，这就需要去除不必要的干扰。作为文化广场，院士广场之本乃其涵养、精神，这就需要去除商业广场的嘈杂。正本清源，院士广场需要建立规范的使用与管理制度，以规范政府各部门以及广大市民，在合理的时间，用合理的方式，在院士广场和教育基地做合适的事。

首先，必须做到有"去"有"立"。政府各部门既不要借口"发展"而在院士广场举办商业活动，也不要借口"公益"而在院士广场随时大搞文艺演出，唯恐市民不知。一是要去商业化：院士广场不应成为商业活动的场所。有人说：时代就是要求开拓市场，就是要求商业大发展，要"崇商重企"，又说：文化必须有其产业。其实，文化产业与文化事业应当区别对待，无论如何，院士广场是公共教育和公共文化的场所，这是发展文化事业的好地方，而不是企业发展的场所。二是要去喧嚣：还院士广场应有的清静、安宁。教育就是要求受学者不断地深入反思，文化的根基则在于民众内心的体验。心灵和精神需要反思，然后才能够得以升华，这就需要宁静的环境。

其次，任何时代都要有一个让百姓寄托精神和心灵的场所，要让院士广场和教育基地成为梅州市民寄托精神和灵魂的地方，成为梅州精神文明建设的重要窗口。一是要立官风。政府各部门要充分尊重市民的休息权，尊重东山教育基地学子们的受教育权，一切为了民生，一切为了教育发展，一切为了梅州文化的持续良好发展。二是要立民风。要通过院士广场的活动，树立时代新风气，推动纯正民风的形成，使市民和社会获得"正能量"。三是要立学风。百年树人，教育为本，要使梅州人，特别是梅州的学子们在宁静的环境中洗涤心灵，接受良好的教育。

总之，要将对院士及其精神的内在尊重转化为尊重教育和发展文化的外在行动，这就必须时刻保持院士广场良好的精神风貌。院士广场需要高雅而不是粗俗，院士广场和教育基地应当以合适的手段和途径去传播符合时代的精神文化。由此看，院士广场的规范、合理和高效使用，是实现梅州城市的新型发展和创建文化强市的必要一环。

四、"城市病"的终结需要管理制度的现代化

综上所述，院士广场有其特定的设计功能，需要给予充分的重视和尊重：第一，院士广场是公共场所，在此开展任何谋取个体（包括城市市民、政府部门和个体企业）私利的活动都是错误的。许多打着发展和公益的广场活动，其本质却是个体利益。第二，院士广场是精神"圣地"，在

185

此开展任何亵渎院士精神和心灵的活动都是错误的。更重要的是，要在院士精神的熏陶中提升市民的文明修养。第三，院士广场是辅助建筑，它有其主体建筑和主体功能，要为东山教育基地和梅州教育服务。要重视院士广场的"东中"背景，在此开展任何影响东山中学教育和教学的活动都是错误的。

多样性是城市生命的灵魂。城市的多样性就是要包容不同个人的兴趣爱好、价值观等，提供不同的选择，以满足居民的多种需求。比如，"城市住宅和住区环境应该给居民更多的选择自由空间。无论是喜爱集体跳舞、高声叫喊，还是喜爱幽静清闲，都能找到合适的场所，互不干扰。那样，城市社会才能成为和谐社会，国家才能长治久安"①。城市的多样性要求城市公共建筑有其不同的功能分类，以实现不同人群的需求，这就要很好地重视城市建筑的功能分类，进而加强管理，以制度性加以规范使用。

院士广场的使用乱象典型反映了当前梅州城市和社会发展阶段所存在的核心问题。一是打着经济发展的旗子，而不顾教育文化的百年大计。二是打着公共教育和文化的牌子，以谋取不合理的物质利益。三是打着谋取公共幸福的幌子，而谋取个体部门和企业的利益。比如说，在院士广场所进行的"募捐""义演""义诊"以及一些群众性的文艺演出、比赛等所谓的"义"与"公"，在其现象的背后都蕴藏着强烈的部门和个体利益，实质上都是与院士广场的公共、教育与文化等内涵相对立的。

任何利益的分配都需要建立具体的制度规范，制度就在于规范了利益和权力，然后形成了一种秩序。总之，新型城市化需要相应的城市管理制度的约束，需要规范权力部门的行为。

任何社会建设的规划都不可能完美无瑕，任何设计家的作品都难免会有缺陷和美中不足，重要的是要懂得事后的修正和补充。亡羊补牢，犹未为晚，而且还是一种负责任而有爱心和敢承担的表现。比如，过去笔者总会感叹，为何园林中铺得那么好的路没人走，却总要在没铺路的草地上走出一条泥路来！我现在不这么想了，因为这正是由于设计缺陷，是在所难免的，但事后是可以修正和完善的。如果泥路出现后长期未作新的道路修正，这其实是有关部门的不作为。因此，不能责怪行人，更不能责怪设计者，重要的是一项设计要有后续完善的跟进。任何一项规划和设计永远不可能完美，更应当关心和重视市民的选择和反馈。

_____

① 周建高：《人口极限密集："城市病"的根源》，《中国社会科学报》，2014年4月21日，第A07版。

第三节　汇集民间文献，打造梅州特色文化资料库

文化人以其一生心血，为社会创造了大量的新文化，而文化创新必然要基于足够的文化继承。在文化创新和创造的过程中，他们必然要收集和积累大量的文献资料。人生百年，当他们作古之时，他们所积累之文献资料仍然可以很好地惠及后人。中国文化之长盛不衰，就在于文献资料之汗牛充栋，同时也因其绵延而不绝。梅州素有"文化之乡"的赞誉，需要文化人的创新，也需要将他们倾毕生心血所积累之文献资料，有效地转化为梅州的公共文化资源，以造福梅州的社会文化发展。

一、打造梅州特色文化资料库的重要性与迫切性

改革开放初期，从梅州文化之乡走出的文化人如今多已到退休年龄。几十年的文化积累，不仅体现在其睿智思想直接融入其中的著书立说，还体现在他们收藏的大量文献资料。继承其有形和无形文化财产，有助于文化之乡的发达，也是弘扬文教之乡的使命，而使其所积累之文献资料免于散佚，则是已经迫在眉睫的任务。

1. 梅州文化之乡的深厚底蕴及其文献之丰富

梅州俗谚："蟾蜍啰，咯咯咯。唔读书，冇老婆。"又说：卖屎缸迹也要供子女读书。这是鼓励少年努力学习以过上幸福生活，是一种不同寻常的社会正能量。崇文重教，形成了梅州之文化传统和社会风气，造就了梅州"文化之乡"和"人文秀区"的美誉。梅州文化之乡的形成，是历代先贤提倡和一代代梅州人努力创造的沉淀物。

梅州文化之乡的底蕴在于梅州民间文化的发达。在梅州，文化和教育受到了非常广泛而深入的关注，早已融入民众的生活之中了。梅州文人众多，民间读书之风很盛，即使穷困亦不忘读书。清朝嘉庆时期，嘉应州（梅州）的"穷士"就已经在南洋成为当地华侨子女的教师，并受到了政府和社会各界的重视。

梅州文化之乡的底蕴在于梅州多元文化的发达，具有突出的开放性特征。客家人不排外，他们本身便不断往外拓展，又将外来文化带回并融入梅州人的生产和生活之中。

梅州文化之乡的底蕴在于其教育发达和精英众多。在科举年代里，梅州出了许多进士、举人、秀才；近代以来，梅州的学者文人更是不可计

数，涌现了以院士为代表的客家学者。梅州历代先贤重视教育，重视文化传承，培养了一批批、一辈辈杰出学子。

梅州文化之乡的底蕴在于其群星闪耀而经典辈出。梅州先贤文化意识之先进，不仅体现在其勇于立德、立功，还努力立言。谢清高是一个非常普通的商人，他却以其《海录》而受到了清政府最高层的注目。黄遵宪的《日本国志》、梁伯聪的《梅县风土二百咏》等，都是名垂千古的杰作。

水涨船才高，闪耀的星星源于坚实的社会土壤。梅州文化之乡的底蕴就在于其文人众多和文献丰富。历史上，梅州识字者多，外出者多，见多识广，先进的文化意识也内在地形成了先进的文献意识。他们不仅自己撰写、创作，读书而爱书，随着一代代人的积累，文献资料便一层层地积累起来，形成文化之乡的深厚底蕴。

2. 梅州的社会发展需要积累充足的文献资料

文化是人类社会的重要历史现象，是经过长期积累和沉淀而成的产物。"文以教化"和"以文化人"，文化又是社会进步和发展的重要推动力。中国历来重视文化建设，中共十八大报告则强调，文化是民族的血脉，是人民的精神家园，要扎实推进社会主义文化强国建设，其关键则是增强全民族文化创造活力。十八大报告还提出要为人民提供广阔文化舞台。习近平主席曾指出，文化建设是一项需要持之以恒的基础工程、长期工程，需要发扬求真务实的精神。

梅州要形成高品位的城市风格必须有足够的文化品位，必须形成深厚的文化氛围。作为世界客都，梅州需要建设与之相适应的文化，即具有梅州特色的区域文化。盛世中国需要文化品位深厚的城市。城市要形成其独特的文化品位，养成其文化品格。城市需要书香气，其文化性与人文性决定了城市品位之高低，丰富的文化内蕴才显示其伟大。打造高端城市，就必须形成其深厚的文化底蕴。在未来的城市建设中，在新型城镇化的进程中，梅州必须努力打造高端文化，必须积累起高端的文化风格，而这些高端品位的文化有其内在的区域独特性。

梅州正在进行文化旅游特色区的建设，梅州市委、市政府还提出要建设国家级客家文化生态保护示范区的发展战略，所有这些都特别强调梅州文化的独特性和重要的影响力。梅州要吸引游人，不仅需要自然生态的空气质量，更需要文化生态的养分，让所有来梅州的客人都能够感受到没白来一趟，让他们既有自然生态体验，还有文化生态体验，体验梅州客家人的文化和人情风俗。

梅州之未来发展需要吸引高端的建设人才，这就需要形成当地的人才环境，是所谓"筑巢引凤"，就是要让"凤"感受到那是个温暖而舒适的"窝"，而这个"窝"肯定不只是因为那里有吃有住有喝。作为高端人才，他们还要有事业，有创业的信心，有创业的可能，有创业的基本条件。梅州要吸引人才，不能只从吃住等物质方面着手，这肯定是目光短浅的行为。人才环境和条件内在地包含着良好的文化环境。他们之所以是人才，就在于他们有着足够的文化研究能力，而英雄是要有用武之地的，这就必须要赋予其用武之充分条件。

梅州之文化历来备受世人瞩目，一些新兴的城市虽然经济发达，其经济发展势头良好，但在经济发展的优势中，当地政府和人民却总是感叹其文化底蕴之不足，难以与梅州媲美。然而，知耻而后勇，它们挟其发达之经济力，乘势而上，梅州如果不努力，其文化发展也将会如经济一样，很快被超越。

社会经济的建设离不开文化发展，工业社会的城市化建设，都需要重视文化，所谓"文化搭台，经济唱戏"，而所有经济、文化之建设都需要重视文献资料的汇集。汇集文献既是汇集过去的历史文化，更是为了当今之经济和社会建设，是为梅州的未来发展提供创新的基础。

3. 梅州民间文献的收藏现状

"国家历史文化名城"，这就是梅州作为文化之乡的最大标志。教育发达，文人众多，民间文献比比皆是，拥有许多院士，所有这些都是梅州文化之乡的重要支撑。作为文化之乡的梅州有其辉煌的过去，然而，不知从何时开始，许多人开始质疑梅州作为文化之乡已经名不副实了——高考不能出更好的成绩，教育开始让人感到相对落后；文人仍然众多却难有更多的名作、力作。在当今盛世背景下，文化学习和研究的条件也开始让人感到了难以忍受的困窘。许多人有心从事梅州文化研究，却受制于材料的缺乏而难以有所作为；研究梅州的历史文化却要到广州等大城市去，因为那里的图书馆、博物馆里有着更多的梅州历史文化和文献资料，在那里研究梅州历史文化的人才也更多，研究的条件和环境都更好。

梅州民间文献资料曾经非常丰富，但"文革"时期许多民间文献资料遭到毁灭和遗失。目前，梅州之公共文献资料依然贫乏，即使在有关梅州的文献资料最集中的剑英图书馆和嘉应学院图书馆也远未能形成规模。另外，梅州还未形成积累和汇集民间文献资料的社会风气。许多人反映，一些中小学校更喜欢他人捐钱而不是书籍等文献资料。在有关文献和文物的捐赠中，也出现了许多让人痛心的事例。

事例一：广州某重点大学图书馆副馆长，五华籍，他长期热爱字画等

文物收藏，如今已到耄耋之年，他希望将这些收藏捐赠给家乡，期望获得些许补偿，但苦于保护之难等而没法得到答复。

事例二：广东某重点大学教授，大埔籍，一生执着于绘画和收藏，年近八十之时，他有意将这些收藏捐赠给梅州某单位，以便集中保管而免于流失，却因各种原因而未能捐赠出去。

事例三：梅州某著名的民间学者，一生专注于客家文化的研究，同时也积累了大量的客家文献资料。但他未能安排好这些文献资料便撒手西去了，他的这批资料也被广州某教授买去而散佚了。

事例四：嘉应学院某教授，长期致力于梅州的文化研究和收藏，一生阅历丰富，曾收藏颇多梅州的文献资料，积累了大量的教学资料。退休十多年后，他将其资料捐赠给自己长期供职而富有情感的原工作单位的资料室，但资料并未得到有效保藏，因资料室的搬迁等原因而终究毁灭了，或者被雨淋坏了，或者腐朽了。

上述乡贤倾其毕生心血所积累的资料，自然有其重大的价值和意义，不能转化为社会的公共资源已经深深地让人遗憾，其遗失不仅是他们个人的损失，更是让梅州文化衰弱的惨痛教训，值得引起梅州政府和社会的高度重视。

如今，梅州的古村落和古建筑的保护和利用已经受到了梅州各界的高度关注，是文化旅游特色区建设的重要内容。其实，古文献和民间文献的意义并不亚于古村落，同样是文化的遗存，同样需要给予高度的关注和保护、利用。文献资料是一种不可再生之资源，一旦失去就将毁灭，而产生不可估量的损失。

二、汇集特色文献的手段与途径

汇集文献资料是为了打造公共文化场所，提升城市的文化素质，也是打造城市的特色风格。因此，城市和政府应当积极介入，主动作为，大力作为。

1. 汇集梅州文献资料的建议

营造梅州深厚的文化氛围，让梅州回归与"文化之乡"之名相符的状态，这就有必要汇集梅州丰富的民间文献资料，形成一个资料库，在保存和保护的基础上，有效地发挥其更大的积极作用。汇集文献资料，这是一种传承，是功德无量，是惠民大业。如何更好地收集和保存梅州民间文献是目前必须着手做且必须长期坚持的大事。那么，该如何着手呢？

第一，给予财政支持。政府必须给予足够的重视，设立梅州文献资料收藏的特殊基金，给予足够的财政支持。政府之提倡和支持是文化发展的根本动力。政府不仅应当重视文化产业的发展，文化事业的进步更应是政府工作的重中之重，其影响最为深远。汇集与保藏民间文献资料，进而将其转化为公共文化资源，形成梅州文化的资料宝库，这是政府义不容辞的责任。以财政补贴而转变民间私人收藏为公共文化资料，这是对于倾一生之心血于梅州文化研究而有大量文献收藏者的肯定，亦是对于梅州历史文化的尊重。

第二，形成有效通道。要设立专门的接收和收藏私人文献资料捐赠的机构。剑英图书馆、嘉应学院图书馆是梅州和客家文化研究的重要阵地和桥头堡，政府可以积极扶持其设立梅州特色文化资料库。图书馆则可以设立捐赠者专柜，许多大学（比如中山大学）都保留了其校内著名学者的藏书专柜。给予正式的收藏证书，给予足够的荣誉，同时也开放给更多的人利用，以便发挥其作用。

第三，加强宣传引导。图书馆要积极搜集，主动宣传，主动出击，而不能被动地等待捐赠。可以设立捐赠专柜，派专人负责联系等，以接收一些民间文献收藏者的捐赠，在政府和捐赠者之间建立联系，给予捐赠者一定的经济补偿。要通过宣传，让文化人意识到其文献资料的捐赠对于梅州文化发展的重要意义，知道这些资料能够发挥其余热，这也是众多文化人的心愿。另外，政府相关部门要有更高的文献意识和意愿，将其宣传资料和所编之文献资料等主动捐赠给相关的文献收藏单位。

总之，文化之乡的形成离不开文化人的努力，离不开文献资料的代代相传和长期积累。要加大财政支持，加大宣传力度，形成有效的捐赠通道，然后形成梅州文化的资料库，更好地打造梅州文化研究的基地，为梅州的发展奠定文化上的保障。其实，这种文献资料的私转公，正符合文化人文化传承的意愿。对于政府来说，以财政支持回收文化名人的文献收藏，这既是政府必须做的工作，也是一项重要的强国文化工程，是强市建设的文化工程，是惠民建设工程，在历史上必将影响深远。

2. 以乡土文献打造特色文化，提升区域品位

文献资料是从事文化研究的基础，丰富的民间文献资料是文化之乡的根本标志，文献资料的汇集则是城市底蕴深厚的根本体现，汇集文献资料则是提升城市品位的重要途径，能在新的历史时期里，让梅州充满书卷气、书香气，让梅州的文化之乡上一层次。当然，文献的汇集绝不可能一蹴而就，而是有个长期累积和关注的过程，这是一项长期的基础工程，时效长，影响深远。文献捐赠已有一批相关的法律、政策，但在新型城镇化

和社会大发展的背景下，这些法律、政策是远远不够的，需要政府因地制宜地做更多的工作，需要发动社会各界的全力参与。

梅州是文化之乡，文化之乡自然有其特定材料支撑，有其历史积淀，既体现在教育的发达，更体现在公共文化资源的丰富，或者说，当前梅州公共文化资源的贫乏与其文化之乡的美誉是不相称的。梅州的公共文化资源建设要与其文化之乡名实相符，就要长期重视民间文献的收集，财政要给予细水长流的支持，文献资料经过长期的沉淀，然后才能有成。

梅州城市的文化发展与民间的文献收集与文物收藏，或许可以借鉴大英博物馆的创建史：英国一位民间医生汉斯·斯隆（Hans Sloane），因其给安妮女王（1665—1714）及贵族们看病而积累了大量财富。他一生爱好收藏，晚年立下遗嘱，希望将其所有遗产赠予国家，国家能够给予其两个女儿每人一万英镑。1753 年 1 月 10 日，斯隆逝世。当年 3 月，英国议会同意了斯隆的捐赠。6 月，国王乔治二世批准了议会设立大英博物馆的法案。支付两万英镑，民间收藏从此转变为国家宝藏，其历史影响却是永恒的。

值得讲一个题外话：学人喜欢读书而爱购书，全世界搜罗书籍和研究资料。许多学者嗜书如命，甚至说"房子可借而书不可借"。研究课题经费之购书和参考资料本属天经地义，可多有观点认为购书非得返回公家而不属研究者个人，其所购之书的使用时间便有限矣，可藏书多为研究之特定时刻的参考，或查其注释，或作更加深入的思考，若总要回图书馆查阅，其研究如何能够便捷？

三、余论：客家文化在世界客都的"纯度"

汇集民间文献，其"文献"似乎必然集中于"客家"，所谓"特色文化资料"，似乎也当然地集中于"客家"，作为区域之"民间"来说，这是肯定的。值得探讨的是，作为世界客都，梅州是否只能打"客家历史文化"之品牌？梅州在城市建设、现代客家建筑中是否只能有客家历史与文化的内容与因素？或者说，客家历史文化在当今客都中应有怎样的"纯度"？是否越"纯"越好？笔者想到了曾经历的几个案例。

1. 对外来文化的包容与多元文化的必要

客天下旅游产业园已被誉为世界客都的一张新名片，主要由五大景区和十大文化工程组成。五大景区包括客天下广场、客家小镇、千亩杜鹃园、郊野森林公园、圣山湖；十大文化工程包括：客家鼎、客家赋、百米大型客家迁徙图、客家圩日图、印象客都、潘鹤四大雕塑、作家庄园、客

192

家祠、梅花园、客天下巨石广场。显然，这是以客家历史文化为基本元素所打造的文旅项目，但客天下公司其实并非只重视客家历史文化，其别墅区便是典型的欧陆风格。在其以前的帝景湾等建筑中，他们的宣传口号就是"家在梅州，住在欧洲"，以至在欧洲主办的世界杯、欧洲杯期间，许多人熬夜看球赛，也被戏称为"家在梅州，住在欧洲"。

2014年，笔者跟随市政协领导到兴宁某客乡风情文化旅游产业园调研，当时产业园仍处于设计初创阶段，其接待领导介绍时说，"客天下"的客家风情展示得非常完美，其文化意义很好，影响也很大，吸引了大量潮汕、广府等不同民系的游客，但总觉得难以逾越已获成功的"客天下"，而原计划有欧陆风格的别墅又觉得非客家元素，因而在"客"与"非客"之间犹豫。委员们多坚持客乡风情，亦有委员觉得加些欧陆风情因素其实挺好的，现代梅州绝不能仅仅固守客家文化。

2. 客家文化坚持中的"无奈"和"难堪"

梅县区丙村镇"客都人家"康养文旅综合体项目已于2019年5月动工。几次经过丙村，望着项目建筑工程迅速崛起，亦听到有朋友说"客都人家"的文化理念中客家元素似乎不够明确。2020年7月，笔者跟随市政协领导到施工现场调研，看到其摆出两个介绍牌。其一是关于项目的介绍：

> 中国·梅州客都人家康养文旅综合体项目……是粤闽赣边首个以客家文化为载体的文旅综合体……客乡老街以一轴两翼三核四区规划打造，企业主动以保护古建筑、传承中华文化为己任，将50幢明清古建筑从江西、安徽异地保护活化于此，是未来粤东地区最大规模的百年古建筑群和全国大规模客家非遗文化展示基地。项目通过文旅大融合，将固化的客家历史文化进行活化，打造文化地标，构建"精神原乡"，为梅州发展全域旅游、强力推动乡村振兴注入新活力。……

从以上引述的项目内容介绍来看，其"客家元素"设计理念是相当明确的，强调"打造文化地标，构建'精神原乡'"，其实现目标的手段则是"将50幢明清古建筑从江西、安徽异地保护活化于此"。问题是，这些从江西、安徽迁建而来的明清古建筑是否能够展示"客家非遗文化"？以这些建筑文化能否构建"精神原乡"，或者说，所谓的"精神原乡"是客家人的吗？

其二是关于中国近代史上禁烟运动的名人黄爵滋及其所建之"大夫

193

第"的介绍，下面节录与客家历史文化相关的内容：

> 这座具有百年历史的清代古建筑，原是客家血缘祖先的后裔黄爵滋（1793—1853）的老宅大夫第。黄氏家族是一个崇尚"学而仕则优"（广告板原文——引者）的进士家族，原住中原地区，后因战乱、灾荒等原因而举家南迁，辗转迁徙，筚路蓝缕，历经艰辛……
>
> 道光二十二年（1842）他致仕回到原籍江西抚州市宜黄县，并聚集当地过半的能工巧匠，建造了这座大夫第……
>
> ……采用异地文化遗产保护利用的方式搬迁至客都梅州，今后作为客家不同历史时期，各界名仕风采展览展示的地方，并命名为"先贤堂"，并将"先贤堂"牌匾悬挂于大夫第中。

介绍刻意强调黄爵滋的客家属性——"客家血缘祖先的后裔"，强调"黄氏家族""原住中原地区"因战乱而"举家南迁"，似乎这样就将黄爵滋"变成了"客家人，他所建造的"大夫第"就可以名正言顺地成为客家"先贤堂"。但介绍中对于黄爵滋的客家属性似乎也是底气不足的，所以特别强调"不同历史时期"等。

3. 客都应更加开放大气地接纳其他文化

从以上案例看，打造客家历史文化地标毫无疑问是重要的，也是合适的，值得探讨的是，如何在坚持客家历史文化中合适和合理引入"外文化"？

其一，世界客都梅州的现代建筑非得都是客家文化吗？以致非得"迁就"之？难道"客家历史文化"的地标性建筑必须清除所有非客家属性的元素？

其二，以"迁就"而不惜扭曲学术正确性显然是得不偿失的。提倡学术，应以尊重真理为前提。缺乏"真"的世界里必然难于容纳"美"和"善"。其警惕焉。

其三，文化必然是需要引进和移植的，文化之壮大需要包容。在客家文化建设中，必须很好地提倡"有容乃大"的文化思维，必须以开放的气度去接纳客家之外的文化。"家在梅州，住在欧洲"，在客都引进某些外洋风格，不也是很好的吗？

其四，文化之移植便必然会有思想之碰撞，这就需要自由，需要宽容。得先"容"得下。曾经有学者提出了与罗香林不同的客家源流观，其不同学术见解受到了许多人的"围攻"，说是"不认同""不赞赏"实质上却变成"不允许"，这难道不值得警惕吗？

现代文明本就是开放的世界体系。习近平总书记曾多次强调："中国开放的大门不会关闭，只会越开越大。"这是中国对世界的承诺和宣言，对于中国的区域社会及其经济文化来说，又何尝不是如此。开放，这是现代世界最基本的特征。全球化时代每个区域、社会都已经绝不可能闭关锁国、故步自封、抱残守缺，在文明对话与文化交流中，绝容不得"傲慢与偏见"。

无论如何，梅州特色文化的建设与打造绝不能否定或取缔外来文化，文化传承与创新必须重视兼容、包容外来文化，固守传统而不懂变迁与接纳，这绝不是应有的文化态度。开放和包容，这是任何文化茁壮成长的必要因素。

第四节　洁净家园与梅州乡风文明建设

在创建国家卫生城市之时，梅州市委、市政府提出了"创建广东梅州文化旅游特色区""一园两特带动一精""休闲到梅州，享受慢生活"以及"绿色崛起"等发展战略。为此，梅州兴起了洁净家园建设。根据市委、市政府的工作部署，梅州电视台做了关于梅州洁净家园的系列报道，采访了一些政协委员及相关人士，笔者是受访者之一。采访前，记者通过梅州市政协联系了部分委员，并给了采访提纲，笔者根据这些采访提纲作了一些简单的回答，具体如下。

一、洁净家园建设的迫切性

解决农村垃圾问题是极其重大的民生实事。农村垃圾已经严重影响民众生活，创建洁净家园是关系千家万户的大事，需要给予足够的重视。

1. 市民的环保意识有待提高

问：洁净家园的建设需要各级政府和广大市民齐心协力、通力合作。但是在实际的工作中我们发现，部分市民的环保意识滞后，这是我们建设洁净家园的制约因素之一，就如何提高市民的环保意识这一块，请谈谈您的意见建议。

答：对部分市民的环保意识滞后要给予充分理解和重视。事实上，市民都是向往洁净家园的，即使这些"环保意识滞后"的市民，在其平心静气的时候，他们也是认可、向往良好的生活环境和生态环境的。对于这些人，只是批评和处罚并不能真正解决问题。相信群众，理解群众，服务群

195

众，这是解决环保意识滞后问题的基础，解决问题的目的也是让百姓过上更美好的生活，这就要找出问题的真正所在。

那么，环保意识为什么会滞后？某种意义上看，环保意识滞后是时代局限性的体现。改革开放后，中国社会发展较快，大多数地方从农耕社会走向工业社会，从乡村生活走向城市生活，人们经历了一个社会生产和生活方式急剧变革的时代。在这个时代背景下，自然环境和社会环境都会发生许多变化。从市民的主观认识和思想演变来看，许多社会规范开始发生转型，人们的思想和思维也必须急剧地向现代转型。从客观的生活环境和生活条件来看，过去的那种环保设施、条件已经完全不能适应当前工业化、社会化大生产下的现代生活，许多应有的设施或者还没有建设好，或者还没能力建设。部分市民生活水平相对较低，从前养成的不良生活习惯仍然保留着，或者经常会不自觉地显现，他们对于洁净家园的感受和要求并不深刻。有些市民开始从农村走向城市生活，他们还不习惯城市生活，这也会不自觉地带来某些环保意识的滞后。

洁净家园的建设首先需要各级政府的努力。一要注意引导，多做环保宣传，通过榜样的力量去感染他们，带动他们走向环保。为此，可以开展一些有益的活动，比如，可以经常组织一些学生参加一些公益性的环保活动，也可以充分发挥志愿者的作用。二要加大投入，大力建设环保设施，着力发展环保事业，让洁净家园有良好的物质保障。三要进一步推动环保制度建设，确保环保措施能够落实。总的来看，政府不能包揽一切，而要成为管理者、监管者，成为制度的制定者和民意的执行者。

洁净家园的建设还需要广大市民与政府齐心协力、通力合作。市民要从自身做起，改正陋习，养成重视环保的良好生活习惯，开始时可能要时刻注意或者提醒，逐渐地就能成为一种习惯。市民要发自内心地主动重视环保，要让环保意识内化为自身素质，而不是被动的接受。

2. 洁净家园建设要提升市民卫生意识与习惯

问：洁净家园，对于不少市民来说还是一个纯概念的东西。请您谈谈，洁净家园的建设会对市民的工作和生活产生哪些积极的影响（以此调动广大市民积极参与洁净家园的热情）？

答：洁净家园的建设对市民的工作和生活必定会产生许多积极的影响：首先是认识的深化。这会让市民充分认识梅州的环境卫生状况，从而理解其建设的重要性和迫切性。其次是行动的内化。这会让市民自觉、主动地融入环保中去，让梅州的环境卫生状况得到大改善。再次是心灵的净化。这会激发市民的荣誉感，提升其自豪感和责任感。

洁净家园看似概念模糊，实际上却是非常具体的，与每位市民都息息相关。它是美好的，让人向往，让人憧憬。它属于新生事物，而所有的新生事物都要经历一个萌芽和发展阶段，重要的是新生事物有了开始，未来发展便也是可以期待的。就目前来看，洁净家园的建设需要有一个宣传和落实的过程，开始阶段可能做得不够好，只要存在热情，只要市民开始重视，其结果就会是美好的。

信心是洁净家园建设的动力，决心是洁净家园建设的支撑，洁净家园的建设需要信心，也需要决心，以及有迎难而上的勇气。如今，唯一需要的就是实实在在的行动。

3. 洁净家园是梅州发展的重要因素与体现

问：请结合我市市委、市政府提出的"创建广东梅州文化旅游特色区""一园两特带动一精"以及"休闲到梅州，享受慢生活"的发展方向，谈谈我市创建洁净家园的意义。

答：游客的到来，是因为他被某些东西"吸引"，或者说，他被"诱惑"了。梅州的青山绿水吸引了众多的外地游客，客家人文秀区更是名声在外。大量优越的旅游资源，这是创建广东梅州文化旅游特色区的前提，也是吸引游客的前提。然而，旅游的欲望并不等同于成行，真正的成行还需要很多条件，除了他们自身要具备成行的条件外，还有目的地是否足够吸引其前往等影响因素。

洁净的环境是让游客开心和旅游快乐的基本条件，也是旅游区建设的基本要素。游客对于洁净的环境可能不注意，不洁净则必然会让他们侧目。洁净环境应当是"慢生活"的题中应有之内涵。对于到梅州来休闲和享受的游客来说，洁净环境是最基本的要求。无论如何，洁净家园里主人过得舒服，也让客人感受到主人的文明，体会到主人的高素质。只有主人的舒心，才会让客人脸上带笑，心里充满愉悦，进而产生留恋和不舍，常来常往。

"一园两特带动一精"，这是梅州市委、市政府确定的发展战略。"一园"是指建设梅州高新技术产业园；"两特"是指发展文化旅游特色区和特色宜居城乡，重点是打好"客家文化、绿色文化、红色文化、养生文化、宗教文化、创意文化"六张牌；"一精"是指推介精致高效农业。无论是"一园""两特"还是"一精"，都要以创建洁净家园为前提，才能建成广东的生态发展区，实现梅州的科学发展和绿色崛起。

二、时代定位与合理合法解决农村垃圾

农村垃圾的产生与难以解决，这有时代急速发展而民众卫生意识及其

习惯滞后的因素。中国香港、新加坡等发达地区治理垃圾的手段与措施值得借鉴，但需要结合本地特定的时代与环境。

1. 农村垃圾污染及其"出路"

问：梅州市部分农村"脏乱差"现象的存在与农村垃圾"无出路"有着紧密的联系。请结合我们梅州的实际，谈谈梅州市的乡镇农村垃圾该如何处理。

答：我的老家门前有一条小溪。20 世纪 80 年代中前期，在我读中小学的时候，溪水非常清澈，早上起床就在溪里刷牙和洗脸，常常还能看到一群群的小鱼在嬉戏。小溪上游 1 公里左右的山脚下有一口清泉，甘甜可口，原是附近几公里的村民的饮用水，后来甚至被引到镇里。我中学时代乡亲们的一般用水就是小溪水，做饭、饮用水则是这口泉水。早上，乡亲们从小溪里提水蓄在家中的一个大缸里，下午则挑泉水蓄满另一口喝水缸。那时，我下午放学回家便经常去挑，如此过了好几年。

与门前这条小溪相交叉，有一条连接大水库的水圳，从水库到我家已经流过了十几公里路，后边还要再流过十几公里路，可水圳里的水流畅通而清莹。那时候，小孩子们一到夏天就在这圳里游泳，乡亲们在这里洗澡、洗头。小溪从山间穿出约一公里，经过我家门口，然后流向一大片空旷的田野，经过 3 公里左右便来到了我就读的横陂中学。我曾经常穿梭于其间的田野阡陌，欣赏着禾苗上的闪亮露珠，眺望周边村落的袅袅炊烟，不时还能听到悠扬的乐曲，真是惬意极了。后来，我离开家乡去读大学，在城市工作，忙忙碌碌中，不时还想念老家的山泉、小溪和水圳。想想当时，那真是我们的乐园。

老家的农民不断从老屋中搬出来，成立自己的小家。1991 年冬，我哥在离老屋和小溪较远的地方建房屋，又另打了一口井，与小溪和山泉便逐渐生疏。有一天，我回到老家，想去小溪去看看，母亲说：小溪早已经成为人们丢垃圾的场所了。我不以为意，直到来到小溪，才猛然发现：小溪已经变成了很小很小的"沟"，水很少，垃圾遍地，我真的失望极了。我忘不了我们的乐园，但我们已经失去了从前的乐园！失望、难受之余，青少年时期在家乡读书和生活的情景在眼前萦绕：美好的早晨，清新、惬意。

细想起来，农村"脏乱差"现象是普遍存在的，只是由于自己一直身处大学里，所思考和面对的主要是"象牙塔"里的东西，因此，尽管有时也会碰到这些"无出路"的农村垃圾，但终于还是停留在一时之念，未能深入思考。

我们要建设环境友好型社会，即人与自然和谐相处的社会，社会主义和谐社会也是人与自然和谐相处的社会，人与自然和谐相处的内涵是：生产发展，生活富裕，生态良好。农业、农村和农民问题，是全面建设小康社会进程中的关键问题。社会主义新农村的总要求是：生产发展、生活宽裕、乡风文明、村容整洁、管理民主。部分农村的"脏乱差"现象绝不是人与自然的和谐相处，也违背了社会主义新农村建设的要求。如今，农村垃圾问题到了该彻底解决的时候了。

解决问题需要先弄清问题的根源。其一，农村垃圾为什么会"无出路"？其二，农村垃圾的"出路"应当在哪？不同的人有不同的看法。

农村垃圾主要是村民的生活垃圾，村民本有义务解决这些垃圾。而村民是环保的受益者，自然也应当是建设者。村民还应当是环境道德与法制的遵循者。村民生活于其中，就要发自内心地重视环保，别让自己的生产和生活受到垃圾的污染。另外，村民不仅自己有义务处理垃圾，还要积极配合政府处理垃圾问题，包括一定的经济投入。

就像今天全球性问题不可能仅由某一个国家去解决一样，一个村的甚至是所有农村的问题仅靠村民也是不可能完全解决的，这是一个公共环境问题，需要政府出面去解决。政府应当是处理乡镇农村垃圾的发起者、监管者和法律制度的制定与实施者，是环保道德的倡议者。

首先，应当弄明白：村民们重视乡镇农村垃圾和保护公共环境吗？他们做了哪些工作？应当注意：生产不够发展，生活水平仍然不够高，处理垃圾的积极性自然不会高，认识也不会深刻。因此，发展生产，让村民富裕起来是垃圾处理的根本出路，但这是一个很长期的工作，也是一条长期的路。

其次，要让垃圾处理走向市场。具体来说，就是要建立垃圾处理公司，让公司去想办法解决。著名经济学家陈志武教授论证说："产权明晰可减少环境污染。"他认为，工业化与城市化进程中，环境污染不可避免，但应当降低其破坏程度，财产与土地产权是其中重要的影响因素，产权不清晰下环境破坏无约束，产权明晰则带来相互制约。[①] 20世纪初，著名客商张弼士在觐见慈禧太后和光绪皇帝的时候，也提出要成立公司，以商人的资本运作，以公司的形式去组织农村的工作，以解决中国农村的发展问题。实际上，组织垃圾处理公司，这是发挥市场的作用，也是属于建立社会主义市场经济体制的重要探索。

第三，垃圾处理的资金怎样解决？一是靠政府补贴，社会主义新农村建设需要工业的反哺；二是源自村民的缴费，这是村民享受好环境的成本

---

① 陈志武：《为什么中国人勤劳而不富有》（第2版），北京：中信出版社，2010年，第161－166页。

和承担的基本义务；三是源自慈善人士或者热心人士的捐款；四是靠公司融资和投资。

总之，农村"脏乱差"与垃圾"无出路"的处理是一个系统工程，需要各方面的合力，应当明确政府和村民各自的责任与义务，勇于担当，然后才能真正解决。

2. 借鉴香港、新加坡城市环境卫生经验

问：香港、新加坡城市环境卫生做得好，除了本地市民的素质高以外，很大程度上是因为它们在做好城市环境卫生工作方面，有健全的法律制度作支撑。关于这点，是否对梅州有借鉴意义？

答：香港、新加坡城市环境卫生做得好，与其健全的法律制度作支撑当然是直接相关的。任何社会都必须有一套行之有效的法制，任何时代都必须有其时代的行为规范和准则。但是，法律制度的形成都是有其特定的社会条件的。香港、新加坡城市环境卫生做得好，本地市民的素质高，有健全的法律制度，等等，这些都与其社会发展的程度紧密相关。

中国社会如今正处于大发展和大转型时期。英国学者马丁·雅克以其对广东的两次印象而感叹中国的发展实在是太快了。1993年8月的印象：

展现在我面前的是一幅各时代大融合的最生动画面……这个画面似乎把200多年的历史都浓缩到了某一瞬间某一点上。这是一个正处于飞速变化中的国家，人们生活在当下，正在寻找和把握机会，好像这些机会一旦错过就永不再回来。我渐渐被这源源不断的精力、创造力和意志力吸引住了。英国工业革命一定与这里的情形有几分相似：投机倒把、混乱不堪和活力四射——完全是一团乱麻。广东确实是一团糟。[1]

马丁·雅克将此时的广东比喻为工业革命时期的英国，有活力，但无序发展。但仅仅是两年后，混乱的印象就被良好的感受所取代：

当年的情形早已消失得无影无踪，当时的混乱不堪被如今的井井有条取代。这里有崭新的公路、桥梁、工厂、居民区和更多的小轿车，居然找不到任何有关两年前吸引我的时代融合画面的蛛丝马迹。在此期间，我获得过几个官员的帮助，但当我描述希望在电影上重新捕捉的画面时，他们耸了耸肩，好像我所描述的都是早已遥远的过去。对我来说，这不过是短

---

① [英] 马丁·雅克著，张莉、刘曲译：《当中国统治世界：中国的崛起和西方世界的衰落》，北京：中信出版社，2010年，第123页。

短两年前的情景；但对他们来说，可能已是另一个世纪的画面了。①

改革开放带来的飞速发展让马丁·雅克惊叹。十几年的改革开放甚至已经走过了西方发达国家几百年的路。但是，快速的发展变化必然使制度的建设难以成型，制度具有一定的稳定性，这就需要社会具有相对的稳定状态。比如，中国曾经在很长时间里只有《民法通则》而未有《民法典》（2020年5月28日，十三届全国人大三次会议表决通过了《中华人民共和国民法典》，自2021年1月1日起施行），这是由于中国社会处于极大的转型时期，许多事情仍然未能确定。就在这种转型过程中，如何引导人民走向新时代，这是党和政府的重要工作。

法制的形成与完善需要有一个过程，是长期积累和探索的结果，也是社会发展到相对稳定状态的结果。梅州的城市环境必然会随着法制的完善而走向洁净，随着社会经济的发展而更具有保障。梅州城市环境卫生需要法制加以规范，要让责任落到实处，这就是法律制度所要深入思考的。

法律制度是一种外在的行为规范，是一种他律。但是，梅州城市环境卫生更应当成为市民的自律，这就要让市民理解外部环境卫生的重要性，不仅要让市民承担外部环境卫生的实际责任，还要让他们主动美化自己的家庭内部和外部，让市民发自内心地重视梅州城市环境卫生，受到公共道德的约束。

让我们建设温情的、和谐的梅州。爱我梅州，人人有责！

三、洁净家园建设与政府的任务、市民的义务

如今的梅州乡村，就如受到外来干扰的"桃花源"，逐渐走出了从前"小国寡民"的环境，不再能够保持其清新、悠然和宁静。洁净家园的建设需要认识其时代特征，需要各方共同努力，形成解决问题的社会机制。

政府应制定相关的法律制度，制定相关的发展规划，要充分发挥道德的规范与约束作用。但是，政府只是引导，而不是包揽一切。政府要引导市民的环保理念转化为环保行动，让市民的环保理念内化为素质，从而在整个社会形成文明的环保氛围。

提高市民的文明素养是当前洁净家园建设的重要而迫切的内容。市民要做好本职工作，也要养成基本的文明素质，环保意识是其中重要的一环，市民要有良好的生活习惯，要有良好的环境意识，也要有足够的公德

201

---

① ［英］马丁·雅克著，张莉、刘曲译：《当中国统治世界：中国的崛起和西方世界的衰落》，北京：中信出版社，2010年，第123-124页。

意识。重视环保就是重视自己的家园，爱护公共环境其实就是爱护自己的家园。我们共同生活在一个城市，我们只有一个共同的地球，要有共同的爱心，去维护我们共同的家园。

不要奢望市民能够做得太多，但政府也不要包揽一切，真正重要的是让环保走向市场，应当有足够的市场意识。香港、新加坡城市环境卫生之所以做得好，在于市民的素质高和健全的法律制度，还在于其以真正的市场经济作基础。事实上，市场经济就是法制经济，健全的法制与良好的市场是统一的。走向市场，确立一个明确的责任人（公司），然后建立各方责任分担机制，勇于担当，这才是解决环保问题的最终出路。

第五章　打造梅州教育与人才生态

"万世师表""斯文在兹"，这是传统学宫中常挂之牌匾，其意义在于劝导尊师重教、弘扬文化，肯定教师和教育的历史地位。知识是人类进步的阶梯，教育发展总是伴随着知识的传播与创新。教师肩负着传播知识、思想和真理的时代重任，乃教育发展的核心资源。师道尊严乃教育发展之基础。

创新是第一动力。创新驱动是中国强大起来的根本条件。创新靠人才，人才是第一资源，资源有其各自的内在价值，价值需要给予合理的分类。不能让黄金长期埋没于垃圾中，人才资源要让其回归价值本位，这既要让其进入市场，让市场进行调节，也要大力发挥政府配置资源的作用。

本章共四节，其关键词是"尊师重教"和"人才价值"。第一节"当代梅州'文教之乡'的思想困惑与反思"，基于现实生活中对于当代梅州"文教之乡"的思想困惑，强调学校、家庭、政府和社会各有其责，教师、家长、官员及学生都有必要进行反思。第二节"梅州人才理念的更新及其产业生态的培育"，强调梅州应更新人才理念，构建人才生态，培育人才产业生态。第三节"梅州实施乡村振兴战略的教育与人才生态"，反思"三农"人才的现代性培育，探讨实施梅州乡村振兴战略的人才生态。第四节"优化和培育梅州人力资源生态"，反思梅州人才流动与劳力流失，探索现代人才与人力资源环境之优化与改造。

第一节　当代梅州"文教之乡"的思想困惑与反思

1983年10月1日，邓小平为北京景山学校题词："教育要面向现代化，面向世界，面向未来。"在新的历史条件下，教育要服务社会主义现代化建设，不仅要适应还要引领经济和社会发展。好政策源于好理念，更新教育理念才能真正实现梅州文教之乡之振兴。振兴梅州教育首先要实现教育理念的现代化，要转变和解放官员与民众的教育理念，厘清梅州教育发展的基本理念。

一、打造良好教育生态：学校、家庭与社会教育的分工与协作

教育是人类的特有现象，人类的教育目的在于培养人——通过教育、训练、学习等活动提升人的素质、能力，因其目的性明确而区别于动物的本能教育。教育的定义可谓仁者见仁、智者见智。一般地，教育概念有狭义和广义之分，前者特指专门组织的教育，即学校教育；后者则泛指一切影响人（特别是青少年）的身心成长的社会实践。

对于受教育对象来说，学校教育总是主动施加影响，是目的性、计划性、组织性、系统性非常强的活动，且因其专业性而在许多时候被许多人当作教育的全部。对于现代社会来说，学校教育是如此重要，以至所有人几乎都要有学校教育经历。进入 21 世纪，未受任何学校教育的文盲已经非常少，1970 年到 2000 年，发达国家未受学校教育者从 5% 下降到 2%，文盲从 6% 下降到 1%。

其实，学校教育只是整个社会系统的一个子系统，承担部分的社会功能。教育是全方位的，是无时无处不在的。通过学校教育能够系统地让受教者成长，但人与动物都有其先天的"天赋"能力，其成长也受自然环境及其社会（群体）的客观影响，不经意间可能就发生被动的思想触动。人之所以区别于动物，根本上在于人类有思想、有智慧、有文化，可以去适应和改造，而不仅仅是受制和顺应客观世界（自然与社会）。

人是群居动物，有其社会性，则其他人的影响必然是存在的。俗话说，物以类聚，人以群分。与有些人可以一见钟情，意味着与另一些人总是话不投机。群体性的影响是人与动物共有的特征，但人类社会与动物群体显然不同，其文明发展已经将人类高度社会化、制度化，人生活于各种规矩和人伦中。人类相互之间的影响显然更有教育性意义，所谓"三人行，必有我师焉"。接受社会教育，许多人谓之自学成才，从社会整体角度看，人接受规矩、制度其实就是一种受教育的过程，则规矩、制度焉能不善哉？

人类总是生活于家庭中，家庭（family）是社会最基本的细胞，是以婚姻、血缘及收养为基础而形成的生活单位，以各种人伦关系所维系。家，对于每个人可能有着不同的理解，这与其家庭生活和角色定位等有关。但家庭首先迎接新生命的到来，然后是给予其各种人伦关系的规矩、制度，让其生活于一个小社会中，形成"人"，从而也使其不断地接受教育，不断地成长。有道是母亲是人生第一位教师，从胎教开始。而家庭则是人生受教育的最早与最不能缺少的教育场所与机构。留守儿童常见于农民工家庭，缺乏家长陪伴的孩子难免产生情感的缺失。央视春晚贾玲等主演的小品《真假老师》则提出了"城市留守儿童"的概念，强调家庭和父母的陪伴在孩子成长中的重要性，而且并无农村和城市留守儿童之区别。

现代社会总强调人的全面发展，则人的教育肯定不可能局限于某个方面，也不是某种教育能够独立胜任的，不同种类的教育也需要各担其责。教育可分为家庭教育、学校教育和社会教育，每种教育都会有各自的功能。比如，家庭应负家庭教育的职责，家庭在人伦关系等理念的形成便不能推卸其责任；社会同样必须担负起应有的教育职责，每个人对社会都负有应尽的责任，政府及其官员也应当给予社会正面的榜样。

学校应负之教育职责当然是全方位的，重点则在其不同层次学校的基本职责，比如基础教育阶段学生形成人生观，大学教育培育与提升其职业能力等；然而，教师只能负担学校教育之责，千万别将其他揽在自己的肩上，教师的肩膀其实很脆弱，教师被赋予太多学校教育之外的职责往往会不堪承受其重。有人说，"一日为师，终身为父"，有学生因此称其教师为"×妈"或"×爸"，这其实是相当不合适的。教师与父母应当各担其责，有道是"子不教，父之过"，将"教师"称为"父母"，教师就越俎代庖取代了父母，从而担负了额外的职责，问题是教师能够取代和承担本应是学生父母担负的这种责任吗？同样地，本应是社会和政府及其官员所担负的职责也不可能是教师所能承担得了的。

常说要给学生减负，某种意义上看，让教师回归学校教育本位同样有其减负的意义，让教师回归更加纯正的学校教育，这需要家庭和社会、政府及其官员分工协作，形成一个良好的教育生态系统。教育发展绝不仅仅是教师的责任，而是由教育生态系统决定的，梅州教育之发展必然要思考和探讨如何建立这种良好的教育生态系统。

良好的教育生态系统的建立自然是以学校教育为中心，学校则要以师资为核心。如今，学校常陷入"以学为本"还是"以教为本"的争论，其实质是教师职业定位与待遇等问题。尊师重教是中国文化发达的根本条件，2020年全国教育工作会议提出，要让"教师成为人人羡慕的职业"，重点探讨培养和打造高素质教师队伍的各种情况，比如教师工作与生活的艰辛、教师工作的公平与公正、教师职称和工资等。所有这些同样困扰着梅州，迫切需要给予深入的探讨和研究。

二、去除经济决定教育论：相信梅州文教的当代振兴

经济基础决定上层建筑，这历来被认定是马克思主义基本原理，历史

学探讨一个地区的革命或者其他变革时，往往是首先探讨该地区的经济发展，强调经济已经发展到一定的阶段，导致其思想文化等方面已经有了突破的必要，新社会才会有新文教。虽然庄子等道家思想常常强调其精神的独立性，从总体上看，人的精神境界与其物质生活是紧密相关的，工资待遇等会实实在在地影响着教育发展，比如直接影响着教师学识能力的提升及其工作时间的多少，甚至关系着教师的人格尊严，是否有尊严地生活与工作。

经济建设与教育发达之间显然具有正相关关系。经济发展也是解决一切问题的根本。以经济建设为中心显然是强调了中国的现实情况，因为中国当前最大的实际就是处于社会主义初级阶段，这就是决定中国现阶段一切工作的实际。因此，以经济建设为中心，抓经济，促生产，这是解决中国当前问题的根本。

经济是教育发展的基础条件，但经济水平究竟要达到何等水平才能符合教育发展要求？经济发达是否必然促进教育发展？教育发展是否必然要等到经济发展之后？教育与经济之关系该如何去平衡，这真的已经到了非解决不可的时候了。在和谐社会建设的倡议中，没有教育的提升，人民群众的教育水平未能跟上去，一切和谐都只能是空谈。在幸福社会里，没有教育的投入，穷孩子也必然不可能有幸福的教育可言，所谓的幸福也只能是空谈。

以经济为中心并不等于经济就是一切，人的需要也不只有物质，并不是有了钱就有了一切，对于个人来说是如此，对于一个国家、一个社会来说就更是如此。在经济发展的过程中，精神需要的增长同样是必然的，且要两手抓，两手都要硬。在不同的历史发展阶段里，在不同的地区和社会里，经济与教育之关系需要给予适当的平衡。教育绝不能成为经济的拖累，经济也绝不能成为教育不发展的借口。

有些官员、民众甚至许多教师都认为，梅州教育之落后根源于其经济之落后，有些人甚而强调：深圳等地的经济发展早已让梅州不可能企及，梅州经济在今后将长期落后，其教育也就不可能赶上经济发达地区。这是否合理值得商榷。但梅州经济的落后确实已经成为梅州教育不发达的死结，成为教育不发展的根本性理由之一。

诚然，经济落后有可能影响教育，但教育是否因此根本不可能发展？更何况是相对落后而非绝对落后。梅州教育曾经的辉煌似乎与当时梅州经济发达是相联系的，许多人认为，当年华侨经济支持与梅州教育的发达紧密相关，这当然是没错的，然而，只有华侨经济的支持绝不可能有教育文化之乡的形成。事实上，华侨经济支持是本地官员和文化教育界乡贤努力抓教育的结果，正是在他们的努力中，在他们的募捐中，华侨经济起到了促进本地文化教育发达的作用。① 因此，真正要反思的或许是，官员与乡贤们在本地教育发展中是否有过缺位，或者努力不够？

梅州教育曾经的辉煌其实是由许多因素共同促成的，除了本地官员和乡贤们共同的提倡，以及华侨经济的必要支持外，还有其他影响因素。其一，本地崇文重教的传统。客家人历来重视文化教育，强调文化和教育才是人才产生的根本途径，接受文化教育才能真正光耀门楣。因此，即使大字不识一个的农村老太婆，也会时时督促其子女们认真学习，这是发自内心地认同文教。其二，当前经济已经比从前不知要好多少倍了，过去依靠出国打工的华侨经济培养了大量的人才，而今的中国经济发展肯定要强过当时华侨经济好几倍。以经济不发达作为教育不发展的理由显然是难以成立的。

历史证明，许多经济落后区正是由于其教育发展，带来了经济的发展。19世纪中期，德国经济曾经长期落后于法国，但德国实行政府干预政策，特别是大力发展教育，伴随教育的振兴，迎来了经济的发达。明治维新后的日本以德国为师，其教育受到国家高度重视，在其经济发展中起着同样重要的作用。教育与科研的发展并不一定受制于经济发达与否，教育发展结果则实实在在地促进了经济的发展。是教育促进经济，而非相反——多少经济优越的家庭难以培养出优秀学子。

高素质人才追求独立人格，其思想更自由，其精神更独立，其创新能力更强，创业欲望更加强烈，形成创新性的经济文化，进而带动一方创新精神和文化，影响着一方水土，熏陶着一方人士。考入名校读书，毕业后将因其创新和创业而带出一批家乡人共同打拼。没读书或少读书的人则因其思想境界和视野的限制，独立性不足，有着更加强烈的依附性和依赖性，甚至带坏一批人。如此良性与恶性之间的不同循环，其后果自然不同。

三、大力重振尊师重教社会氛围

重振梅州文教，必先打造梅州文教新风，重拾客家人尊师重教传统，让教师的专业、学识能够真正受到重视，在梅州养成敬畏学识与能力的尊师氛围。

---

① 魏明枢：《华侨与清末梅州新学教育的兴起》，《嘉应大学学报》2001年第4期。

1. 备受责难的梅州教师

梅州素有"三乡"（文化之乡、足球之乡和华侨之乡）之美誉，这与其崇文重教之传统不无关系，亦源于其近代以来的教育发展。然而，在沉浸于"文化之乡"的自信与陶醉中，不知何时，许多有识之士却开始批判其名不副实：曾几何时充溢于各大名校的梅州籍教授不见了，曾经引以为傲的教育强市不见了，高考的水平已经远远被其他地区甩开了。是教师的教学问题？是学生的质量问题？是社会的风气问题？一时间各种分析甚嚣尘上，莫衷一是。

教育之衰落当然不能归咎于学生，年青一代学生整体成绩之落后有其时代背景，其影响因素绝不可能是单方面的，而必然是系统的。学生家庭教育之不足必然影响其后来的基础，特别是影响其学习的兴趣和习惯。官场风气同样是形成一个区域社会学风的重要条件。

更多情况下，教师成为影响梅州教育进步最受追究的群体，是直接的受批判对象。有文章回顾近代梅州教师学历、能力之强而暗喻今不如之，认为当前许多好教师都被发达地区挖走了，没钱没待遇留不住好教师。现在的教师似乎都不安心于教学，教师的责任心和使命感比较淡薄了……许多村民在珠三角地区打工，本来工资不高，却宁愿让孩子跟着自己在城里过着"贫民窟"的生活。有位根本不识字的农村大嫂说，村里的教师们教学没水平，学识不够，责任心也不强……

无论是知识分子，还是民间人士，甚至于村夫村妇，皆如此评价当地教师，这着实让人担心和忧虑。各种各样的责难让梅州的教师背负着内疚的心理和外在的负担。"文化之乡"的美誉也让梅州客家社会长期以来套上了崇文重教的光环，似乎崇文重教已经成了整个社会的基因，教育之所以会衰落，根本上在于教师之不优秀和不努力！这似乎是如此顺理成章。

值得警惕的是，教师群体中确实有不负责任、懒散而混日子的人，这亟需整顿。教师也急需转变其教育理念，别以为一周上几节课便"太轻松"，这不是应有的全力以赴的态度，也缺乏长期坚持学习的态度与习惯。教师绝不能"只上几节课"那么"轻松"。

2. 打造梅州文教新风

教育是国家大事，也是区域社会发展的根本。重振梅州教育已经迫在眉睫，成就梅州教育需要转变教风学风，更需要转变官风政风。真心希望政府和社会能够深入反思和反省，给教师们加营养，给予足够的包容与尊重。特别的爱给特别的他们，特别需要给予他们关心和信心，要鼓劲而不是泄气。事实上，梅州教育振兴绝不是仅仅靠教师就能够达成的，需要政府和全社会的共同努力，形成发展的合力。教师需要在和谐社会中快乐工作，形成快乐教育，也需要指导学生学习的足够的视野。

培育社会对教师创新的包容、宽容风气。教学创新可能成功，也可能失败，但社会对于某些教师的新尝试却过于苛责，不允许其失败。比如，前段时间梅州推行"足球排舞"，许多人指指点点，嘲笑着那位"发明者"：或者说这是田径教员在搞足球，或者说是因其教学科研考核而进入了外行的舞蹈领域，或者说这个教师本就不是一个好教师，不专心于自己的专业领域……其实，一个爱钻研、搞发明的教师是值得尊敬的，社会就应当形成"万众创新、大众创业"的良好氛围。绝不能随意批判其水平高低，至于其发明之推广乃政府教育部门的事，因其水平不足而推行，则受批判的应当是教育行政部门，而不是那位爱钻研和搞发明的教师。

四、尊重专业，提升教师专业能力

师道之尊严不仅源于社会尊师重教氛围的树立，也源于教师本身。教师常被认定是饱学之士，事实上，教师的专业学识要受到尊重，还要给予积极的支持和维持。

1. 培养尊重专业人才的社会风气

尊师是中国优秀的传统，流传着多少尊师的故事！师者，传道授业解惑也。师道尊严，唯其如此，然后师尊能得其用，教育能因师而兴。中国传统之师尊源于学生之有钱有地位，更重要的是源于学生之美好前景——在科举时代，学员是未来的准官员，此所谓学而优则仕。

专业知识其实就是人才的内在价值所在，尊重人才实质就是尊重专业知识和能力。尊重教育就要敬畏专业，尊重学识。许多教授、院长们也未曾注意到，作为专业人才有其特殊重要性，绝不能随便拿来与处长们相提并论，否则同样是不尊重专业人才，实际上便是不自尊。学院里学术标杆性的博士、教授齐全，却偏偏要挑选所谓的执行院长，亦有着不尊重人才和专业的内涵（当然，院长不仅是学术标杆，还担负着政治导航的重任，教师亦有政治正能量之要求）。专业人士的意见常得不到相关决策者的尊重，这也是不尊重专业人才与学问的典型体现。

窃以为，师道神圣，任何词语都取代不了"教师"一词，即使父母也不可能——父母是人生第一任教师，但那是必要的家庭教育，此外还有社会教育、学校教育，教师是学校教育的基础，政府官员则是形成社会教育的核心。文明社会因其教育的专业性和理论性，学校教育占有特别重要的基础地位，教师担负着学校教育的功能，必不能被取代。因此，设立教师

209

节是向教师致敬，父亲节、母亲节则对象为父母。不尊重教师，也不尊重专业学问，教育的根本就被否定了。形成尊重教育、尊重专业的社会氛围，这是真正尊重人才的重大课题，需要全社会共同的重视，特别是需要政府官员的觉悟，需要专业人才的情怀和境界。

2. 制定和实施教师带薪培训政策

教育的核心在于教师和学生，首先在第一线的教师。推进梅州教育发展，提升梅州教育质量，教师是决定性的一环：教师的形象、教师的能力、教师的尊严……所有这些与教师相关的，都是必须给予深入关注的。教师应当是一个社会重点关注的群体，如中国古代即将"天地君亲师"当作五大关注群体，绝不是可以忽略的。教师的地位与待遇必将严重影响教育教学的发展，其师道尊严的精神待遇更是不可或缺。

教师被赋予过各种美誉。有人说教师是燃烧自己成就学生的蜡烛，也有说教师是养育学生成长的"奶牛"。其实，无论"蜡烛"还是"奶牛"，对于教师本身来说都是不合理的，对于教育也是有损害的。吃进去的是草，挤出来的是牛奶，然而，挤一次是奶，再而三地挤，却不加饲料怎能无限地挤出奶来！教师需要不断提升自我，这是教育教学的前提。

对于教师来说，其教育理念及其专业学识都必须与时俱进，绝不能原地踏步，甚而故步自封、抱残守缺。教师的每一个理念、每一个分析都有着强烈而明确的时代印记，若无对于现实生活进步之发现与理解，则历史学必不可能重新认识和分析过去，史料的理解也必然停留于过去。身处伟大的社会发展变革时代，绝不能以革命年代的理念去解读和解答历史问题。其他学科必然有着同样的时代标志。教师只有不停地吸取养料，然后能挤出"时代鲜奶"来。

目前，中小学教师能够脱产去学习的机会太少太少了，有些县区教育局可能会请些教授来做些讲座，但这显然是远远不够的。有些县也在努力提升教师们的学历、职称，可是基本上不可能脱产学习或者外出研学。大多数教师都难以走出所在学校去进一步学习"充电"，以提升专业知识、教育理念与教学技能。现代社会必定是终身学习，需要持续不断地学习。教师被誉为"人类灵魂的工程师"，若自己终身都不更新其学业，走出大学校门便停止于另一间学校，这当然难以打开心灵视窗，难有更高的视野和心胸，何谈教书育人！

教师能力的提升需要持续不断地投入，投入不仅是教师个人的事，更应当是整个社会和政府的事。要制定教师定期培训政策，给予教师们更多的学习与交流机会。每位教师每隔三五年就应当有一次带薪脱产学习，集中学习一段时间。继续"充电"是保证教师教学使命感和保证教学质量的基本条件。另外，不仅要考核教师们平时的工作，更应当成立机构去评估教师们再学习的情况，比如带薪学习效果的考核。为人师表，教师更要有强烈的责任感和使命感，努力学习，勇于创新。

结语：师道尊严的坚持

百年大计，教育为先；教育是中国未来的希望，这已经成为共识。教育大计，师资为本。设立教师节的目的就是在社会上形成尊师重教的氛围。各级政府的领导人也总是强调再苦不能苦了教育，再累不能累了孩子。尊师重教其实不是什么新的问题，要落在实处却并不容易。

各级政府教育机构及其官员要以人为本，要自觉地以爱护学生和推进梅州教育为崇高使命，以舍我其谁的使命感去维护梅州教育，为梅州教育贡献自我的一份力量。官员心胸和视野的宽阔是梅州教育事业发展极其重要的条件，也是整个社会尊师重教的标杆与榜样。

以平和的心态去发现问题所在，以极大的善意去总结和发现梅州教育的困难，要养成尊师重教的浓厚的社会氛围，要给予梅州教师最大的支持和包容。

梅州教育要面向现代化，面向世界，面向未来，这需要有紧迫感、使命感去把握现实，首先要很好地反思现状，深刻地揭示问题。要继承和发扬师道尊严、尊师重教的优良传统，才能打造高水平的教育生态系统，才能真正重振梅州文教之乡。

第二节　梅州人才理念的更新及其产业生态的培育

培育现代人才生态环境，首先要尊重人才，需要人才理念的价值回归，有道是你想到的才是你能得到的，心里亮堂然后才能明确行动之方向与步骤。分析人才生存的当前状态，以构建良好的人才生态及其相关的产业形态，这是梅州生态发展之急迫需要。

一、人才价值的行业回归：推动和构建人才价值的社会认同

"人才"一词出于《易经》："《易》之为书也，广大悉备。有天道焉，有人道焉，有地道焉。兼三才而两之，故六。六者非它也，三才之道也。"

"才"之意思即能力、本事。人才就是指有能力、有本事的人，特指那些专业素质较高，不仅能够胜任岗位，还能够进行创造性工作的人。人才可以作不同的分类，各行各业皆有其人才。在不同的行业中，人才怎样去体现？或者说，人才有其内在价值，应当怎样去判断？所谓人才的"待遇"，其实只是其价格，并不能完全体现人才的价值。

1. 科研条件之中外对比及其思考

近来，人们多感慨日本科学家又获诺贝尔奖，且立马将奖金捐赠为科研基金，进而感叹：拥有 1.26 亿人口的日本，2000 年至 2020 年拿下了 19 个诺贝尔奖，若包括已经加入美国国籍的两位日本人在内，日本已有将近 30 人获诺贝尔奖。许多人回头感叹甚至质疑中国国家科技创新方面的制度和政策——中国与日本之差别根源在哪？人们考察日本的 187 种职业，发现其大学教师的社会地位和收入得分 83.5，位居所有人理想职业的第二名，远远高于企业高管、高级公务员以及知名演员。在对于日本科研的观察中，有些人强调了几点：一是重点科研项目经费无上限，科研人员无经费和生活干扰，一门心思投入研究；二是社会相当敬重有真才实学的人；三是尊崇自然的教育，让孩子真正"赢在了起跑线"。

诚然，中日两国科学家所处环境各有所不同，中外科学家的科学心其实都是一致的、统一的。如果没生活的后顾之忧，不为物质条件所困，自然会静下心去钻研了。中国确实存在着许多影响科研创新的不如意环境和条件，难免让人分心，比如调研经费没着落，垫付科研经费后报销流程冗长，科研时间甚至要少于报账时间，心思都被小生活磨没了，科研怎能顺畅？"八项规定"出来后，许多钱转到了研究实业、实事和实学中了，做实事的经费得以保障了，这是大进步，但经费常常难拿出来用，不能有效使用，实际上便等于无，甚至还闹心。据说，研究经费之使用要"问责"，若不问制度和行政之责而是问科研之责，这就值得深思了。规范使用经费以促进科研太迫切了。

与日本科研人员社会地位和价值认同进行横向比较，这似乎让中国人感受到自我的不足，有时难免让人泄气而高度否定自我。当然，因各自的历史与文化背景的不同，横向比较往往难以实事求是，难以具体问题具体分析，也就难以得出真正适合自我的结论来。事实上，所有的制度必有其各自的优势与劣势，绝不能以偏概全。全盘西化论者与今天的许多学者往往只是站在西方看东方，而不是站在中国看中国，导致了许多问题的失真，因此需要历史回顾与文化反思，形成贴近"地气"的认识。

2. 院士与明星的价值与待遇之比较

内部不同社会群体间的比较将进一步影响人们的情感和认识。某著名影视明星超高收入及其偷漏税遭曝光后，整个社会都在反思两院院士和影视明星收入与贡献的不对称。两院院士 20 多万的年收入引起了社会的不平，认为与其贡献和价值不符，影视明星却是动辄天价出场费和高收入。影视明星收入为什么更高，且高得离谱？

人们感叹两院院士与影视明星收入倒挂，根本上是因为强力认可前者的社会贡献要远远高于后者，收入倒挂本质上乃国家和社会发展影响力的倒挂，影视明星收入与其社会贡献显然不相符合，这体现了一个社会的畸形，表明社会显然并未建立以"社会贡献"为标准的收入分配体制，起码两者之间已经失衡了，该是反思的时候了。社会存在总有其存在的必然理由。两院院士与影视明星收入倒挂恰恰就是价值与价格的矛盾，两者的价格都偏离了其原本的价值，前者偏低而后者则偏高了。

两院院士与影视明星本非同类项，其本质区别在于院士不以钱财为根本目标，都以"大家"为本；影视明星则基本上都以"自家"为本，以赚钱为其唯一目标。明星的打造靠炒作，院士的产生却是靠着天赋聪明与加倍努力，这是社会对于两者的直观感受，其高下自然是立马可见，明星之高收入与院士之低待遇也因此受到了批判和否定。

3. 政府应当引导人才价值回归本位

从市场经济的角度看，院士与明星的收入原不必也不可比。每个人都不能因强调社会利益而否定自我利益，没有对自我利益的肯定，实质上也否定了社会利益，亚当·斯密因此提出了著名的"看不见的手"推动社会进步的观点。社会利益不应否定个人利益，其道理是明显的，不能因此就否定了影视明星的存在及其收入的合理性。然而，"看不见的手"已经明显失去社会公平和合理性，这就有必要对市场给予必要的纠正，而不能简单地任凭市场运作。

院士们的成果和成就常常难以或者根本不可能在市场体现，因而难免形成其收入和待遇倒挂，这当然是有失公平的，一如当年西方资本主义的发展没有让工人们共享到工业发展成果一样。当年，马克思在《共产党宣言》中提出"联合"斗争和成果"共产（享）"，社会主义因此流行发展，政府开始积极推动财产的重新分配，社会福利政策（立法）开始不断推出，实现社会公平也成为共识。社会还是要建立公平合理的财富分配制度，然后才能更好地促进社会发展。

收入与贡献的倒挂乃社会主义初级阶段国情里的不合理现象，需要在进一步改革中给予努力纠正。中国仍然处于社会主义初级阶段，社会必然还有许多不足，难免会有许多不公平和不合理现象，这就是当前的国情。

当然，也不能以初级阶段为由而拖延其不合理现象的纠正，政策和制度的进一步完善仍然是非常迫切的。

问题的暴露体现了社会的进步，一是市场经济发生了价值的偏离，成为改革与完善收入制度的根本理由；二是社会贡献被肯定，价格必然要回归价值。在社会主义初级阶段，效率优先、兼顾公平成为基本的分配原则，因发展不足而极力强调发展效率，随着社会财富的增长，公平性开始凸显其价值，人们不再以效率提升为先，开始更多地倾向于社会公平。

政府应当引导有关院士与明星社会价值的社会认同，不能放任市场去主导，这就要回归人才的社会价值和以贡献为财富的分配标准，进行财富的合理分配。人才价值纠错是必要的，不能让人才价格总是远离价值，或者高企，或者难以体现。强化知识价值的社会认同，建立尊重人才和促进创新的制度体系，这已经成为社会的共识和要求。

二、人才价值的区域兑现：人才资源之"利用"和"培养"

习近平总书记从战略和全局的高度提出乡村振兴要统筹谋划，科学推进，强调"实施乡村振兴战略，要推动乡村产业振兴，推动乡村人才振兴，推动乡村文化振兴，推动乡村生态振兴，推动乡村组织振兴"①。"人才"成为乡村振兴的重要条件和目标，梅州的发展需要大量人才，梅州的建设也少不了"人才"及其"利用"。

1. 外来人才的吸引和"利用"

人才是发展的决定性因素，是第一资源。人多或人少，人的文化素质高低，其生产和生活方式等，都决定着区域生态和发展水平。高水平的发展需要高素质的人群社会，高素质的人群社会又是高水平发展的重要体现，两者相得益彰。社会的发展进步首先需要提高当地的人群素质，提高当地人群社会的文明程度。当地人群既要考虑本地人，还要考虑外来者——或者来此游玩，到此作客；或者到此暂住，来此工作；或者落户本地，到此定居。

吸引足够多的外来人才是提高人群素质的快捷办法。目前，中国各地"引才大战""抢人大战"烽烟正浓，吸引人才的优惠条件层出不穷，且一再加码。毕竟人才是培养出来的，需要不少时间和费用，引进人才相对于自己培养似乎显得更加划算。但"抢人"的根本目的是什么？论者指出：

---

① 《乡村振兴，五个方面都要强》，《人民日报》，2018 年 3 月 25 日。

　　人才战略不是政策竞赛，而是围绕人才培养、吸纳和使用而作出的一整套制度安排。聚天下英才而用之，"聚"的落脚点在真正为自己所"用"，只有真正有用武之地，人才方会被聚拢吸纳过来。只是拿几条政策优惠当卖点，搞你方唱罢我登场的政策竞赛，既难以防范鱼目混珠之辈，也有急功近利的味道。①

　　这就是"人才是第一资源"最直接而直观的想法，"抢人"实际上就是在抢资源。然而，"抢人"的真正意义好像都在强调人才的高素质和高能力能够为当地创造财富，是看中其"高"智慧而带来的创造力、生产力和回报率，因而探讨人才政策时总强调人才跟着产业走，强调其应当侧重于"用"②。但实际上，各地人才政策只着重用优厚条件引进人才，却缺乏后续的把人才转化为资源的措施，毕竟可资利用并转化为财富的才是好资源。

　　有道是，世界上本没有"垃圾"，只有放错了地方的"资源"。"资源"如果放错了地方便会成为"垃圾"，而从"资源"到"垃圾"的距离实际上非常近，只要一念之间。人才要"有用"，"无用"便成了浪费，浪费便是有罪。因此，各地吸引"英才"计划常遭批评，之所以遭批评是先验地肯定了"人才"之必然"有用"，但没有"使用"就产生了人才的闲置，实际上成为"无用"，成为被搁置的资源而成了垃圾。人才是否"有用"和"使用"的讨论体现出"人才资源观"的时代特征。

　　资源本是特定环境与时代的产物。人力资源同样有其特定的自然环境与社会条件。随着科技发达以及人们认识与改造能力的提升，资源也会发生变化。其实，同样的东西，在不同环境下会有其不同的作用与影响，在一些地方可能完全被视作没用的垃圾，在另外一些地方则可能被视为宝贝，故有其交换价值的存在，贸易也得以发生；同样的东西，在不同的科技条件下会发生不同的作用，其地位也因其使用价值的不同而有着不一样的存在地位与方式。

　　人才都生活在相应的特定环境中，人才的"使用"前提是"有真正用武之地"。"引进人才"有"筑巢引凤"之说，所谓"巢"既指家庭，也指产业，也就是生活与生产。人才要有安定生活，还要有相应的产业环境，前者是小环境，后者则是大环境。有些高层次、高素质人才可以来此

---

① 张东锋：《人才战略不是政策竞赛》，《南方日报》，2018年5月24日，第A05版。
② 林江：《粤港澳大湾区人才政策应侧重于"用"》，《同舟共进》2018年第10期，第24－25页。

创业，这里成为其发挥才能的沃土，万众创业就是要求形成这种相应的社会制度环境，这是根本的长远的目标。有些人才则直接奔着当地的某些产业而来，在原有产业基础上锦上添花。

从宏观整体上来说，外来人才对于一个区域社会的意义都是相当正面的，必定会为当地社会所需要，虽然有该人才是否最合适当地社会的讨论，就如当年留美学生是否应当回国的讨论一样。"英才"计划需要与当地现成产业对接，缺乏这种产业，相应人才的引进便成浪费，不仅留不住人，还会产生更多的副作用。人才要直接服务于产业，要能够在此创新产业，这实际上都是人才直接被"使用"，因而要强调优化用人环境。

2. 吸引本乡土人才返乡就业

发展是第一要务，人才是第一资源，创新是第一动力。吸引人才是实现创新性发展的重要因素，全国各地都在努力追求和吸引人才。发展仍然是梅州的基本要务。在生态文明时代，在"一核一带一区"的广东发展格局中，梅州需要寻求其发展的自我特色，形成其特色路径。

为了吸引发展所需之特殊人才，梅州各级政府也制定了吸引人才的优惠政策，且已经产生了良好的效应，吸引了大批人才。但是，任何政策都有与时俱进之必要，有其适应特定社会与自然的必要。许多人反映，梅州更倾向于吸引外地户口人才，因此失去了对本地户口人才的公平——不排斥外来人员是社会进步，排斥本地人员却是矫枉过正。

大力吸引高学历、高职称之本土人才，此乃梅州传统人才观和价值观之纠偏，有利于梅州未来发展。首先，梅州素有外出就业的传统，走出围龙屋已成为基本的就业价值取向，这种就业倾向已经严重影响本土人才生态。需要指出的是，走出围龙屋并不等同于一定成就事业。其次，返乡创业适应了乡村振兴战略，有利于乡村之人才振兴，应当大力提倡之。梅州有其地缘和收入待遇等就业方面之"比较劣势"，本土人才有其稳定性，因而更显可贵。再次，在逐步进入老龄化时代的背景下，独生子女之回归已成为许多家庭的共同愿望——工资水平可能不如外头，收入支出对比却能突显梅州工作与生活的"幸福指数"，因此，本地人才之回归有利于家庭稳定和社会发展，有利于梅州养老事业之发展。事实上，独生子女之就业不仅是国家的大事，更是各级地方政府必须深入思考的大事。

基于上述市情和传统价值取向，梅州有必要采取一些特殊政策，以吸引本土高学历、高职称人才。第一，人才不应分本地外地，应以公平、公正、公开为基本的选择与录用原则。第二，借鉴吸引乡贤返乡创业政策，给予特定的激励。本乡本土人才其实也是乡贤，因其所挟技能学识而成其特定的"第一资源"。第三，创立返乡就业基金，制定相应的激励条例，凡回归就业和创业之本地高学历、高职称人员皆给予特定的补贴和激励。

三、创新发展梅州的现代教育及其产业体系

人才的定义和标准显然不能局限于被当地"直接使用"这一层面。如果从人才是"有用"资源，而且是第一资源的角度，是否可以考虑将人才资源转化为人才资源的培养和储备？比如，不能吸引天下英才而"用"之，或许可以吸引天下英才而"教"之。今天的学子，明天的英才，在这里成长的英才，更加应当从人才资源的角度去培育，将人才资源产业化。为此需要打造梅州现代文教产业体系，实现文教事业与产业并进。

人才是第一资源，这已经成为中国的基本认识，强调了人才在社会发展中的重要性。当今人才理念及其社会状态显然是非常热烈的，许多时候却需要给予深入的反思。提升本地人文最快捷的办法是吸引足够多的外来人才，最根本途径却是发展教育。教育文化发达的根本途径是要"聚"天下英才而教之，要克服阻碍梅州教育的相关弊病，要重振梅州教育文化之乡，坚持在生态自然的基础上，以人为本，实现"天人合一"的现代发展。

发展梅州教育已经势所必然，首先要坚定信心，清理当前社会上不良的教育风气，其次要大力兴办现代教育产业体系，打造现代教育产业基地，再次要有政府的良好引导，需要有一系列的政策支持，这不仅是梅州市政府的事，作为生态发展区的重大产业构建，省委、省政府应当统筹兼顾，将生态区教育产业市场化，实现内外共商共建共享。这是一个开放发展的教育产业市场，生态区的发展需要良好的教育产业和市场。培育梅州现代教育产业体系，这是关于构建人才资源产业体系的思考。

1. 形成梅州教育产业市场理念

教育产业化是人才资源面向市场实现产业化的最好途径。尊重教育，还要创新教育。所谓创新教育，就是积极培育良好的教育环境，实现教育的大发展，培育和形成现代新型教育产业，既要有基础教育的新突破，也要大力兴起职业教育、高等教育，大力培育教育培训市场，将梅州打造成为一个育人基地、输送人才基地。

其一，大力发展教育以形成人才和人力资源的产业化体系。

教育既是事业，也应当逐渐形成其相应的产业，比如人才的培养、培训等。大力兴建学校，这既是发展教育事业，也应当成为打造教育产业的基地。随着教育产业的发展，其相应的养老、会展、文化创意以及体育等产业也将相应振兴，而这种无烟产业体系的形成无疑最符合生态发展区建

设标准和要求，既培养了人才，也是生态发展的重要保障。

随着学校的兴建，生态区的农业如蔬菜、水果的种植及养殖业等都可以随之兴起，许多农产品都可以在本地销售，直接扩大了本地生态产品市场。新型人才的培养进一步提升了城市文明，这些有理想、有文化、受过更多教育的人将会更好地净化生态区的社会土壤，让文明的种子开花结果，文明之花开得更盛更鲜艳。

发展教育事业和产业，发展会展业，发展体育产业，发展养老产业，看似是产业，实则是关于人的产业，属于服务业。其中，教育是每个人的终身要求；会展业则是知识和文化创意产业，需要较高的文化。梅州作为"足球之乡"，为其体育发展提供了良好的环境和优越的人文条件。良好的生态与人文条件也为文化旅游、创意产业的发展提供了优越的条件。

人才变成重要的生态资源，进而实现其产业化，这首先需要融资，需要上级政府的统筹协调，仅仅梅州一市之力可能难以解决。可以争取由省政府支持兴建体育场馆，将一些重要赛事放在梅州举办，兴建相关体育设施、基础建筑，以带动文化旅游产业。

其二，要养成良好的人才政策环境。

尊重教育，就要形成尊重人才的氛围，这就要将人才引进和培养政策落到实处，要有足够的胸怀，从整个区域高度去作宏观的安排。比如，嘉应学院需要招聘高层次的教授、博士等高学历、高职称人才，引进教授、博士常常需要解决其家属的工作，学校对此常常是难以完全解决和吸纳的。其家属常常没有研究生学历而只有本科或专科学历，这些相对低级别的学历和职称的人员可以由地方其他部门吸纳。梅州大量吸收本科人才是有必要的。梅州市委、市政府的人才招聘政策应当考虑将嘉应学院的教授、博士等专家招聘统一起来，协助高校安排和吸纳一些专家学者的相对较低学历的家属，这显然非常有意义，也非常有必要。

其三，既需要精英，还需要大量的普通人才。

人才的使用从来都是要恰到好处的。人才要恰到好处才不会浪费，既不好高骛远，也不自暴自弃。并不是任何人在任何时间、地点都是书读得越多越好的，有些人书读多了不仅浪费，甚至还有害。吸引高层次人才的回报常常是立竿见影的，吸引人才却不能眼高手低、不切实际，眼睛不能只盯着院士等高级别人才。如今中国许多城市都在大量招才引智，才智不可能都被限定在院士级别，本科、专科甚至一般工人都应在其列。事实上，人是最重要的生产力，没有劳动力决不可能实现社会发展。社会不仅需要创新人才，还需要大量的劳动力。当普通劳动力和普通人才都受到高度重视时，其社会的后劲才可能持续。以教育作为吸引，稳定人口，以旅游发展吸引相对人口，以此带动本地特产、特色美食消费，形成新的消费。

其四，要尽力培育乡村建设人才。

生态区的发展需要更多乡村人才，要重视务工人员的招聘和吸纳，重视城市和乡村人才的分工与协调。2018年3月7日上午，习近平总书记在参加广东代表团审议时，对此曾有过指示：我们现在推动城镇化建设，千方百计让进城务工人员能够在城市稳定地工作生活，孩子能进城的随着进城，解决留守问题。同时，也要让留在农村的老年人在乡村振兴战略中找到归宿。总书记指出，家庭人伦等值得珍惜的东西，在城镇化过程中，在农民进城的大迁徙中受到了冲击。这个冲击不可避免，但在这个过程中不能泯灭良知人性。我们制定政策要设身处地为进城务工人员着想，把当前最需要照顾的、扶持的方面搞好。人民群众在什么方面感觉到不幸福、不快乐、不满意，我们就要在那些方面下功夫。广东是外来人口聚集的大省，总书记要求广东继续探索积累经验，为完善和创新社会治理，为发展和完善中国特色社会主义制度作出新的贡献。①

乡村振兴需要更多的乡村建设人才，需要有生力军。城镇化建设要继续推动，农村却不能因此衰落，要乡村振兴，要让精英人才到乡村去施展拳脚，特别要发挥本乡本土党员的积极性和创造力，打造农民企业家，壮大农村产业品牌。

2. 培育和发展梅州文教产业的政策思考

梅州作为生态发展区首先要以人为本，要以人为发展的出发点，以人为发展的终极目标，则人才这个第一资源必须转化为产业，去构建和发展生态区。以人为本，不仅教育应当成为拉动内需的根本点，还应当将与人本身相关的产业当作未来发展的目标，这就能够更好地利用其良好的生态资源，将生态与人生结合起来，形成一个巨大的内部与外部共同结合的市场。

论者指出：当前，养老、教育、医疗健康等领域的刚性需求呈爆发式增长，有望成为拉动内需"三驾马车"：养老产业迎来"井喷前夜"；教育培训市场方兴未艾；健康领域需求加速上升。因此，建议适时出台激励政

219

① 霍小光：《习近平：发展是第一要务，人才是第一资源，创新是第一动力》，新华网，2018年3月7日。

策，增加高品质产品和服务供给，做长做细相关产业链。① 此三个领域皆为梅州生态发展区应当着力的未来方向。

事实上，梅州已经有了东山健康特色小镇，致力于健康养老产业。其实，老年人口绝不只是"负担"，退休人员的增加绝不是仅仅给养老金体系以及社会保障部门带来压力，老年人绝不是难以承担与年轻人相同的工作量。英国赫尔大学组织行为与人力资源教授马特·弗林于"对话"网撰文称，随着医疗条件与生活水平的提高，人均寿命大大提高。人均寿命提升是社会进步的表现，老龄人口的增加不是带来经济负担，而是能够提高所在社区的生产力。这就是"长寿红利说"：

换个视角来看，老龄人口是可以提高生产力、增加社会福利的。经过长期工作的经验积累，老年劳动力不仅拥有熟练的工作技能，还可以充当年轻人的人生导师，为他们提供就业和工作指导。同时，老龄人口还可以通过照看孙辈或其他老年人的方式，为社会福利工作作贡献。长寿到底会给社会带来负担还是红利，取决于整个社会为老龄化的到来所做的准备。对于一个经济体来说，如果政府、雇主以及工会能通力合作，充分利用老龄劳动力资源，便可享受到长寿红利。②

由此看，养老产业其实也是一种人才市场，与教育及其相关的培育市场有着相类的意义。教育产业市场的培育需要政策和物质的支持。

第一，大力进行教育产业招商，在招生、师资等有关政策方面给予相应的协助，先别担心会产生什么问题，能够建立更多的培训学校、私立学校就是第一步胜利。

第二，如今城内生源充足，学校负担却相对较重，校舍不断建、师资总在招却总是不足。许多附城和城郊的学校校舍却在荒废，许多农村学校的教师却在面临着"县管校聘"的分流。这些校舍与师资其实也是国有资源，不仅不能放任其流失，还应当更好地利用。如何有效地利用？可以制定相关鼓励政策，以这些资产入股，成为教育培训的重要投资。

第三，整合利用现有学校资源，大力发展培训产业。可以整合社会上的教育培训机构，汇聚成为更大规模的教育培训行业。给予更多鼓励，吸

① 周楠、屈凌燕、翟永冠：《养老、教育、医疗有望成拉动内需"三驾马车"》，《经济参考报》，2018年7月16日。
② 王俊美编译：《充分利用老龄劳动力资源》，《中国社会科学报》，2018年9月7日，第1版。

引本地和外地生源，创办暑期夏令营等培训、旅游形式。某些学校假期应当给予更加宽松的培训政策，以便充分发挥而不是浪费校舍、师资等资源。

第四，结合乡村振兴战略，在某些乡村建立暑期学生实践基地，在大学生寒暑假期间为他们提供社会实践的机会，培养与农村、农业等相关的现代知识与人才。让大学生进入乡村，接触现代农业，培养真正接地气的现代学生。城市学生也可以到乡村去，理解乡村社会，接受相关的教育。

总之，放宽教育培训政策，积极鼓励各方面的力量投入教育产业中去，以人的流动带动产业的发展，以人才的流动形成资金的流动，形成生态发展区内部资源的有效流动，活跃了社会风气，形成社会发展的人才资源生态。

教育事业与产业受发展理念的制约往往更加强烈，解放思想因此特别重要。在乡村幼儿园调研时，随行的中小学教师和教育局领导都说：村一级幼儿园有这等规模已经不错了。在参观五华县奥林匹克运动中心时，许多人则惊叹县级奥体中心的庞大规模与豪华设施。显然，以行政级别作为文教卫体事业与产业的级别标准已经成为社会上不自觉奉行的标准了，以行政级别的定式思维去定义教育已经严重约束着教育现代化事业的发展了。教育发展需要解放思想，需要摆脱行政约束而适应市场和产业，以开放理念实现其现代发展。

结语：充分培育和提升人力资源的内在价值

招才引智已成为全国上下的共识，才智的招引则基于当地产业与社会的发展的需要。生态发展区的发展要"以人为本"，要人尽其才，以形成和利用好人才作为创新发展的第一动力。与此同时，人才是第一资源，要重视"人才"作为第一资源的资源属性，积极发展"人才"产业，将其转化为产业和财富，形成与其相关的现代产业经济体系。

人才作为资源绝不仅仅在于被使用，更要形成良好的生存生态环境。生态发展区良好的自然条件与环境能够吸引人才的到来，良好的人才生存则需要其作为人才生存的产业形态。人才产业形态则绝不仅仅局限于工业，还可以良好地生存于教育产业中——可"聚"天下英才而"教"之，而不仅仅是"用"之，从而形成强大的文化教育产业体系。

生态发展区要振兴经济社会就需要提高人才素质，提高人才素质需要以人为本，这需要高素质的市民社会和强大的教育等服务体系的支持。通

过教育及其体制的创新，生态发展区可培育良好的人才与教育生态环境，形成自己的知识经济时代，构筑自己的知识经济产业。

培育梅州现代教育产业体系可支撑和带动其他以人为本的产业，如"体育＋旅游"，"养老＋健康"，会展和论坛，也可有力地推动梅州生态旅游农业等产业的发展，推动本地生态产品的销售，所有这些与人相关的产业都能充分发挥好山好水的资源优势，形成健康、养老等以"人"为中心的产业体系。

第三节　梅州实施乡村振兴战略的教育与人才生态

中共十九大确定了乡村振兴战略，这是新时代中国特色社会主义理论的重要内容。梅州地处广东北部山区，是重要的生态发展区，实施乡村振兴战略具有重要的意义和地位。梅州实施乡村振兴战略需要把脉时代，解放思想，进而找到适合自我的发展方向，深化改革，找到具体办法，全力建设。

一、农村的现代化改造

一切问题的存在都是由于找不到问题的真正所在，正如人们平常所说，思路决定出路。解决"三农"问题的首要因素是提高人口素质，转变人的观念。现代人才是"三农"建设的首要因素。农村问题的关键在于它的现代性不足，借鉴毛泽东改造普通农村成为先进的革命根据地经验，改造和建设现代化农村的领导力量是以政府为主导的先进人才，但主力仍然要靠觉悟起来的农民自己，根本的出路在于农村文化教育的发达。

1. 加强新农村的现代人才建设

当年，毛泽东开创农村包围城市的革命道路，将中国共产党的中心工作从城市转移到了乡村，随着中心工作的转移，最先进的人也来到了农村这片最广阔的天地中，这才使落后的农村被改造成为先进的根据地。无产阶级到农村去，最重要的工作便是发动、组织和武装农民。今天，要发展农村，首先要改造农村，同样要发动大批最先进的人到乡村去，让他们在乡村传经送宝，开发农民的思维，使农民真正觉悟起来，成为真正自觉的建设者。

农村问题的关键在于它的现代性不足，在于它的科技含量不够。当务之急是：以大量的现代化人才支持农村的发展，到农村去提升农民的文化素质，将现代的管理和科学技术知识灌输到农村去，使农村的整体素质得以全面提升，从而改造农村成为社会主义新农村，农民为社会主义的新农民。

首先，以先进的理论改造人。俗话说，你所不能理解的也就是你所不能得到的。一般来说，偏僻山村的村民们的视野是相对比较狭窄的。农村工作的干部应当将先进的理论带到农村去，他们自己必须有足够高的理论水平。他们要先了解世界的发展趋势，要有在农村工作的一套本领，特别是要有虚心的态度，要有勇于向老百姓学习的态度。到农村去，不但要能够发现问题，而且要能够与农民打成一片，然后才能真正地解决问题。要让农民知道你们帮助他们改善生活的真诚。1998 年，紫金县古竹镇留洞村被评为紫金县、河源市的文明村，就是因为村里来了个老干部——赖德畅，他为留洞村带来文明新风。电视剧《马向阳下乡记》中的马向阳，也是心里装满老百姓的好干部。近些年来，全国各地不断涌现出来的扶贫先进，都表明了好干部、好支部在偏僻山村的现代发展中的特殊重要性。

其次，以现代的科学、知识改造农村。提高农产品的科技含量需要有高素质的劳动力。农村需要科技水平的提高，就需要有科教，需要职业教育。梅州市首批发展战略顾问李运生强调，要提升劳动力的价值，要发展职业教育。培养农民的职业技能应当成为职业教育的重要内容，而不是眼光只盯在青少年身上。青少年教育更应当属于普通国民教育。梅州市每年有 4 万多名初中毕业生未能继续升学，职业技术学校却招生难，许多人认为，是社会普遍存在重普教而轻职教的原因。其实，培养有专业知识和技能，眼光敏锐的现代农民，应当成为职教的重要办学思路。

2. 增强农村和农业的科技含量

衡量农业和工业生产的内在产值在于它们所含的科技量，科技量越大价值就越高，农村的贫穷正在于科技未得到重视和应用。农业的出路在于提高其科技含量，政府要加强农村科技文化机构建设，提高山区农村的文化素质。

农村地区往往强调农业没前途，农业是农村贫穷落后的根本原因。他们常常将农业和工业的关系对立起来，特别强调发展工业，不愿将精力投入到农业中去。在农业和工业的关系问题上，许多人称赞"工业梅州"战略，却同时批评以前的"农业强市"。他们说：一大车柚子还不如一小块芯片值钱。有市政协委员说："市委提出的'工业梅州'决策非常正确，只有工业发展了才能致富。"以工致富当然没有问题，但思维模式却总是容易从一个极端走到另一个极端：以前提出"农业强市"给人片面重视农

223

村工作的感觉,"工业梅州"的提出却是要将农村抛弃。

在中国共产党的历史上,社会主义的现代化曾经等同于工业化。应当说,没有工业化便不可能实现现代化,但现代化并不等同于工业化,现代化还应当包括农业的现代化。强调现代化工业的同时千万别忘了仍然要大力发展农业,农业的基础地位是不能被忽略的。

就一个地区来说,无论是发展工业还是农业,现代化才是问题的根本,关键是其中的科技含量,产品的价值最重要源于其科技含量。"农业强市"与"工业梅州"之间并不矛盾,不是农业没前途而工业却是大有前途,农业与工业在根本上并无冲突,重要的是:要建设现代化的工业和农业,使其产品包含足够的科技量。也要首先认识到,没有科技含量,没有科技的支撑,"工业梅州"也是不可能真正实现的。

就当前情况来看,凡是相对贫穷的农村也是科技未得到重视的地区,相反,科技的实施则带来迅速的发展。河源 500 多名农民获技术职称,农民纯收入首超全省平均水平的例子可供借鉴。据中央电视台"小康之路"电视片介绍,江苏省一百名教授带动了一百个村的事迹也值得发扬。

农业的科技含量如何提高?1983 年 1 月,中共中央就已经在《当前农村经济政策的若干问题》中提出,要建立农业科技研究推广体系和培养农村建设人才的教育体系,要逐步实现农村的技术改革,走出一条有中国特色的社会主义农业发展道路。此后,农村的改革朝着商品化生产的现代化农业方向转变,农村也实行了多种经营,农村经济转入商品化、专业化和现代化方向发展。

就梅州等许多农村地区来看,农业的科技含量问题非常突出,建立农业科技研究推广体系和培养农村建设人才的教育体系仍然是相当迫切的。据广东省教育厅前副厅长李小鲁透露,广东"十五"期间人才需求走向,中级以上技能型人才和中专以上学历人才要比目前增加 300 万,在第一产业中,要提高农业科技特别是"三高"农业科技人才的数量和质量。

值得指出的是,农业的发展绝不能一味交给市场,建设农业公共服务体系是政府之责,而农村农业公共服务体系亟待重建。原农业部农业产业化办公室前副主任丁力认为,当前在农业发展方面,政府走入了一个误区,就是以"避免行政干预"为由,把自己应该提供的公共服务全部交给了市场。① 加强对农村科技以及公共服务体系的建设,也是当前梅州山区建设的重中之重。

---

① 《报刊文摘》,2005 年 2 月 4 日。

　　教育与文化发展，这是农业发达、农村发展的根本途径。教育与文化发展则需要建设图书馆等文化机构，而且需要给予更多的服务，促使更多人阅读。如今的中国，图书馆和博物馆等机构在帮助民众学习和研究方面实在是有待改善的。

　　列宁的夫人克鲁普斯卡娅曾经回忆了1915年列宁在瑞士的伯尔尼向苏黎世的图书馆借书的情况：

　　在泽伦堡这样一个偏僻的山村里，竟能免费从伯尔尼或苏黎世的图书馆借到任何书。只要给图书馆寄一张写着地址和要借的书的明信片去就成。没有人向你问什么问题，不要任何证明，不要任何人保证你不会把书骗走……两天之后，你便可以接到用硬纸包起来的书，纸包上用细绳系着一张硬纸做成的证签，证签的一面记着借书人的住址，另一面记着书的图书馆的馆址。这使住在最偏僻的地方的人也能够做研究工作。伊里奇满口赞扬瑞士的文明。[①]

　　我向往着这样一个时代，在中国的落后山区也洋溢着浓厚的文化气息，有许多层次较高的科技文化机构，使农民们的许多生产问题不用到很远的地方去，就在自己的家门口便能得到解决。那时，梅州"三农"问题的解决也就为时不远了。

　　3. 提升农村的文化素养

　　加强培养农村现代科技人才意义巨大。在解决"三农"问题过程中，应当注意到以下几点。

　　首先，政府要加大农村文化和教育的投资，统筹安排。2005年，时任中国农业科学院农业经济与发展与研究所所长、"国家农业政策分析与决策支持开放实验室"首席科学家钱克明解读中央一号文件时表示，把着力点放在提高农业综合生产能力上，这将为加强农业基础、繁荣农村经济带来"乘法效应"。他说，我们"政策实验室"根据近10年来的相关数据，通过量化模拟测算得出的结果表明，不同支持方式对农业GDP将产生不同的影响。在政府的农村公共投资中，对科技的每1元投资可增加农业GDP 9.59元，对教育的每1元投资可增加农业GDP 3.71元，对道路的投资可增加农业GDP 2.12元，对通信投资可增加1.91元。不同支持方式对粮食生产能力的影响中，灌溉投资的回报率最高，每1元灌溉投资可增加粮食

225

---

　　① ［苏］克鲁普斯卡娅：《回忆列宁》（第1卷），北京：人民出版社，1987年，第524页。

5.56 公斤，对科技的每 1 元投资可增加粮食 4.41 公斤。[①] 显然，加强对农村科技和教育的投资其实是投资小、收获大的好事。据报道，当时中央将增巨资让更多农村孩子上学堂，这是从娃娃抓起的思想和做法。国家扶贫开发工作重点县"两免一补"（免书本费、免杂费、补助寄宿生生活费）政策实施至 2005 年已经 4 年，中央逐年大幅增加资金投入。2005 年中西部地区享受免费教科书的农村义务教育阶段家庭贫困的中小学生人数将由 2004 年的 2 400 万名增到 3 000 万名。2005 年春季开学，国家将为 592 个国贫县约 1 600 万农村孩子免费提供教科书，免收杂费。他们再不会因为家庭贫困而上不起学了。[②]

其次，城市对农村的帮助也是重要的。国家教育科学"十五"规划课题——"我国高等教育公平问题的研究"课题组的研究结果显示：农村人口中低学历人口的比例远远高于城市人口，城市人口中高学历人口的比例明显高于农村人口的比例，城乡之间的巨大差距成为我国最主要、最显著的教育差距。研究表明，随着学历的增加，城乡之间的差距逐渐拉大。小学及以下文化程度的人群在农业人口和非农业人口中所占的比重分别是 51.5% 和 16.3%；在城市，高中、中专、大专、本科、研究生学历人口的比例分别是农村的 3.5 倍、16.5 倍、55.5 倍、281.55 倍、323 倍。[③] 据《瞭望》杂志刊登记者调查，留不住师资的西部农村，选派支教教师是改变贫困地区教育滞后的好办法。[④] 这应当也是改造其他农村山区值得借鉴的一种好办法，是城市帮助农村的重要手段。据报道，北京市由于城市小孩出生率降低等原因，合并和减少了许多城市小学，使许多教育资源白白浪费，而许多农村小孩的教育资源却得不到保障。就目前来看，如何发挥城市教育资源在农村教育中的作用确实是值得认真思考和探索的问题。

再次，农村问题的解决绝不是一时间的，它必然具有长期性和艰苦性。时任广东省委书记张德江在广东省十届人大三次会议开幕当天讨论政府工作报告时特别强调，要办好大学，办好职业技术教育，三五年以后就会显示出它的作用。他特别强调了教育成本的长远回收特征。显然，如果领导人仅仅从他们目前政绩着手，"三农"问题将永远难以真正得到解决。

---

① 禹伟良：《对话 1 号文件：去年做加减法　今后要做乘除法》，《人民日报》，2005 年 2 月 7 日，第 6 版。
② 《中国教育报》，2005 年 2 月 4 日。
③ 《报刊文摘》，2005 年 2 月 21 日。
④ 《报刊文摘》，2005 年 2 月 7 日。

二、科教兴农首重人的教育及其现代化

当然，教育的内容在革命年代和建设时期完全不同。科教兴国战略在贫穷的农村的实施有其特殊性，各地的方法多种多样，关键是如何落到实处。

1. 与时俱进的教育乃人类文明及区域发展的最积极因素

《三字经》与《百家姓》《千字文》是中国传统三大国学启蒙读物。《三字经》浅显易懂，开篇即强调了人之受教育的重要性：

人之初，性本善。性相近，习相远。苟不教，性乃迁。教之道，贵以专。昔孟母，择邻处。子不学，断机杼。

人性本来是相近的，但人的成长总会受到客观环境的塑造，人也因此会改变，教育就成为塑造人和不使人变坏的根本性影响因素。教育伴随人类，从远古走向今天，人类社会因教育而更具"人性"，更加文明。中国在尧舜时代便奠定了后世教育精神：注重统治者自身的教育；注重民众教化；注重生产教育；注重教育下一代；注重人才的考试与选拔。[①]教育总被认为是人之所以成长的根本途径，教育就是要"育人"而让人区别于禽兽。故孟子说：

人之有道也，饱食、暖衣、逸居而无教，则近于禽兽。圣人有忧之，使契为司徒，教以人伦。……曰："劳之来之，匡之直之，辅之翼之，使自得之，又从而振德之。"

中国教育强调人性之培养，所谓以教育人。人以其文化而成其为人，人也因此有其时代性和地域性的特征。教育总是适应其区域环境条件的，教育起源于人类的谋生，与其生活环境直接相关。美国杜威说："教育即生活。"陶行知说："生活即教育。"远古时代的教育与其谋生技术的传播与应用结合在一起，燧人氏教民以渔，伏羲教人以猎，都是其生活环境使然。

教育总是要适应时代的。工业革命的产生及其发展，皆有其相适应的教育。"科学技术也是生产力"，这是中国改革开放后形成的一个最基本的

---

① 陈南生：《中国教育精神》，广州：广东人民出版社，2007年，第7页。

论断，但科学技术之发达显然是教育的结果。西欧之工业革命的发生及其发展，与教育之相应发达和推进不无关系。论者指出：

现代科学工程的发展及其在工业中的应用并不仅仅是偶然性的事件而已，它也是累积性的，是全球长期发展过程中历经了几个世纪的许多进展的结果。我们必须不断地提醒自己，就其对科学工程和技术变化不断加速的依赖而言，西方的兴起并不是欧洲独自的进程，也不是欧洲所有国家都发生的进程。①

历史上，科学工程和技术总是在全球不同地区之间不断交流与促进，英国和西欧工业革命的最终成功亦是互相学习与促进的结果，教育则在这种交流中起着基本的推动作用。论者强调，英国和西欧及其他地区之崛起，正是向其他文明学习，是相互激励和影响的结果：

直到英国的发展显示了宗教多元化、技术教育、实验科学和以科学工艺为基础的商业创新对于经济发展的重要性之后，欧洲其他地区才开始依照英国的这些做法，以受过教育的工人、自由的思想、技术革新和科学工艺在工业中的应用为基础的现代经济增长才开始扩散开来。

在法国革命期间，革命者们就试图通过宗教宽容政策、为有才能的人创造岗位和现代科学教育来赶上英国。到19世纪末，日本也派人到欧洲学习如何改革他们的学校系统，德国则把技术教育当作了强国的核心政策。②

人类从古到今因教育而更加文明，社会更加发达。2018年12月3日，第73届联合国大会第44次全体会议通过决议，将每年1月24日定为国际教育日，这是对教育在人类社会发展中起决定性影响的肯定。教育之发达有力地提高了人类文明程度，培养人性，提升人的能力，而人才之兴盛乃国家和社会发展的根本性因素。教育与人才生态是人类社会进步不可忽略的根本性因素，教育与人才战略也是区域发展的根本性因素。新农村建设必以教育提升人的素质为其根本。

---

① ［美］杰克·戈德斯通著，关永强译：《为什么是欧洲？——世界史视角下的西方崛起（1500—1850）》，杭州：浙江大学出版社，2010年，第199页。

② ［美］杰克·戈德斯通著，关永强译：《为什么是欧洲？——世界史视角下的西方崛起（1500—1850）》，杭州：浙江大学出版社，2010年，第200页。

2. 增强农民创新生产能力

"三农"建设的主力是先进的现代农民。毛泽东历来主张，要重视对农民的教育，"严重的问题是教育农民"①。这个问题至今依然严重存在，迫切需要给予更多的关注和投入。

"三农"问题的彻底解决，需要形成农村的"造血"功能。建设现代化新农村，重点在于具有先进思想的人才，其主力仍然要靠觉悟起来的农民自己，根本的出路在于农村文化教育的发达。"三农"问题其实就是用什么人去解决农村和农业问题，实现农民生活的现代化，这是政府如何安排城里人和农村人、先进者和落后者，如何建设社会主义新农村的问题。

需要强调指出的是，政府派驻农村的人员只是起宣传、发动和帮助作用的，农村问题的真正解决要靠农民自己，没有农民自我生产能力的提高便没有农村问题的真正解决。2005 年 1 月 31 日上午 10 点，国务院新闻办举行记者招待会，时任中央财经领导小组办公室副主任陈锡文介绍当时的农业情况和农村政策，并答记者问时指出：

> 中国农村有数量如此庞大的农民，都要靠政府补贴去让他们致富，这是做不到的。所以，一方面强调政府对农民采取增收减负政策的同时，还要找到农民致富的治本之策，就是加强农民生产能力建设，只有这个能力加强了，农业的效益才能真正提高，农民才能通过自己的劳动获得更多的收益。应当看到，解决农民的收入问题是一个长期艰苦的过程。②

"加强农民生产能力"，这就是形成"造血"功能，是农村脱贫的根本所在，是政府资金应当重点关注的内容。形成农村"造血"功能的最佳途径和根本出路在于文化与教育的发展，在于通过教育而提升人员素质，加强人才专业素养，这是治本而非治标，也是不可能一蹴而就的。只有文化和教育的发展才能让农村更多的人掌握建设农村的本领，形成自己的专长，才能提高生产和建设的能力。在科教兴国战略中，农村科技和文化教育应是其中重要内容，成为政策关注的重点。

三、乡村人才资源的整合与利用

习近平总书记告诫说：发展是第一要务，人才是第一资源，创新是第

---

① 毛泽东：《论人民民主专政》，《毛泽东选集》（第四卷），北京：人民出版社，1991 年，第 1477 页。

② 《报刊文摘》，2005 年 2 月 14 日。

一动力。人才在实施乡村振兴战略中有其特定的地位，也有其特定的含义，需要给予深挖。梅州发展尤其急迫。人才资源和创新动力在实施乡村振兴战略中具有举足轻重的作用与地位。

1. 坚持党建引领，保证正确的政治方向，整合人才等资源

"中国特色社会主义最本质的特征是中国共产党领导，中国特色社会主义制度的最大优势是中国共产党领导，党是最高政治领导力量。"这是习近平新时代中国特色社会主义思想的核心内容，必须深刻理解并自觉坚持。实施乡村振兴战略必须"坚持党对一切工作的领导"。

实施乡村振兴战略是要建设新时代中国特色社会主义新农村，要保持中国乡村的红色政治，党建自然不能少。乡村振兴战略也是国家重大决策部署。毛泽东说："政治路线确定之后，干部就是决定的因素。"邓小平说："我的抓法就是抓头头，抓方针。"在乡村振兴战略确定之后，所有举措的实施都是在党员干部领导下进行的。

群众路线是中国共产党的生命线，是党的根本路线。实现乡村振兴必须尊重农民的主体地位，发挥村民的主体作用，充分调动广大农民的积极性和创造性，尊重农民的首创精神。要让广大农民群众积极参与，主动融入，不当看客，把党的好政策变成农民的自觉行动。要带领农民勤劳致富、科技致富，切实改善乡村人居环境，让人民群众收获到更多的获得感和幸福感。总之，一切为了群众，一切依靠群众，从群众中来，到群众中去，真正践行党的群众路线。

实施乡村振兴战略要领导干部与专业人才的有效合作。行政领导与学科专业人才要分工合作。有人认为，教育局领导需出身于教育界，农业局领导需出身于农科专业……似乎专业出身才能成为真正的好领导，才有能力领导。其实，行政领导都是政治领导，在一定程度上熟悉所领导领域的情况是必要的，却不一定非得是这方面的精尖专家不可，专家型领导也不一定比非专家型领导做得更好。

行政领导重在把握政治方向，在于整合各种资源。毛泽东说："领导者的责任，归结起来，主要的是出主意、用干部两件事。"1941年他又说："善于总结经验，就是领导者的任务。"邓小平晚年也说：他最关心的事，"一个总结经验，一个使用人才"。综合起来就是"出主意""用干部""总结经验"。从"人才是第一资源"的视角看，"用干部""使用人才"就是整合不同的人才资源，"出主意"的实质则在于整合资源，并采取合适的手段去落实、执行。

实施乡村振兴战略，需要挖掘乡村的历史与文化，整合乡村各种文化

资源，进而引导乡民的精神提升，树立社会主义核心价值观等。这些工作缺少不了先进的政治人才与专业人才的分工合作，共同奉献其才智。方志办、党史办及文博单位、高校师生走进乡村去，让行政单位的政治领导与资源整合，结合专家学者们的专业研究，协同创新，既总结梅州文化之乡、华侨之乡的文化底蕴，也将是新时代农村文化创新的非常之举。

2. 积极发挥乡贤与民间社团的榜样与带头作用

乡贤不仅指本土出身的大官员、大老板，更指那些受村民爱戴、热心本土发展的如转业军人、退休干部。浙江美丽乡村的村史馆大量宣传、展示乡贤。转业军人、退休干部、教师等，常在村办公室里轮流值班，维护村里环境，帮助调解村民矛盾，等等。

乡贤都是将被记载于家谱、村史之中的人物。以先贤为鉴，以先祖为榜样，这是中国社会突出的文化特征。外出乡贤因此热心家乡建设，希望造福本村民众。重视家乡发展，对于本村本土情感特殊，往往不求回报。乡贤更加亲民，更看重村民情感。

乡贤因其曾经的阅历更理解外面世界的精彩，这实质上是对时代方向感的把握能力，因而能够较好地把握发展方向；他们熟悉本乡本土，做起事来更加方便、从容。

对于乡贤来说，乡村是他们的根，那里有儿时的记忆，是永恒的留恋，也是中国人追根溯源、念祖归宗文化理念的寄托平台。带着老婆孩子回到乡村祭告祖先，那是他们长久的念想。中国传统讲究衣锦还乡，他们都希望能够为乡村做点事。现代中国人有其更高的情怀，有了自由、平等、博爱的时代理想，有了盛世感恩回馈的时代风貌。

乡贤是乡村历史与现实的重要结合点，也应当成为实施乡村振兴的重要主体，成为引领乡村发展和建设乡村的基本主体。打开村民的生活视野，提升其生活情趣，丰富其文化生活，这些都是村民获得感和幸福感的重要内容，乡贤在其中都可发挥其特殊的榜样带动作用。

利用民间社团组织乡贤"回乡公益"是值得发扬的。梅州市女美术家学会曾在大埔县百侯镇侯北村开展"送美下乡"活动，开始由乡贤启动，为当地的孩子义务教授美术、书法等课程。两年多后，一些乡贤与乡民意犹未尽，大家决定再办一年，且扩展教学内容，甚至延请远在佛山、深圳的乡贤回乡给孩子们教授书画课程。对于村里的留守孩子来说，外面的世界很精彩，走出乡村的愿望非常强烈。外出乡贤能够带回一些外面的气息，或许会影响其一生。

一位乡贤谈起其受外出乡贤影响而走上了美术教育事业的最初往事：开始学美术是为了到高陂画陶瓷。20世纪80年代末的一天，同学们正在

教室学画时，突然发现窗外有位长者，正饶有兴趣地看他们画画，在大家的惊异眼光中，长者进来对他们的画进行指导，且告诉他们以后可以去考大学，让他们茅塞顿开。原来他就是本地出去的大学教授。因其不经意间的造访，让这些山村的孩子们知道有考大学这回事，决意转入普通高中，开始苦学文化知识，并考上了大学，如今当上教授也不忘山村孩子，总想回乡送美，为山村孩子做些事情。在教室聆听指导是那么短暂，影响却是那么深远。能给孩子们带去那一刹的顿悟，不也正是历史的瞬间吗？乡村文明的薪火不正是这样传承下去的吗？

尊重应成为发挥乡贤作用的前提与基础。传统陋习往往有比较乡贤成就大小，对非知名乡贤缺乏应有的尊重。无论官职高低，成就大小，爱乡之情是相同的。乡贤都有服务本地本村的热心，都能发挥其独特影响，厚此薄彼是万万要不得的。

有些乡贤还突出强调回乡投资应具有公益性质，进而强调应以新的思维去看待乡贤公益与乡村振兴，要厘清乡贤投资与乡民富裕的关系。

其一，过去提倡回乡投资，要先做好大家伙的思想工作，而"资本为王"就必然让大家去迁就个别人，其社会负面效应是难以估量的。投资方首先寻求回报，乡民首先关注其自我付出，参与各方都从自身获利的角度去算计，不投资还好，一投资便一切以利益为转移，不再有故土情怀及乡亲温情。这种所谓"谁投资谁受益"的理念让参与之热情大打折扣，显然不符合乡村振兴初衷，绝不应是和谐社会建设的始点。

其二，应当提倡乡贤回乡创业。乡贤在乡创业与在外创业有很多异同。首先，这是回乡接受乡亲爱戴的一份荣耀，在这份荣耀的光芒中，乡贤是这里的骄傲，乡亲们为其骄傲，也为其祝福，这绝不是资本的敛财特性所能够概括的。其次，这是对故土生我养我的回馈，这就必然带有公益性质，乡民受益必须先放在首位，应当在乡民受益的基础上去营利。见过大世面的乡贤，自然应当以更高的情怀与境界去面对乡亲，以乡亲们的幸福为念，自我认同为乡村中一分子。

其三，无论如何，乡贤投资或其他人投资，都必须有法可依。而且要相信，并非所有投资都是值得肯定的——20世纪初列强在殖民地、半殖民地国家的所谓投资之所以被称为"经济侵略"，就在于他们的投资并非"共商共建共赢"的，更不是真正"共享"的，甚至是损人利己的。因此，并非什么"商"都是值得"招"的，并非什么"资"都是可以"引"的。历史值得警惕，必须坚决收束资本野性，而发挥其正面的积极功能，造福一方乡亲。

3. 发挥不同人才的不同作用

俗话说："敲锣卖糖，各干一行。"俗语又说："三百六十行，行行出状元。""三百六十行"是社会发展而有所分工的结果，"行行出状元"是指各行各业都有取得成功者，劝人要热爱和专注于本职工作。习近平总书记强调说：

任何一名劳动者，要想在百舸争流、千帆竞发的洪流中勇立潮头，在不进则退、不强则弱的竞争中赢得优势，在报效祖国、服务人民的人生中有所作为，就要孜孜不倦学习、勤勉奋发干事。一切劳动者，只要肯学肯干肯钻研，练就一身真本领，掌握一手好技术，就能立足岗位成长成才，就都能在劳动中发现广阔的天地，在劳动中体现价值、展现风采、感受快乐。[①]

既然认可"行行出状元"，人才的标准便不能是单一的。行业由分工而来，便各有其内涵，各有其成功的标准。俗话说："一行服一行，糯米服红糖。"各行各业各有其学问，要想取得成功都不是件容易的事。因此，大力弘扬劳模精神，崇尚劳动、尊重劳动者，要佩服其取得成功的专注和努力，关注各行各业的分工与合作，发挥各行业人才的不同功能。

在后发展地区，在市场经济中，最平常的标准就是货币（金钱），赚钱常常也被当成衡量是否成功唯一标准。其实，教师有教师的成功，老板和工人也有其各自的成功。对于乡村来说，无论教师、老板还是工人，都是乡村的宝贝，都是乡里乡亲，绝不能因金钱而厚此薄彼。

社会本身就是丰富多彩的，各有各的生活，也各有各的职业，正是不同的职业及其生活，才形成了各种各样的人生，形成了多样性的乡村文明。认识人才的不同分工很重要，这是发挥人才作用的前提与基础。对于乡村建设来说，确实要发挥不同人才各自的功能。

一是发挥村干部的组织作用。村干部的作用如今大多是从共产党员模范作用讲起，但真正的村干部制度或许不能仅仅局限于此。村干部应是受乡村雇用的，应秉持一定的公益和服务理念，在服务中获得回报，在回报中感恩，在感恩中享受荣誉。

二是发挥党员的创业引领作用，大力提倡民间组织的公益活动，引导村民的精神文化发展方向。党员的先进引领重点体现在思想道德方面及作

---

① 习近平：《在庆祝"五一"国际劳动节暨表彰全国劳动模范和先进工作者大会上的讲话（2015 年 4 月 28 日）》，《人民日报》，2015 年 4 月 29 日，第 2 版。

为时代的方向标。

三是吸引和发挥专业人才的作用。社会生产既需要技术型人才，同样需要文明型人才，文科和理科各有其重要地位与影响。创客小镇的海归和其他村里的选调生都是新型人才、创业型人才，各有其特定的地位。人才进乡村，不仅是大学毕业生，更要大力推动高校教师的产学研在乡村的结合。

四是村民的主体地位不能丢。村民是生活于乡村的主体，乡村振兴必须围绕着村民的利益与幸福，这是初心和使命所在。

外来人才必须要有担当，人才必须是自尊自主自信的，更加自强自立，绝不能失去自身的"优质"。"急需人才""千百人才"等人才，都有其自身之"优质"，需要长期保留并发挥其影响。

人才必须具有理想，却又不能不接地气。但人不能媚俗，不能过于现实，否则将俗务缠身而难以有空闲思考和仰望星空。人也不能不经常站到高处，没有一定的理想信念是非常危险的。坚守理想信念才能不忘初心，牢记使命。

环境塑造人，也能同化人。投向农村建设的人才相当于"归化"人才，怀着理想来到农村这片广阔的天地，初时心高气傲，干事创业激情满怀，一段时间后却须谨防被"同化"。有些研究生初来梅州之时，其学术素养自然是不用担心与怀疑的，融入梅州之后却难免受到影响，往往不再将学术当回事。中国古代名言曰：

与善人居，如入芝兰之室，久而不闻其香，即与之化矣。与不善人居，如入鲍鱼之肆，久而不闻其臭，亦与之化矣。丹之所藏者赤，漆之所藏者黑，是以君子必慎其所与处者焉。（三国魏·王肃《孔子家语·六本》卷四）

高层次人才有其特殊的生存空间，需要注意别让高层次人才被世俗的汪洋大海所淹没，人才本身更应当清醒别被"同化"，人才绝非易腐化变质，而应当以更高的理想信念和能力去"引领"发展。

结语：浙江实施乡村振兴战略的借鉴

时代在进步，社会在发展。实施乡村振兴战略首先要克服时代认识的局限性，转变理念，真抓实干。许多人都强调政协委员提案重点在其可操作性，这当然是重要的。然而，建议首要在思想上解决问题，要清楚问题所在和根源，干起来才不会迷失方向，此所谓指点迷津。借鉴他人，认识自我，是所谓明智。明智之举，此乃社会发展之根本。

浙江省是中国美丽乡村建设的重要发源地，是"绿水青山就是金山银山"重要思想的诞生地。[①] 多年来，浙江省始终把全面推进农村人居环境整治放在建设美丽浙江的突出位置，努力打造生态宜居的美丽乡村，在实施乡村振兴战略中形成了独具特色的发展模式。[②]

他山之石，可以攻玉。2019 年 5 月 27 日至 6 月 1 日，中共梅州市委统战部组织本市党外代表人士赴浙江省诸暨市、安吉县、德清县等地学习、考察、调研，借鉴浙江省在实施乡村振兴战略方面的先进经验。在为期一周的行程中，来去匆匆，兴趣盎然，看在眼里，记在心里，时有思想火花的碰撞。浙江实施乡村振兴战略可给梅州大量的借鉴。

（1）浙江乡村具有的基本特征。①这里的乡村讲政治，这是新时代中国特色社会主义新农村，我们走进了新时代，来到了新世界。②这里的乡村不封闭，他们没有刻意建立"桃花源"，却既有"桃花源"的生态环境，还与外界有着良好的互应，既宜居又宜游。③这里的乡村有文化，村办文化馆、图书馆、村史馆一应俱全，既讲述其过去传统，展示着现实生活，还满怀着未来希望。④这里的乡村有产业，乡民共商共建共享，土地流转好，集体经济强，乡民生活富裕。⑤这里的乡村有能人，党员、村干部、乡贤、乡民，各有分工，共同协作，相得益彰。总之，这里的乡村既保存传统，又走向现代；既以自我为中心地发展，又胸怀世界，走向世界；他们不仅物质充裕，而且精神充实，信仰坚定。

（2）梅州实施乡村振兴战略的实践已经取得了一定的成效，有大量的调研和建议，还有许多外地借鉴与反思，许多人成绩斐然，功不可没，值得点赞。目前，梅州实施乡村振兴战略正在加速进行中，寻找差距补短板仍然是非常重要的一环。这不仅要学习借鉴外地经验，还要深入总结梅州过去发展的历史，在解剖自我中得到升华。这是一次真正的思想解放运动，也是一场新的思想大动员，进而形成良好的官风、民风，提升梅州人民克服困难、勇于发展的信心和勇气，以强烈的时代感、使命感，全身心

235

---

① 董峻等：《生态文明之光照耀美丽中国——写在绿水青山就是金山银山理念提出 5 周年之际》，《人民政协报》，2020 年 8 月 15 日，第 1－2 版。

② 李宏、鲍蔓华：《共治共享的幸福——从余村看新时代乡村治理的样本》，《人民政协报》，2020 年 8 月 15 日，第 1、3 版。李宏、鲍蔓华：《我在余村"想入非非"》，《人民政协报》，2020 年 8 月 15 日，第 3 版。

投入于梅州的乡村振兴战略中去。建议设立"梅州发展论坛",解放思想,勇立潮头,最广泛地动员、吸收各阶层、各方面民众的思想。

（3）重视在社会化大生产的时代背景下去规划乡村产业格局。传统乡村生产、生活以其分散性为特征,现代工业文明、生态文明却必须以人、财、物的集中为标志,大交通、城镇化和融入一体市场成为必然。乡村产业振兴应当与新型城镇化建设协调统筹,要坚持规模化、标准化的现代生产、经营,发展壮大集体经济,重视股份制经营模式,打造城乡综合体等。小生产企业之间的资源争夺必然不利于现代生产,一个乡镇里的几个同质企业之间的整合也就有特殊必要性,乡村产业振兴也必然不能走小生产道路。要真正盘活闲置的各种资源,比如加快土地流转,利用好本地乡村的特色资源,打造特色产业。

（4）形成城乡统筹、区域协调的开放心态与发展机制。乡村物品要转化为特色资源,进而转化为商品、资本,需要形成特定的市场。比如,梅州良好的生态资源需要吸引游客的到来才能建立旅游市场。"大交通"才能催生"大市场",电商、机场、高速、高铁等交通设施建设都是推进梅州融入广东、粤东区域协调发展的必要条件。美丽乡村建设绝不是建设封闭的"桃花源",而是打造宜居又宜游的魅力乡村,这既需要建设发达、完善的基础设施,更需要形成良好的精神心态,需要发展机制的创新。

（5）大力整合、利用人才资源,将各式人才有效引入乡村。乡村应以村民为主体,各种人才资源的充分整合是必要的。要以习近平新时代中国特色社会主义思想为指引,建设新时代新乡村。要以党建引领乡村发展,重视村干部制度建设,积极发挥乡贤、社会组织的"乡土回馈"作用。积极发挥方志办、党史办等机构在乡村文化建设中的行政领导作用,吸引、统筹、整合各行业专业人才,为乡村振兴发挥其专业作用。

第四节　优化和培育梅州人力资源生态

在现代化、社会化的工业生产中,人才和劳动力是其中最关键的生产要素。人才是第一资源,其资源特征有其特定的存在环境和时代条件,更因其具体存在而影响其使用价值和实际价值。总的来说,人才有其历史和文化传统,有其当前时代的内涵,更有其生存的特定环境条件。培育良好的人才和人力资源生态,是实现区域创新发展的根本条件。

一、梅州"三乡"可被视为人才培养和劳动力储备基地

梅州人杰地灵，人才辈出，然而，走出"围龙"闯天下似乎又是其重要传统。客家男人素有外出工作的理念，似乎家是留给女性打理的，故温仲和在《光绪嘉应州志》中盛赞客家女性作为"内助"之"贤"，让过番的丈夫安心在外工作，整个家有条有理。梅州文教与人力资源历来有其独特的历史文化内涵。

梅州人总是以"文化之乡、华侨之乡和足球之乡"而自豪，因"三乡"而备受赞誉。"三乡"的内涵很丰富，其文化意识相当浓厚。从历史上看，备受赞誉的"三乡"之誉表明，梅州过去曾经培养和输送了大批人才和劳力，涌现了大量的精英人物，近代以来涌现大量在国外创出业绩的华侨，还产生了许多著名的革命家。因此，梅州是人才和劳力的重要输出地区而非输入地，是中国乃至世界重要的人才培养基地和劳动力储备基地。

首先，所谓"文化之乡"，是指梅州历来重视文化发展，文风极盛，人们的文化素质高，用时下流行的话来说就是梅州人才培养情况备受称赞。据《嘉应州志》和《梅县教育志》，清代梅县经乡试考取的举人有621人，内有解元15人，文解元10人，武解元5人，进士90人，其中武进士22人。清代梅州的文风、学风历来受到夸耀，被誉为人文鼎盛，是"人文秀区"。郭沫若赞其"人物由来第一流"。近代著名学者章炳麟也赞叹说："广东称客籍者，以嘉应诸县为宗。当宋之南逾岭而来时，则广东已患人满，平原无所寄其足，故树艺于山谷间……惟好读书，虽穷人子亦必就傅二三年，不如是将终身无所得妃耦。"① 客家俗语曰：唔读书，冇老婆。当然，读书人多并非就是文化之乡，更重要的在于这些读书人有出息，创造了良好业绩，或中举，或创业。论者认为，这些读书人可分为两个层次，一是家境较富裕者入学目的是中举，而另一些人则是抱着出外谋生的需要去读书的。② 据统计，1978年至1987年，同属客家语系的梅县地区（梅州市的前称）、惠阳地区（惠州市的前称）和深圳市，三地侨胞所捐款物用于教育的比例分别为：43.2%、32.28%、16.57%，而同期用于工农业生产的比例是：9.3%、22.77%、39.09%。这组数字证明，受客观

① 罗蔼其：《客方言》，见陈修：《〈客方言〉点校》，广州：华南理工大学出版社，2009年，章炳麟序。
② 陈宏文编著：《梅州客家人》，梅州：兴宁风采社，1996年，第203－204页。

条件限制，经济落后的地方，侨胞不得已把捐助重点放在发展教育上。①

其次，梅州"华侨之乡"的形成与其人口的大量增加以及家里无产无业有关，"华侨之乡"是说梅州人外出务工者多，劳务输出多，为中国和世界培养和输送了大量的人才和劳动力，这就是梅州"华侨之乡"的实际内涵。"华侨之乡"首先是海外华侨多，移民海外则是因为在国内生活艰辛，而被迫移民海外谋生。客家华侨系条裤带下南洋谋生，成为近代时期大量输出的劳工。"因为家贫正过番，唔知番邦更加难。去到同人做新客，三年日子唔得满。"梅州历史记载："土瘠民贫，农知务本，而合境所产谷不敷一岁之食，借资上山之永安、长乐、兴宁，上山谷船不至则价腾跃，故民尝艰食而勤树艺。"② 人多田少，这是人口外迁的根本原因。从乾隆年间开始，梅州各县（市、区）人往南洋的迁徙开始有了大量的官方文献资料记载，嘉应州的海外移民问题开始受到政府和时人的特别关注。梅州市现辖范围包括梅县（包括梅江区）、兴宁、五华（旧称长乐县）、大埔、丰顺、平远和蕉岭（旧称镇平）。梅州各县在清前期除平远县外，都已经有了关于海外移民的确切记载。③ 在掀起"过番"高潮的同时，还出现了许多在华侨史上赫赫有名的华侨名人，如大埔人张理、梅县石扇人罗芳伯，等等。

再次，1873年，外国传教士将足球引进梅州的五华长布镇，从此开始了梅州的足球史，然后在客家地区形成了浓厚的足球氛围和文化，形成了中国著名的"足球之乡"。1956年，国家体委授予梅州"足球之乡"称号，后来多次被国家确定为足球重点发展地区。梅州市与江苏省江阴市、吉林省延边朝鲜族自治州是中国公认的三个"足球之乡"。在这里，涌现了大量的足球名宿。李惠堂，活跃于二十世纪二三十年代亚洲足坛，是当时公认的中国足球第一人，被誉为"亚洲球王"。梅州输送的国足人才有300多人，其中包括曾雪麟、杨菲荪、王惠良、谢育新等著名运动员。

梅州的文化意识相当浓厚，各行各业都培养和涌现了大量的人才，客家精英很多，有许多在国外创出业绩的华侨，近代以来还产生了许多著名的革命家。被人们津津乐道的"三乡"，不仅表明人才多、文化盛，更表明这里是人才培养基地和劳动力储备基地。客家人说："一出身就是一大

① 广东省地方史志编纂委员会编：《广东省志·华侨志》，广州：广东人民出版社，1996年，第189页。

② 程志远等整理：《乾隆嘉应州志》（上），广州：广东省中山图书馆古籍部，1991年，第44-45页。

③ 魏明枢、韩小林：《客家侨商》，广州：暨南大学出版社，2015年，第28-31页。

帮"，像蜂群一样，分了群飞出去就再也不回来。[①]　人才是现代化建设的关键。作为文化之乡的梅州从来不缺人才，但他们勇于走出围龙屋，"飞龙在天"，这是梅州的历史文化传统。

改革开放以来，随着社会主义市场经济的发展，梅州仍然是劳动力和人才输送的重要地区。"十一五"期间，梅州累计实现城镇就业 15.94 万人，劳动力转移就业 43.8 万人，培训劳动力 19.9 万人，扶持创业 1.8 万人，32 691 名农民工实现积分入户。梅州积极发展职业教育，但正如许多职教教师反映，梅州的职业教育培养了大量的人才，大多是为珠江三角洲培养的，因为那里才是劳动力需求大户。

劳动力资源优势并未为本地带来更好的发展。大多数客家地区经济发展落后于周边民系，差距还在拉大，人们开始意识到，过去曾被引以为豪的传统优势已逐步消失。但在大发展时代大潮冲击下，各地经济文化建设热火朝天，梅州继续向各地输送人才和劳动力，留存在梅州者一如既往地很少，这不能不引起深刻的反省：为何客家地区至今仍然困苦？梅州人在外面世界中多有精彩不俗的表现，为何在本地难以发挥人才培养优势而导致本地经济和社会的发展？

许多有识之士认识到，梅州经济社会建设需要大量的人才和高素质的劳动者。梅州不但要培养人才，还亟须吸引和留住人才，其中特别重要的就是应当为建设梅州而留住本土人才和高素质的劳动力。这是建设新梅州的急迫任务，政府应引导客家人转变其传统社会观念，让他们能够在家乡发挥其才能。青山绿水和丰富劳动力都应当成为梅州发展的重要资源。客家人应当深入思考怎样加快发展家乡的社会经济，而不仅是到外面世界去"创"，去"闯"，然后回到家中过安安稳稳的日子。

二、梅州人才培养与劳动力流失的历史文化因素

山高林密，自然环境恶劣长期以来被视为梅州发展落后的客观主因。梅州人总想能够改善交通条件，以改善这种闭塞的环境，并做了极大的努力。晚清时期，著名侨商张榕轩筹建潮汕铁路，其目的就是希望打通一条由梅州通往大海的陆上快捷通道，一条更快捷的通道，希望不但有梅江与之相连，还要在陆地上创一条相连的大动脉。这是主观上的努力和愿望，但天不遂人愿，日本的入侵，让潮汕铁路消失了。梅江悠悠，梅州依然是山高林密。今天，广梅汕铁路已经畅通，天上的飞机也在飞，前人的愿望

239

---

①　魏明枢：《近现代客家人"过番"的历史文化背景》，《嘉应学院学报》2007 年第 2 期，第 14-20 页。

已经实现，客地与大海已经有大道相连。

梅州地处深山，因而客家人总向往外面世界的精彩，山区的道路崎岖不平，要想走出大山而到外面的世界便要付出更多的艰辛，外面世界要想进入客家山区也是比较艰难。但是，一直以来客家人并不封闭，从没断绝与外面世界的联系，而是有着紧密的联系。事实上，有文化的人对外面的了解总是相对较多的，"文化之乡"和"华侨之乡"的称誉正说明了梅州与外面世界联系之紧密和广泛。

梅州人一直以来都在寻找一条"外出的路"，尽管他们明白外面的世界也很无奈，外面的世界可能不属于自己，但很多人压根就没有想过在家乡创业。客家的社会传统往往不能让人才留在本地。客家人不仅有一个小家，还有一个强大的家族。客家人的家族义务相当明确，每个人都是家族关系网中的一个联结点，是什么角色便承担相应的义务，这导致了客家人社会结构相当稳固，就像是客家人的大土楼和围龙屋。在这种网状环境中，创业的关联度非常大，其束缚自然也强。

客家人家的意识非常分明。他们很清楚，外面世界不论多么精彩，却与家是完全不同的。外面的世界不属于自己，应该努力打拼才能生存。家是最重要的，客家男人总想成个家，然后好好地守住。家是温馨的，是所有远洋航行的船只最终都要回归的港湾；家才是最安全的港湾，是打拼疲累后可以安心休整的地方，是最轻松舒适的温柔之乡。

客家人男主外，女主内，家的"内""外"意识分明。客家女人入得厨房，出得厅堂，将家庭打理得有条有理。梅州大多数人都有出外"闯世界"的理念。在他们看来，在家里就应该好好地享受，但"好男儿志在四方"而不在家乡，客家男人要到外面的世界去"闯"。他们知道外面的世界很精彩，心中也不免躁动，他们的理念主要是到外面世界去"创"，去"闯"，然后回家来安安稳稳过日子。这是客家内外统一而和谐稳定的社会心态。能在外面创业，在家乡却是过好小日子的，而不是干事创业。

近代以来，客家内部经济的不发展迫使客家人走出围龙屋。晚清著名客商张弼士在其上清廷的商务条陈中，深入探讨了大力发展国内工业的重要性，认为努力发展工业，才能促进就业，进而促进社会稳定。他特别强调，华侨之所以要漂洋过番去谋生业，乃因为国内工业的不发展。他说：

今天下生齿日繁，民无生业，濒海各省之民散出外洋各埠者日多一日。窃尝约举其数计之……统计不下五百余万。此五百余万众，非必尽能经商也，亦为工为役者多耳。夫为工为役，而至弃故土，离室家，远涉重洋，冒风涛之险、暑热之蒸，甚或自鬻以求至其地，岂得已哉！谋生故也。然犹幸有外洋一路可以谋生也……若一旦南洋各埠亦如美埠之例，禁止华人不得登岸，则外洋少一谋生之路，内地更有人满之患。非真满也，无生业也……生业如何？农工商耳矣。然农与商均非资本不能为也，其可以便民之业、兴民之智、尽民之力，一手足而可从事、一躯力而可得食者，即莫如工。工之号有百，今约分之为两途：其能制器以利用者曰工艺，其执事以佣于人者曰工役。是二者皆商务中所必需者也……夫农工路矿诸务无一不须用人力，则随地皆有生业，更何俟远出外洋，何至流而为盗。且现在外洋数百万人尚岁有薪资数千万圆汇归以养家，若内地遍处皆有生业，所容何止数百万人，所获生利更何可以数计。传曰：来百工则财用足。此固历代帝王治国之常经，尤为今日商战之要图也已。①

　　国内百姓没法生存，然后外出打工谋生，而西方殖民地社会恰好利用中国的这些劳动力而富裕起来。因此，张弼士极力强调中国政府要努力发展工商企业，然后能够容纳更多的劳动力，从而让老百姓能够生存，也使社会能够因此稳定。梅州历来是人才培养基地和劳力输出地，这与梅州文化传统有关，也与梅州当地发展状况有关。

241

　　改革开放 40 多年，中国发生了翻天覆地的变化，中国已经成为世界第二大经济体，这种发展已经完全印证了张弼士当年有关国内发展的设想。也因为国内经济的发展和生活的富裕，"番客"已经不再气派：

　　是啊，众多华侨不远万里回到故土，固然是因为心里潜藏着热爱乡梓、叶落归根的血脉情怀，也更是基于祖国的日趋强大。"番客"们的风光不再，折射出我们国家日新月异、今非昔比的伟大变迁的同时，也衬出了我们作为炎黄子孙的自豪感！②

　　读此文，更加感叹张弼士当年对于侨胞与祖国关系的讨论，中国不是不能容纳这么多的人，而是中国政府是否尽心尽力地为老百姓着想，是否能够更好地创造条件，让百姓安居乐业。中国政府已经提出"一带一路"的国家发展倡议，随着时间的推移，中国人也将以新的面貌走向世界，而完全不同于近代华侨之"过番"。

---

　　① 张振勋：《商务条议：招商兴办工艺、雇募工役议》，北洋官报局印（铅印本），清光绪年间，第 16－17 页。

　　② 刘达标：《世事变迁·不再气派的"番客"》，《梅州日报》，2013 年 8 月 15 日，第 7 版。

客家华侨因在家的无奈而被逼走出围龙屋，走向世界去创业，他们的成功成就了梅州华侨之乡的美誉。他们的成功表明，所谓人才其实并不复杂，更不神秘。所谓人才，其实只是人尽其用，就是人适应特定环境与条件的结果。人都有其才，而"天生我材必有用"。才就是才能，有才能、有本领就是适应时代、适应环境。有条件而适应条件者为"应时人物"，没条件而创造条件者为"先时人物"，前者为杰出人物，后者则是时代骄子。

有创造力的人才是人才，但创造力源于生活，源于实践，这就是人才培养所需要的环境和条件。显然，创造人才需要的首先是当地的环境与条件，为什么走出围龙屋才能创业？为什么不能在家而成为家乡建设的人才？要检讨的是当地的环境与条件。在改革开放之前与初期，读书似乎成为"华山一条路"，但在如今的宽松社会里，时代已经不同，所谓"天时"已经具备，需要转变"地利"，更需要"人和"。

或许，创业还应当首先解放思想，转变社会风俗。不应怨天，不应怨地，应当发挥客家人才优势，以创造梅州美好的明天。

三、人才价值与尊严的显现：招工难的时代内涵

近些年来，全国各地招工难局面频现，"招工难"呈现全面化和常态化趋势。招工难显示出人才与劳动力对各地发展的强大影响力，人工成本在增长，人才和人力资源越来越值钱。梅州的发展同样必须应对这种局面。

招工难的应对办法成为热点话题。许多人都在分析难的原因，有些人认为中国已经不再有"人口红利"了，有些人则感叹年轻人不再能吃苦了，进而分析年轻人的生产与生活态度。有的人说，要扩大招工渠道，提高薪资待遇，实行产品转型升级，或者进行产业的异地迁移，以产业去迁就人力和人才，更多利用机器人，降低人才门槛等。

其实，"招工难"是人的价值及其尊严在中国经济社会发展进程中得以重视的外在表现，是人才培养和使用的问题，应当从工业革命和资产阶级政治革命的世界历史视角，去思考人的价值和尊严问题，强调人才的现代价值。

1. 人才与人力资源更"值钱"了

"招工难"的根本原因在于并未真正重视人才的内在价值，也缺乏对人的尊严的足够尊重。许多所谓的应对办法其实都是治标不治本的短视行为，是不可持续的，因为人才价值从来都不会低的，人力资源都必须体现

其时代价值。

随着计划生育政策的实施，年轻人少了，中国劳动力的绝对数量自然也就少了。国家统计局数据显示，2014 年 16 周岁以上至 60 周岁以下（不含 60 周岁）的劳动年龄人口 91 585 万人，比上年末减少 371 万人，占总人口的比重为 67.0%，这是中国劳动人口数量连续第三年萎缩，且降幅创下历史新高。[①] 经济的大发展需要更多的劳力，劳动力数量却在减少，其矛盾便愈显突出了。

40 多年改革开放，中国经济社会发展突飞猛进，日新月异，这是大量劳动力付出和堆积而成的，是"人口红利"。如今，"廉价"劳动力时代早已结束，招来和留住"人"显然是更加困难的。劳动力总体数量下降和外来务工人员返乡就业，进城劳动力减少，这就加剧了企业的用工困境。产业经济发展不仅需要高智力人才，从事简单劳动之人力资源同样不可或缺，而且需要大量囤积。

新兴产业领域的人才必定是紧缺的。随着新兴产业的发展，专业人才便显得更加紧缺而难求。事实上，新兴产业的发展必然伴随其专业人才的紧缺，这是其内在的关联，当某个行业人才随处可见，这个行业肯定已经饱和。同样道理，工厂因招工难而将学历要求降至小学，表明其产业只需简单劳动，而不是高科技的行业和产品，其研发能力肯定不强。

人才和人力资源的内在价值是分层次的。工业发展既要"钱财"，更要"人才"，前者要招商（资本和资本家），后者要招力（智力和体力）。不仅要努力招徕院士级人物，更应当积极创造条件，让这里成为创业和创新的天堂，以招徕创业和创新的主力年轻人。

人才之所以"值钱"，在于其受教育更多了，更加"专业"了，且更加"现代"了。19 世纪中叶后，英国、美国、德国等西方早期发达国家，面对第二次工业革命的热潮，都大力推行教育改革，从而大大提升了人力资源素质。与此同时，工人的工资水平也随之上涨：19 世纪最后 25 年间，英国工人工资增长了 75%，即使在经济增长与大萧条时代里亦有 2% 的增长。教育提升了劳动力素质，带动了劳动生产率的提升，也提高了工人的内在价值，这就是工人的"时代性价值"。

需要特别提醒的是，年轻人千万别在最需要学习的时期急着去"赚钱"，而是要努力让自己更加"值钱"。大学生不应当以所谓的"课余时间"为由积极参与社会兼职，而应当全力以赴提升自我，让自我"增值"。

---

① 朱国贤、商意盈、陈晓波：《浙江节后再现招工难 "双降"现象将带来什么?》，新华网，2015 年 3 月 7 日。

事实上，大学生并无所谓的"课余时间"，只有"自主学习时间"和"课堂教学时间"的区别。国家则要大力保障人力资源更加"值钱"，推行让人才"保值""增值"的制度。

2. 人才与人力资源更"自尊"了

随着时代发展，人力资源的"时代性价值"也在不断增长。"时代性价值"不仅是工资的增长，更包涵对其精神价值的肯定，在于人的尊严受到保障和尊重。马斯洛的需要层次理论强调人的成就感的重要，越高层次人才越重视其自我价值和尊严。用人制度和文化则要确保对人力资源的尊重和真诚。

法国大革命等资产阶级政治革命的爆发，其"自由、平等、博爱"口号，体现了近现代社会里人与人之间的基本关系，人的价值受到了尊重，有了尊严。

产业的转型升级已经成为经济发展的新常态。产业转型升级常常由于老板文化水平低而受到了限制，这也必然约束年轻人的积极性和进取心。许多老板是过去年代里的暴发户，他们文化水平不高，却在管制着文化水平高出许多的年轻人，让年轻人难以发挥。有一位老板说：由于公司三位最高领导都没法自主操作电脑，很早之前推行无纸化办公的设想便一直没法实施。这可以想象职员对公司未来的失望。提升老板核心素养与公司的综合素质已经迫在眉睫。

产业的转型升级不仅仅是产业本身，首要的一环是解放思想，是企业老总们知识、思想和思维的更新升级。同理，年轻的大学生在大学毕业后也应当积极提升学业和视野，这就需要有更高的平台，就应当先到大海中去踏浪、弄潮，然后回来才能有更高的境界，才不会使自我思维和理念局促在狭窄的空间中。刚毕业便被要求继承父业往往是不舒适的。

长江后浪推前浪，一代新人胜旧人。现在的年轻人接受的教育多了，他们有了更高的眼界和视野。父辈们的艰辛，也使这些年轻人有了一定的资本，可以更加自由地追求自我价值的实现，他们对自我价值的设定，体现的正是对人的价值的肯定和对人的尊严的重视。他们的生活更加文明了，非常重视自我形象，比如，每天换洗衣服更多等，这是自我尊严的提升，也是人力资源综合素质的提升。

3. 培育尊重劳动的现代文明

随着中国经济社会的发展，随着中国工业化和社会化进程的加快，年轻人有着更加强烈的自我价值观念，追求自我价值的实现。新生代求职者的"挑剔"亦是确实存在的现象，也遭到了广泛的批评，但在批评之时却要作更加深入的思考。就整个社会来说，需要积极弘扬尊重劳动和劳动者的理念，要大力提倡和树立现代工作自由与平等理念，提倡劳动光荣的理念。

现代社会必然要以自由和平等为其基本取向，而不是以金钱的不平等带来人格的不平等和人的不自由。人的价值和人的尊严，这是现代社会的基本要求。如今的资本其实仍然是主导甚至决定性的力量。在大学毕业招聘会上，无论企业大小，或者企业质量如何，作为投资人，总是理所当然地觉得比你大学生尊贵，就有指使你的资本——这与马克思所批斗的拜物教有何区别！

用人单位对应聘者有要求是必然的，但应当发自内心地尊重应聘者，体现在对工作不提过分要求。比如说，招聘方总强调应聘者要有经验，希望他们能够立马上阵，能够立竿见影地发挥其才能，而且是全能型的。虽经过了学校教育和培训，但大学学习更多的是理论上的原理，其实践经验肯定是需要积累的。未经必要的历练就上战场，这显然是不合适的。

招工难确实不能简单地指责年轻人，强调其要转变就业观念，但怎样转？往哪转？社会要转变对年轻人的观念，要充分尊重年轻人的价值观，要充分创造条件，让年轻人有实现自我价值的途径。无论如何，年轻人实现价值，然后才有社会的更好发展，才是所谓的招工难问题的真正解决。

环境造就人才，人才具有其特定的时代性。这就要营造造就人才的社会与实践环境，形成重视人的价值和尊重人的尊严的时代氛围。人的价值和尊严，应当成为企业文化的核心内容，成为现代社会的核心价值。企业应当形成尊重人才和劳力的自觉，就业者也要自尊、自爱、自强、自立，努力提升自我素质与能力，然后才能受到更多的重视。

四、安居才能留人：充分重视梅州的产城联动

马克思在思考西欧资本主义发展的历史条件时，强调了两点：一是资本的原始积累，即发展产业的资本从何而来？他深刻地批判了殖民掠夺，认为正是殖民掠夺给西欧资本主义的发展带来了第一桶金，成为推动他们创业的第一推动力。二是劳动力资源，他批判了英国的圈地运动，认为圈地运动剥夺了许多人的工作和家园，将他们推向社会而失去家园，变成了无业游民，而这就为资本主义的发展带来了充足的自由劳动力。他指出了资本主义发展的两大重要推动力量：资本和劳动力。

资本与劳力结合的问题，在梅州的发展进程中也是值得深入探讨的大问题。梅州需要招商，也需要高素质的劳动力，但有了好的"商"，好的

"企业"，好的"项目"，同时又有了好的"企业家"和高素质的工人，这就必然实现发展吗？

1. 劳动力、资本都应当向城市集中

在商品经济的现代发展中，资本自然是需要给予考虑的，劳动力自然也是少不了的。但是，并非有了资本和劳动力就必然实现飞跃发展，只有将相关的因素形成一定的结构，才能形成发展的合力。资本和劳动力的投入而形式产业，但并非投入即可形成产业的良好发展，两个因素需要充分而有机结合。这就需要充分注意两者的特点，劳动力集中居住在城市，则劳动力与产业及城市之间必然要形成某种良性互动。

现代产业的发展要与民众福祉相适应。发展成果要为最大多数人享受，这是发展的目标。在社会主义市场经济的发展中，企业家要赚钱，同时也要服务于社会的稳定，人民生活水平的提高，这就要求整个社会的发展是稳定的，是和谐的，产业发展的终极目的是人民群众生活水平的提高，是幸福指数的提升。就业者的生活环境与条件应当成为政府工作，特别是一个城市规划时重要的考量标准。政府应当始终站在民众的立场想问题，为民众办实事，让广大民众感受到更多的幸福。不仅农村的生产和生活条件要改善，在新型城镇化发展战略背景下，城市居民的生产和生活条件的改善更应当深入思考。

在梅城，有一批年轻人，本来在畲江工业园上班，因与梅城相隔太远，上了一年班后，他们觉得实在不方便，因为与其工作与家庭生活脱节了，既不能夫妻团聚，又无法方便地照料老人和孩子，最后他们便不得不放弃那份工作。人与家看似都在梅城，家近在眼前实际上却远在天边，这是梅州许多产业工人的无奈。另外，在当今中国人的财产配置中，房产是大多数产业工人最重要的财富，占了家庭财产的大头，如果人并未生活在家里，其财富的意义也就大打折扣了。

梅州既有产业，也有了劳动力，但产业与劳动力之间的结合却是值得重新审视和考量的。劳动力要生活在城市，产业却远在几十公里之外，产业因劳动力与城市的远隔而缺少内在的关联，两者只是各自在动而未形成实际上的互动，更谈不上联动和形成发展的合力，人和产、业之间如何形成联动，这是迫切需要解决的大问题。

首先，要形成强烈的产城联动理念。劳动力与产业应当在城市中实现其结合，即人和产、业在城市中发生联结。人要活在城中，其产和业同样不能离城太远。只有这样，城市建设和产业发展都不是孤立的，都能够事半功倍。梅城作为人口集聚地，同时又是产业集聚地，两者之间不能割

裂，既要聚集人口，多留住人口，还要集聚产和业。招商引资仍然是非常迫切的大事，要将人与产、业结合，做到人有其产，人有其业，然后才能实现更加和谐的发展，招商引资的效果才会更好地显现。

其次，梅城要大量地集聚人力资源。全面二孩化政策之所以实施，这不仅仅是因为延缓人口的老龄化，还是因为人口资源是中国未来发展的重要资源。劳动力是产业发展和社会持续稳定发展的重要条件。长期以来，梅州都是人口和劳动力的输出地，但只是输出而没有留住，更没有吸引力。本地人口的输出和外来人口的稀少，使梅城非常自然地成为典型的"慢城"，但城市的发展同时也变得缓慢，产业也难以在此集聚。

再次，让民众工作和生活在自己的家里。保住自有人力和吸引外来人力，都必须让他们感受到"家"的温暖。在家千日好，出外半朝难，谁不想在家里生活和创业？张弼士当年便向慈禧太后提出，要努力在家乡发展产业，让劳工们不出国门就能够生产、生活，这至今仍然值得深入思考和借鉴——要让民众在家即有产有业。千方百计地增加梅州人口，一切为了梅州人口的增长，而不是过去的大量输送出去。让他们或者临时来，或者长期住，但在梅州工作和生活的人口数量必不能少，人口的多少将是衡量和影响产业和城市繁荣的根本因素。政府强调要"突出产业招商，以商引商"（梅州市《政府工作报告》，2016 年 1 月 20 日），其实还应当"以业引商，以业引才"——大学生的就业及其安居乐业长期以来都是笔者重点思考的问题，事实上，招商与建城同样重要，招商有产业，安居才能有人才、劳动力。

2. 让工人"家"在城中，实现人与城的合一

长三角和珠三角的城市以及产业发展与人口关联的历史，可以作为梅州等后发展地区的重要借鉴。这些地区的发展，源于改革开放初期资金的集聚，然后吸引了全国各地"农民工"的到来，"农民工"为这些地区的发展作出了不可磨灭的贡献，但许多"农民工"却是租在当地的"城中村"中。可以说，这是城市与产业发展而共同形成的，其产业与人口集聚的步伐完全一致。

当沿海许多地区实现发展后，许多"农民工"年纪也逐渐大了，很多人便回到其祖籍地，而且内地许多地区也开始发展了，需要很多劳动力，以致沿海发达地区总在抱怨"招工难"。其实，无论"农民工"如何努力，这些地区对于许多人来说，不是他们的家，他们甚至还被一些没有良心的人视为是城市的"麻烦制造者"。当他们回家去的时候，施政者才知道城市人口集聚的重要性。

　　"农民工"回家了，他们在家工作自然不是最佳办法。他们不回家，家里是留守老人和儿童，回家后却又成了"农民"。他们或许可以到附近的一些工厂里工作，客家俗语说，这是"座家添份"，即为家里生活增加一点补贴，仅此而已，这是资本原始时代的生产和生活方式。但这样的"农民工"可以做，也可以不做，他们随时都可以从工人转变为农民，而且一定不可能长期做工人，因为他们作为工人的目的本身就是不明确的。

　　在新型城镇化的今天，"农民工"的形式一定不会有其未来的，未来的产业工人基本上都应当生活在城市，从事着现代的产业。分散在农村的劳动力必将集聚到城市，与大资本与大产业结合，而不是与那些零散的手工时代的资本结合。无论如何，成为城市的产业工人才是大部分农村人口的未来，未来城市与产业的统一亦是必然的，人口与产业的共同集聚必然是后发展地区城市化发展的基本模式。

　　对于许多后发展地区来说，千万别以为有了产业就总能吸引劳动力，因而只是强调招商引资、招才引智和招工引技，而忽略了招工引力的重要性。迷信产业总能吸引劳动力，这是对时代的误解，这种思想仍然停留在传统的物质匮乏时代，停留在劳动力过剩的时代，停留在珠三角和长三角开始发展的时代。在新的时代里，发达地区的产业转型升级集中在提升科技含量，后发展地区则还要注意将人口与产业更好地结合，要注意两者的结合模式。

　　后发展地区要坚持共享发展，要增进人民福祉，绝不只是实施精准"扶贫"和"关爱"困难弱势群体，也不仅仅是做几件民生实事。真正的扶贫应当让贫困者有尊严地自己去生产，进而有产有业，从而能够将家、产、业充分地结合在一起。产业工人在城中村租住房子，家里却是"留守"的老人和儿童，这无论如何都不是真正的共享发展，在新时代里，这种"关爱"和"扶贫"确实需要进行深入的反思。

　　梅州已经提出了"一区两带"的发展战略，在强调产业集聚之时，一定别忘了要特别注意保障产业工人的生产和生活条件，要让劳动力和人力资源与产业在城市更好地结合在一起，产业集聚一定要与人口集聚有机结合，形成真正的产城联动，这样的城市和产业建设才能够真正地实现可持续发展，更加优化的人居环境也能同时实现，人民群众才能有更高的获得感和幸福感。

　　产城联动是梅州高效快速发展的根本途径。产业不能远离城市，实际上就是人有其产，人安其业，是生产和居住相适应。实现产业和城市的共同发展，这是后发展地区宜居城市建设的根本内涵。新的历史时期，要重视梅州的绿水青山资源，打造与其相关的产业链群，实现向生态文明时代的资源转型。梅州的城市建设应与产业发展有机结合，形成"有产"且"宜居"与"宜业"相结合的城市发展模式。

随着产业园区的大发展，梅州市委、市政府已经高度关注产城联动，在持续推进招商引资和园区建设的基础上，开始建设对接工业园区的主要快速干道，希望将梅城与有关园区建立更加紧密的联系。然而，梅州城市的发展才刚刚开始，其规划仍未停止，未来的规划和建设必然要将人力资源和产业发展更加紧密而有效地结合，实现产城的统一和协调发展。

值得注意的是，当代产业经济的扩展显然是需要依托城市的，产业发展应当与其城市规模相适应，城市的定位决定着产业与产业园区的建设。梅州产业园区人口增加与梅州城区人口如何平衡的问题，根据《广东梅兴华丰产业集聚带发展总体规划》：具有"突出集群发展、突出生态发展、突出合作发展、突出协调发展"四方面的明显特点。其发展目标：至 2018 年，地区生产总值达到 300 亿元，常住人口规模达到 25 万人；至 2020 年，地区生产总值达到 400 亿元，常住人口规模达到 28 万人；至 2030 年，地区生产总值达到 1 300 亿元，常住人口规模达到 40 万人。① 然而，在广东新型城市化规划中，粤东以汕头为区域中心，梅州与潮州、揭阳为次中心，其下属各县皆为小城市，梅州产业园区显然更应当以高新产业为其特色，形成其特定的拳头产业，以适应其小城镇规模。

遗憾的是，梅州 2017 年经济总量仅 1 200 亿元左右，经济发展缓慢，工作机会也不多，更因其区域地理劣势而吸引不了人才。因此，广东虽然是中国人口最多的省份，超过 1 亿，梅州却不仅吸引不了人才，也吸引不了人口，甚至本地人口也是长期外迁，主要涌向珠三角地区，长期以来一如既往地往外流，如今梅州虽然在广东新型城市化规划中是以汕头为中心的次一级中心，其人口却有逐渐减少的趋势。

结语：留住人才，留住劳力

梅州曾经显示过侨乡物质生活的优越，梅州历史上所展示过的重点魅力却历来都不属于物质生产的范畴，其"三乡"之称誉皆非源于经济生产领域，也未形成相应的产业体系。事实上，"华侨之乡""文化之乡""足

---

① 曹优生整理：《产业集聚推动梅州振兴发展——〈广东梅兴华丰产业集聚带发展总体规划（2015—2030）〉主要内容摘录》，《梅州日报》，2015 年 11 月 9 日，第 2 版。

球之乡"皆应有其现代产业体系的关联，形成体育产业和文教产业。

梅州可被称为传统的"人才培养基地"和"劳动力储蓄基地"，却同样存在"招工难"的问题。"招工难"体现了人力资源的尊严及其时代价值。经过培训之后，自由劳动力大大提升了其内在的创造与创新能力，这就必然提升其内在价值和使用价值。所谓"招工难"在许多时候就是价格滞后于价值的体现，是社会和用工单位未能更好地理解人力资源价值的体现。

梅州要重视人力资源的内在价值及其存在的特殊性，重视其特定的时空条件。工人生活在城市，工作在工厂，其生产与生活场所不能相距太远。事实上，其工作和生活需要有相应的一致性，工厂与家庭之间的距离必定会影响人力资源的内在价值——因工人离家远近不同，同样数额的工资，其实际价值却不等同。产城联动是更好地留住和发挥人力资源优势的重要途径。

后记　盛世客都情

　　写作这样一本书，是一种学术尝试，也是笔者作为一名民主党派党员参政议政的记录。这本书源于笔者对现实生活的深入观察，是结合教学所作的现实思考。本书的写作受到了致公党以及梅州市政协很多同志的帮助，吸取了许多人的智慧。笔者参与了致公党与梅州市政协组织的许多参政议政调研，既感受到了同志们参政议政的热情和能力，又在交流与沟通中增进了情感，欣赏了祖国的大好河山，更感受到了时代脉搏。

　　"我所经历的时代，是一个波澜壮阔、绚丽多彩的时代。"① 改革开放成就了中国的现代化建设，成就了这一个伟大的盛世时代。这是一个急剧发展的时代，日新月异，每个人都是如此的信心满满。在这个时代里，每一个人都是如此努力地工作，每一片天地里都是热火朝天、欣欣向荣，充满了喜人景象。本书就是面对这样的时代所谱写的一篇篇乐章。限于水平，旋律不一定动听和悦耳，却必定反映了这个时代，是对大发展时代的参与和反思。

　　美丽的梅州山清水秀，景色迷人。梅州是国家级历史文化名城，早已被誉为"人文秀区"。改革开放以来，梅州人民积极探索梅州的科学发展道路，长期以来不忘其山水资源的保护与合理利用，以实现绿色崛起。作为梅州人，要努力为梅州的建设和发展献计出力。本书所讨论的生态发展区虽然是新事物，却沉淀了笔者长期以来眼中所见、心中所思的梅州人和梅州事，篇篇都饱含着作者的一片深情。

　　这是一片多情的土地，"我深深地爱着你，这片多情的土地。……我捧起黝黑的家乡泥土，仿佛捧起理想和希冀"。吟唱着《多情的土地》，眼前萦绕着梅州的青山绿水，虽置身其中，却如梦幻一般。

　　"为什么我的眼里常含泪水？因为我对这土地爱得深沉！"② 不自觉间，我又吟唱着艾青的《我爱这土地》，眼光里是激动，胸膛里是澎湃。"爱得深沉"，我以史学为业，深知这是历史研究的终极情感。

---

① 艾青：《在汽笛的长鸣声中——〈艾青诗选〉自序》，《读书》1979 年第 1 期，第 106 页。

② 艾青：《我爱这土地》，《艾青诗选》，北京：人民文学出版社，1997 年，第 153 页。

"那里有一条江，悠悠向东方。那里有一座庙，千年钟声扬。那里有一首歌，千人万人唱。那里有一树花，飘出满城香。"梅州，是我的家乡。每当一门课程结束，我总会向我的学生推荐这首歌：《梅州，我的家乡》（陈昌环词、饶荣发曲）。我告诉他们：你们会留恋这片土地的，因为你们已经在这里留下了烙印。

我爱梅州这一片热土。这里的山，这里的水，都烙印在我的脑海；这里的人，这里的事，都深藏在我的心头。梅州，我的家乡，我深沉地爱着你，我要为你歌唱，我要为你奉献。谨以此书的出版，表达我对梅州的这一份挚爱。真挚祝愿梅州的明天更美好！

为了完成本书的写作，笔者调研了许多地区，借鉴了许多地方的经验教训；采访了许多民众，阅读了许多报刊文章，综合了许多人的思想。在海南岛，特别是其生态核心区，我们深入考察其河流、山野和城市、交通等综合情况，采访了许多官员与民众，在与他们喝茶聊天的过程中获得了许多信息和有益资料；在赣州，我们考察其红色旅游资源，生态保护，赣江源、东江源的具体保护、开发措施与历史情况，以及扶贫开发、养老产业等情况；在梅州各县，我们在琴江河、五华河、梅江河、程江河等河流和山川上散步，探讨其各个历史时期的文化遗迹；在汕头和潮州、揭阳、汕尾等潮汕地区，我们讨论梅江上下游地区的区别。我们还在网上冲浪，浏览各个地区政府的网站。总之，本书无论是调研，还是报告之写作，都得到了许多人的支持和帮助。我们要送上诚挚的祝福，深深地表达内心的感谢！

指点江山，激扬文字。知者乐水，仁者乐山。钟情山水，成就仁智。陶醉于祖国山河美景中，我们不免感慨"江山如此多娇"；徜徉于潺潺清流之中，我们忘记了"诗和远方"而沉迷于"眼前的苟且"。其实，这不是"风景都看透"之后"看细水长流"，只是因为"风景这边独好"！此刻鲜花漫天，幸福在身边，我的世界，春暖花开。我们的祖国日新月异，繁荣昌盛！

很多的时候/我把历史反反复复苦苦地思索/很深地体会/只有跟着你走才有幸福的生活/高山告诉我征途上总会有坎坷/大海告诉我航程上也有浪有波/祖国告诉我跟随你要坚定执着/人民都在说你开辟的道路越走越宽阔。

吟唱着《永远跟你走》，衷心感恩中国共产党领导和开创的新道路，感恩这个伟大的盛世新时代！祝福生态发展区的明天更美好！祝福梅州的明天更美好！

　　感谢梅州这片热土，这是生我养我的地方。感谢梅州市政协和致公党梅州市委，这是本书研究和思考的重要平台。感谢嘉应学院的领导和同事，他们的宽容和鼓励，让我生活得充实而从容。感谢我的家人，他们的理解和奉献，让我能够平稳生活、安心工作和深入思考；他们还是本书许多内容的第一读者和批评者。最后，笔者要向本书引用的文献作者表示感谢，为某些文献引用遗漏而未作注释的地方表示歉意。谢谢！

魏明枢

2021 年 9 月 8 日

于梅江碧桂园